建筑工程定额计价

JIANZHU GONGCHENG DING'E JIJIA

重庆工程职业技术学院土木工程学院 组编
主　编　江丽丽　赵媛静　刘　霞
副主编　何理礼　彭海燕　文婷婷
参　编　尤小明　李晋旭　盘卿钦　李　伟
主　审　李红立

重庆大学出版社

内容提要

本书以《重庆市房屋建筑与装饰工程计价定额》(CQJZZSDE—2018)及《重庆市建设工程费用定额》(CQFYDE—2018)为编制依据,以建筑企业工程造价岗位的核心岗位能力构建教材内容体系。全书主要内容包括建筑工程预算、建筑工程预算定额、工程单价、建筑工程预算定额的应用、分项工程计量及计价、建筑安装工程费用定额和建筑安装工程费等。每个章节配有具体的知识目标和能力目标以及相应的实训练习,书后附有配套实训图纸。

本书既可作为高校土建类专业教材,也可作为建筑施工企业、工程咨询部门及造价工程师的参考用书。

图书在版编目(CIP)数据

建筑工程定额计价/江丽丽,赵媛静,刘霞主编.--重庆:重庆大学出版社,2020.9

ISBN 978-7-5689-2371-2

Ⅰ.①建… Ⅱ.①江… ②赵… ③刘… Ⅲ.①建筑经济定额—高等职业教育—教材 ②建筑造价—高等职业教育—教材 Ⅳ.①TU723.3

中国版本图书馆 CIP 数据核字(2020)第 144125 号

建筑工程定额计价

重庆工程职业技术学院土木工程学院 组编

主 编 江丽丽 赵媛静 刘 霞

副主编 何理礼 彭海燕 文婷婷

主 审 李红立

策划编辑:范春青 林青山

责任编辑:陈 力 版式设计:范春青

责任校对:关德强 责任印制:赵 晟

*

重庆大学出版社出版发行

出版人:饶帮华

社址:重庆市沙坪坝区大学城西路 21 号

邮编:401331

电话:(023)88617190 88617185(中小学)

传真:(023)88617186 88617166

网址:http://www.cqup.com.cn

邮箱:fxk@cqup.com.cn(营销中心)

全国新华书店经销

重庆市国丰印务有限责任公司印刷

*

开本:787mm×1092mm 1/16 印张:14 字数:351 千

2020 年 9 月第 1 版 2020 年 9 月第 1 次印刷

印数:1—2 000

ISBN 978-7-5689-2371-2 定价:39.80 元

前　言

《建筑工程定额计价》为工程造价、工程管理、建筑工程技术等专业的主干课程。本书主要以《重庆市房屋建筑与装饰工程计价定额》(CQJZZSDE—2018)及《重庆市建设工程费用定额》(CQFYDE—2018)为编制依据,在内容编排上结合具体的工程案例展开介绍,并在每个章节设有明确的知识目标和能力目标。本书在介绍建筑工程计量与计价基础知识的基础上,突出一般土建工程的施工图预算编制各环节的实际操作,并配有一个完整的施工图实例。本书的编写满足了培养学生工程造价岗位职业能力的需要。本书具有以下特点:

一是,内容和体系新颖。本书紧密结合重庆市颁布的土建工程量计量与计价相关定额及相关政策规范、法规和文件编写,弥补了该类教材的空白。学生可以有针对性地学习建筑工程定额计价的相关内容。

二是,以能力为本位,理论以"够用"为度。本书在内容设计上以职业需求为主线,直接反映建筑单位工程造价岗位对从业者的能力要求,强调教学内容的实用性,着重培养学生的实际动手能力。

三是,图文并茂,案例经典。本书注重理论与实际相结合,书中采用较多的图例和案例,同时以书后附录案例贯穿全书,有助于学生整体掌握建筑工程定额计价的原理及应用。

本书由重庆工程职业技术学院、重庆工业职业技术学院、重庆航天职业技术学院、重庆机电职业技术大学的十位老师共同编写。江丽丽、赵媛静、刘霞担任主编。具体编写分工如下:项目5任务5.5、任务5.6由江丽丽(重庆工程职业技术学院)编写,项目5任务5.2、任务5.3、任务5.11、任务5.12、任务5.13由赵媛静(重庆工程职业技术学院)编写,项目5任务5.1、任务5.4由刘霞(重庆工程职业技术学院)编写,项目3、项目6由尤小明(重庆工程职业技术学院)编写,项目5任务5.9、任务5.10由李晋旭(重庆工程职业技术学院)编写,项目7由何理礼(重庆工业职业技术学院)编写,项目1、项目2由盘卿钦(重庆工程职业技术学院)

编写，项目 4 由彭海燕（重庆航天职业技术学院）编写，项目 5 任务 5.8 由文婷婷（重庆机电职业技术大学）编写，项目 5 任务 5.7 由李伟（重庆工程职业技术学院）编写。全书由江丽丽统稿。重庆工程职业技术学院李红立教授审阅了全书，并提出了宝贵的修改意见。

在本书的编写过程中，编者参考了有关建筑工程计量与计价的书籍，在此对相关作者表示诚挚的感谢。由于作者水平有限，疏漏之处在所难免，敬请读者批评指正。

编　者

2020 年 2 月

目　录

项目 1

建筑工程预算

学习目标

- **知识目标** (1)建筑工程施工图预算的概念。
  (2)建筑工程施工图预算的构成要素。
- **能力目标** (1)掌握工程造价的含义。
  (2)掌握工程造价的基本特点。
  (3)熟悉工程造价的分类。
  (4)掌握建筑工程概预算的内容。
  (5)掌握建筑工程施工图预算的作用。

任务 1.1 建筑施工图预算的概念

1.1.1 工程造价的概念

工程造价是指拟建工程的建造价格。根据当事人所处的角度不同,工程造价的具体含义有下述两种。

1)从投资者的角度来定义

工程造价是指完成某项工程建设所需要的全部费用,包括该工程项目有计划地进行固定资产再生产、形成相应的无形资产,以及铺底流动资金一次性费用的总和。建设单位(投资者)在选定了一个拟建项目后,首先应对该项目的可行性研究与评估进行决策,在此基础上再进行设计招标、工程施工招标直至竣工验收及决算等一系列投资管理活动。所有的这些开支就构成了工程造价。从投资者的角度来讲,工程造价就是指建设工程项目固定资产所需的全部投资费用。

2)从建筑企业的角度来定义

工程造价是指一项建设工程项目的建造价格(费用),包括建成该项工程所预计或实际在承包市场、技术市场、劳务市场和设备市场等交易活动中所形成的建筑安装工程建造价格或建设工程项目建造总价格。这一含义是从建筑企业(承包商)的角度定义的,它将建设工程看成建筑商品的形式以作为交换对象,通过工程项目施工招投标、承发包或其他交易形式,在进行多次估算或预算的基础上,由市场最终形成或决定的价格。通常又称这种工程造价为建设工程的承发包价格。

1.1.2 工程造价的基本特点

1)工程造价的个体性和差异性

每项建设项目都有特定的规模、功能和用途,因此,每项建设工程的立面造型、主体结构、内外装饰、工艺设备和建筑材料都有具体的要求,这就使建设工程项目的实物形态千差万别,再因不同地区投资费用构成中的各种价格要素的差异,从而导致了工程造价的个体性和差异性。

2)工程造价的高额性

建设工程项目不仅实物体积庞大,而且工程造价费用高昂,动辄数百万或数千万元,特大的建设项目工程造价可达数十亿或数百亿人民币,因此,工程造价的高额性决定了工程造价的特殊性质,它不仅关系到各方面的经济利益,而且对宏观经济也会产生重大的影响,这也说明了工程造价管理的重要性。

3)工程造价的层次性

一项建设工程一般由建设项目、单项工程和单位工程 3 个主要的层次构成,如某个建设工程(某学校)由若干个单项工程(教学楼、办公楼、宿舍楼等)构成,一个单项工程又由若干个单位工程(土建工程、给排水工程、电气照明安装工程等)组成。建设项目的层次性决定了工程造价的层次性。因此,工程造价主要有 3 个层次,即建设工程项目总造价、单项工程造价和单位工程造价。

4)工程造价的多变性

在社会主义市场经济条件下,任何商品价格都不是一成不变的,其价格总是处于动态变化中的。一个建设项目从投资决策到竣工交付使用都要经历一个较长的建设周期,在这期间存在许多影响工程造价的因素,如人工工资标准、材料设备价格、各项取费费率、利率等会发生变化,这些因素会对工程造价产生影响。因此,在工程竣工结(决)算时应充分考虑这些多变的因素,以便正确计算和确定实际的工程造价。

1.1.3 工程造价的分类

根据建设项目的实施阶段不同,工程造价可以按下述建设阶段的要求进行分类。

1) 投资估算

投资估算(又称估算造价)是指建设项目在项目建议书阶段和可行性研究阶段对拟建项目所需投资额的估算文件。投资估算是建设项目前期工作的一项重要内容,通过投资估算文件的编制,预先测算和确定其估算造价,可以为建设单位进行建设项目立项的投资决策提供依据。

2) 概算造价

概算造价(又称设计概算造价)是指设计单位在初步设计阶段或扩大初步设计阶段,为计算和确定拟建项目所需投资额(费用)的概算文件。设计概算造价(设计概算)是设计文件的重要组成部分。根据投资规模和使用范围的不同,概算造价可分为单位工程概算造价、单项工程概算造价和建设项目概算造价,是由单个到综合、局部到总体,逐个编制,层层汇总而成的。建设项目概算造价经主管部门批准后,就成为国家控制该建设项目总投资的主要依据,并要求不得任意突破。

3) 修正概算造价

修正概算造价是指设计单位在采用三阶段设计时的技术设计阶段,对初步设计内容作进一步深化的基础上,通过预先测算和修正后而编制的概算造价文件。修正概算造价是在初步设计概算造价的基础上进行修正调整,比初步设计概算造价准确,但要该概算造价的控制。

4) 预算造价

预算造价是指在施工图设计阶段,根据已完成的施工图纸、预算定额、费用定额等资料,通过预先测算和确定后而编制的预算造价文件,即施工图预算。预算造价比概算造价或修正概算造价更为详尽和准确,同时也受审查批准后的概算造价和修正概算造价的控制。

5) 合同价

合同价是指在工程招投标阶段,承发包双方根据合同条款及有关规定,并通过签订工程承包合同所计算和确定的拟建工程造价的总额。合同价属于市场价格的范畴,不同于工程的实际造价。按照投资规模和范围的不同,合同价可分为建设项目总承包合同价、建筑安装工程承包合同价、材料设备采购合同价和技术及咨询服务合同价;按计价方法不同,合同价可分为固定合同价、可调合同价和工程成本加酬金合同价。

6) 结算价

结算价是指在承包合同实施阶段,拟建工程结算时按其合同调整范围和调价方法,对实际发生的设计变更、工程量增减和材料设备价差等进行调整之后计算和确定的工程价款。结算价是拟建工程的实际结算造价。

7) 实际造价

实际造价是指在竣工验收决算阶段,建设单位为建设项目所编制的竣工决算造价,也是最终计算和确定的实际工程造价。

1.1.4 建筑工程概预算的内容

由于建筑产品具有不同于一般的工业产品不可比拟的技术经济特点,因而对建筑产品的设计是分阶段进行的。在不同的设计和施工阶段,需要编制不同深度和要求的概算文件,以满足工程投资管理和控制的需要。同时也应满足工程的生产计划和组织施工的需要。

建筑产品的形成过程,即是建筑产品的生产和消费过程。在建筑产品的生产过程中要消耗一定数量的人力资源和物力资源,那么,概预算就是从工程经济和造价管理上研究建筑产品生产和消费的运动规律。具体来说,建设工程概预算是根据建设工程“三阶段设计”(即初步设计、技术设计和施工图设计)以及施工阶段的相关内容和资料(如施工图纸、概预算定额、费用标准等),事先计算拟建工程所需投资的技术经济文件。对于普通的建设工程,一般只需进行两阶段设计(即初步设计和施工图设计)即可。而对于规模巨大、技术复杂、“四新”应用较多和缺乏经验的工程项目,经主管部门指定,才增加技术设计阶段(扩大初步设计)。按照我国造价管理的规定,初步设计阶段要编制工程设计概算;技术设计阶段要编制修正概算;施工图设计阶段要编制施工图预算;施工阶段要编制施工预算。也就是说,设计概算、施工图预算和施工预算,是相应阶段设计文件中不可缺少的部分,是工程投资控制和造价管理的重要内容。

设计概算(包括修正概算)和施工图预算可以从经济角度说明设计的合理性,同时可据此进行设计方案的经济比较和经济评价。而施工预算则是在施工开始前,具体计算建筑工程施工中所消耗的人工、材料和机械台班使用的限额数量。

一般情况下,概预算应有较高的准确度,其计算的精度随着设计深度的不同而不同,因为设计所提供的全部设计文件(包括图纸)、资料和数据,是编制概预算的基本依据(如初步设计所编制的概算就是根据初步设计的深度进行编制的),所以概算只是粗略的造价计算。由于技术设计比初步设计要详细一些,深度也大一些,故相应的修正概算也比设计概算要精确一些。为了满足施工生产的需要,施工图设计必须是最全面、最详细、最深入的设计,必须满足相应的设计深度,因而,施工图预算的精度是最高的。本书将围绕建筑工程施工图预算进行详细讲解。

1.1.5 建筑工程施工图预算的作用

在社会主义市场经济的条件下,在工程造价管理与控制的过程中,施工图预算具有下述作用。

①施工图预算是确定单位工程或单项工程造价的依据。

②施工图预算是修正和控制建设投资的依据(预算不得超过概算)。

③施工图预算是建设单位统计完成工作量、拨付工程价款和工程备料款的依据。

④施工图预算是进行招投标、编制标底、确定投标报价、签订工程承包合同的依据。

⑤施工图预算是进行竣工结算的依据。

⑥施工图预算是施工作业、进行施工准备、编制施工进度计划的依据。

⑦施工图预算是拟订降低工程成本措施、加强经济核算、提高经济效益和管理水平的依据。

⑧施工图预算是各种资源（人力、材料、机械）需要量计划、成品及半成品加工计划的依据。

⑨施工图预算是施工企业进行“两算”（施工图预算、施工预算）对比、考核过程成本的依据。

⑩施工图预算是工程造价管理部门监督和检查执行定额标准、合理确定工程造价、测算造价指数的依据。

任务 1.2 建筑施工图预算的构成要素

施工图预算主要由工程量、工料机消耗量、直接费、工程费用等要素构成。

1.2.1 工程量

工程量是根据施工图计算出来的拟建工程的实物数量。例如，该工程有多少立方米混凝土基础，多少立方米砖墙，多少平方米铝合金门，多少平方米水泥砂浆抹墙面等。

1.2.2 工料机消耗量

人工、材料、机械台班消耗量是根据分项工程工程量与预算定额子目消耗量相乘后，汇总而成的数量。例如修建一幢办公楼需消耗多少个工日，多少吨水泥，多少吨钢筋，多少个塔吊台班等。

1.2.3 直接费

直接费是工程量乘以定额基价后汇总而成的。直接费是工料机实物消耗量的货币表现。

1.2.4 工程费用

建筑工程预算

工程费用包括间接费、利润、税金。间接费和利润一般是以直接费（或人工费）为计算基数，分别乘以相应的费率得出。税金是以间接费、直接费、利润之和为计算基数，乘以税率得出。直接费、间接费、利润、税金之和构成了施工图预算造价。

项目 2

建筑工程预算定额

学习目标

- **知识目标** (1)建筑工程预算定额的概念。
  (2)建筑工程预算定额的编制内容。
  (3)建筑工程预算定额的编制步骤。
  (4)建筑工程预算定额消耗量的确定。
- **能力目标** (1)熟悉定额的分类。
  (2)掌握建筑工程预算定额的概念。
  (3)掌握建筑工程预算定额的作用。
  (4)掌握建筑工程预算定额的构成要素。
  (5)掌握建筑工程预算定额编制内容和步骤。
  (6)掌握建筑工程预算定额消耗量的确定。

任务 2.1 建筑工程预算定额概述

2.1.1 定额的种类

从广义上讲,定额就是规定的额度或者限额,即标准或尺度,“定”就是规定,“额”就是额度或限度。不同的产品有不同的质量和安全规范要求,因此定额不单纯是一种数量标准,而是数量、质量和安全要求的统一体。

定额水平就是规定完成单位合格产品所消耗的资源量的多少。定额水平是一定时期社会生产力水平的反映,代表一定时期的施工机械化和构件工厂化程度,以及工艺、材料等建筑技术发展的水平。它不是一成不变的,而是随着社会生产力的发展而提高的,但是在一定时期内必须是相对稳定的。一般来说,生产力水平高,则生产效率高,生产过程中的消耗少,定额所规定的资源消耗量就相应降低;反之生产过程中的消耗就大,定额规定的资源消耗量就相应地提高。

根据不同的原则和方法,可以将定额进行科学的分类,具体如下所述。

1)按定额反映的生产要素划分

按照定额反映的生产要素划分可以分为劳动消耗定额、机械消耗定额、材料消耗定额3类。

(1)劳动消耗定额

劳动消耗定额简称劳动定额或者人工定额,是指完成一定合格产品(工程实体或者劳务)规定劳动消耗的数量。为了便于综合和核算,劳动定额大多采用工作时间消耗量来计算劳动消耗的数量。因此劳动定额主要表现形式是时间定额,但同时也表现为产量定额。时间定额和产量定额互为倒数。

(2)机械消耗定额

机械消耗定额是以一台机械一个工作班为计量单位,故也称机械台班定额。机械消耗定额是指完成一定合格产品(工程实体或劳务)所规定的施工机械消耗的数量标准。机械消耗定额的主要表现形式是机械时间定额,但同时也以机械产量定额表现。两者互为倒数。

(3)材料消耗定额

材料消耗定额是指完成一定合格产品所需消耗的数量标准。材料是指在工程建设中使用的原材料、成品、半成品、构配件、燃料及水、电等动力资源的统称。材料作为劳动对象构成工程实体,需要数量很大,种类很多。因此材料消耗量多少,消耗是否合理,不仅关系到资源的有效利用,影响市场供求状况,而且对建设工程的项目投资、建筑产品的成本控制都起着决定性的影响。

2)按定额编制程序和用途划分

按编制程序和用途不同,定额可以分为施工定额、预算定额、概算定额、概算指标、投资估算指标、工期定额等。

(1)施工定额

施工定额是施工企业组织生产和加强管理在企业内部使用的一种定额,属于企业生产定额性质,是以施工过程或者工序为测定对象,确定建筑安装工人在正常施工条件下,为完成建筑工程单位合格产品的人工、材料、机械台班消耗定额的数量标准。施工定额由劳动定额、材料消耗定额、机械消耗定额3个相对独立的部分组成,是建筑工程定额中的基础性定额。

(2)预算定额

预算定额是指在编制施工图预算时,以工程中的分项工程为测定对象,确定完成规定计量单位的分项工程所消耗的人工、材料、机械台班数量标准,是一种计价性定额。预算定额是确定建筑产品价格的依据,也是国家监督企业的依据,是甲乙双方付款、预结算的依据。

(3)概算定额

概算定额是指生产一定计量单位的合格的扩大分项工程或结构构件所需要的人工、材料和机械台班的消耗数量及费用标准。其项目划分的粗细与扩大初步设计的深度相适应，是综合扩大的预算定额。概算定额也是一种计价性定额，其水平为社会平均水平，可作为编制概算指标及估算指标的依据。

(4)概算指标

概算指标比概算定额更为综合和概括。它是对各类建筑物或构筑物以面积或体积为计量单位所计算出的人工、主要材料、机械消耗量及费用指标，是在初步设计阶段编制工程概算、计算和确定工程的初步设计概算造价和计算人工、材料、机械台班需要量所采用的一种定额。概算指标一般是在概算定额和预算定额基础上编制的，与初步设计的深度相适应。

(5)投资估算指标

投资估算指标是在项目建议书和可行性研究阶段编制的投资估算、计算投资需要量时使用的一种定额。它比概算指标更为综合扩大，非常概略，往往以独立的单项工程或完整的工程项目为计算对象，是一种计价性定额。投资估算指标是在各类实际工程的概预算和决算资料的基础上通过技术和统计分析编制而成的，主要用于编制投资估算和设计概算、进行投资项目可行性分析、项目评估和决策，也可进行设计方案的技术经济分析，考核建设成本。投资估算指标是投资估算的依据，是合理确定项目投资的基础。

(6)工期定额

工期定额是指在一定生产技术和自然条件下，完成某个单项（或群体）工程平均需用的标准天数，包括建设工期和施工工期两个方面。工期定额是评价工程建设速度、编制施工计划、签订承包合同、评价优质工程的可靠依据。

3)按投资费用性质划分

按投资费用性质不同，定额可分为建筑工程定额、安装工程定额、建筑安装费用定额、工器具定额、工程建设其他费用定额。

(1)建筑工程定额

建筑工程定额是建筑工程的施工定额、预算定额、概算定额和概算指标的统称，是对房屋、构筑物等项目在建造过程中完成规定计量单位工程所消耗的人工、材料、机械台班的数量标准。建筑工程，一般理解为房屋和构筑物工程，具体包括一般土建工程、电气工程（照明、动力、弱电）、卫生技术（水、暖、通风）工程、工业管道工程、特殊构筑物工程等。广义上，它也被理解为除了房屋和构筑物之外的其他工程，如道路、铁道、桥梁、隧道、运河、堤坝、港口、电站、机场等工程。因此在广义上讲建筑工程定额也可按适用对象分为建筑工程定额、市政工程定额、铁路工程定额、公路工程定额、矿山井巷工程定额等。

(2)安装工程定额

安装工程定额是安装工程施工定额、预算定额、概算定额、概算指标的统称，是指在设备安装过程中安装规定计量单位工程所消耗的人工、材料、机械台班的数量标准。设备安装工程是对需要安装的设备进行定位、组合、校正、调试等工作过程，包括对机械设备的安装和对电气设备的安装。安装工程定额适用对象可分为电气设备安装工程定额，机械设备安装工程定额，通信设备安装工程定额，化学工业设备安装工程定额、工业管道安装工程定额、工业金属结构安装工程定额、热力设备安装工程定额等。

(3)建筑安装工程费用定额

建筑安装工程费用定额包括其他直接费用定额、现场经费定额、间接费定额。

①其他直接费用定额是指预算定额分项内容以外,与建筑安装施工生产直接有关的各项费用开支标准,通常是以直接费或人工费的一定比例计取。由于费用发生的特点不同,其他费用定额只能独立于预算定额之外。它也是编制施工图预算的依据。

②现场经费定额是指与现场施工有关,施工准备、组织施工生产和管理所需的费用定额,包括临时设施费和现场管理经费两项。

③间接费定额是指与建筑安装施工生产的个别产品无关,而企业生产产品所必需的,为维持企业经营管理活动所必须发生的各项费用开支的标准。由于间接费中许多费用的发生和施工任务的大小没有直接关系,因此,通过间接费定额管理,有效控制间接费的发生是很有必要的。

4)按主编单位和管理权限划分

按主编单位和管理权限不同,定额可分为全国统一定额、行业统一定额、地区统一定额、企业定额、补充定额5种。

(1)全国统一定额

全国统一定额是由国家建设行政主管部门综合全国工程建设中技术和施工组织管理的情况编制,并在全国范围内执行的定额。

(2)行业统一定额

行业统一定额是考虑各行业部门专业工程技术特点,以及施工生产和管理的水平编制的,一般只在本行业和相同专业性质的范围内使用的定额。

(3)地区统一定额

地区统一定额包括省、自治区、直辖市定额,主要是考虑地区性特点对全国统一定额水平作适当调整和补充编制的定额。

(4)企业定额

企业定额是由施工企业考虑本单位的具体情况,参照国家、部门或地区定额的水平制定的定额。企业定额只在企业内部使用,是企业素质的一个标志。企业定额水平一般高于国家现行定额,才能满足生产技术发展、企业管理和市场竞争的需要。在工程量清单计价方式下,企业定额作为施工企业进行建设工程投标报价的计价依据,起到了重要作用。

(5)补充定额

补充定额是指随着设计、施工技术的发展,在现行定额不能满足需要的前提下,为了补充缺项所编制的定额。

2.1.2 建筑工程预算定额的概念

建筑工程预算定额(以下简称预算定额)是指在正常施工条件下,以及先进合理的施工工艺和施工组织设计的条件下,采用科学的方法完成一定计量单位的质量合格产品所必须消耗的人工、材料、机械台班和资金的数量标准,是计算建筑产品价格的基础。

例如,砌筑10 m^3的砖基础需要消耗——人工:12.97工日,材料:标准砖5.236千块,砂浆2.36 m^3,灰浆搅拌机0.39台班。其中,10 m^3是砖基础的定额计量单位;工日是人工消耗计量单位,一个工人工作 8 小时为一个工日;台班是施工机械使用消耗的计量单位,一台施工机械工作 8 小时为一个台班。

预算定额一般是以单位工程为编制对象,且统一颁布实施;按分部工程分章,章下设节,节下设子目,每一子目代表一个与之对应的分项工程;分项工程是构成预算定额的最小单元;是目前使用最广泛的定额。该定额水平为社会平均水平。

2.1.3 建筑工程预算定额的作用

①预算定额是编制建设工程施工图预算,确定和控制建设项目投资、建筑工程造价,编制工程标底和投标报价的基础。

②预算定额是国家对建设项目进行投资控制,设计单位对设计方案进行技术经济比较,以及对新结构、新材料进行技术经济分析的依据。

③预算定额是编制施工组织设计的依据,是确定人工、材料、机具需要量计划的依据,也是施工企业进行经济核算和考核成本的依据。

④预算定额是拨付工程价款和进行工程结算的依据。

⑤预算定额是施工企业进行经济活动分析的依据。

⑥预算定额是编制地区单位估价表、概算定额、概算指标和估算指标的基础。

2.1.4 建筑工程预算定额构成要素

建筑工程预算定额一般由项目名称、单位、人工、材料、机械台班消耗量构成,若反映货币量,还包括项目的定额基价。预算定额示例见表 2.1、表 2.2。表 2.1 为包含人材机的定额,表 2.2 为包含人材机、管理、利润、风险的综合单价定额。

表 2.1 预算定额摘录

工程内容:略

定额编号		5-408		
项目		单位	单价	现浇 1 m^3C20 混凝土圈梁
基价		元		199.05
其中	人工费	元		58.6
	材料费	元		137.5
	机械费	元		2.95
人工	综合用工	工日	20	2.93
材料	C20 混凝土	m^3	134.5	1.015
	水	m^3	0.9	1.087
机械	混凝土搅拌机 400 L	台班	55.24	0.039
	插入式振动器	台班	10.37	0.077

表 2.2　预算定额摘录

D.1.3　实心砖墙(编码:010401003)

工作内容:1.调运砂浆、铺砂浆,运砖,砌砖(包括窗台虎头砖、腰线、门窗套,安放木砖、铁件等)。

2.调运干混商品砂浆、铺砂浆,运砖,砌砖(包括窗台虎头砖、腰线、门窗套,安放木砖、铁件等)。

3.运湿拌商品砂浆、铺砂浆,运砖,砌砖(包括窗台虎头砖、腰线、门窗套,安放木砖、铁件等)。

计量单位:10 m^3

定额编号					AD0016	AD0017	AD0018	AD0019
项目名称					370 砖墙			
					水泥砂浆			混合砂浆
					现拌砂浆M5	干混商品砂浆	湿拌商品砂浆	现拌砂浆M5
费用	综合单价/元				4 571.42	4 899.95	4 578.86	4 550.71
	其中	人工费			1 284.44	1 177.26	1 129.30	1 284.44
		材料费			2 686.47	3 190.66	3 014.55	2 665.76
		施工机具使用费			76.34	56.71	—	76.34
		企业管理费			327.95	297.38	272.16	327.95
		利润			175.81	159.43	145.91	175.81
		一般风险费			20.41	18.51	16.94	20.41
	编码	名称	单位	单价/元	消耗量			
人工	000300100	砌筑综合工	工日	115.00	11.169	10.237	9.820	11.169
材料	041300010	标准砖 240×115×53	千块	422.33	5.290	5.290	5.290	5.290
	810104010	M5.0 水泥砂浆(特稠度 70~90 mm)	m^3	183.45	2.440	—	—	—
	810105010	M5.0 混合砂浆	m^3	174.96	—	—	—	2.440
	850301010	干混商品砌筑砂浆 M5	t	228.16	—	4.148	—	—
	850302010	湿拌商品砌筑砂浆 M5	m^3	311.65	—	—	2.489	—
	341100100	水	m^3	4.42	1.070	2.290	1.070	1.070
机械	990610010	灰浆搅拌机 200 L	台班	187.56	0.407	—	—	0.407
	990611010	干混砂浆罐式搅拌机 20 000 L	台班	232.40	—	0.244	—	—

1)项目名称

预算定额的项目名称也称定额子目名称。定额子目是构成工程实体或有助于构成工程实体的最小组成部分。一般是按工程部位或工种材料划分。一个单位工程预算项目可由几十个到上百个定额子目构成。

2) 工料机消耗量

工料机消耗量是预算定额的重要组成内容。这些消耗量是完成单位产品(一个单位定额子目)的规定数量。例如,现浇 1 m^3 混凝土圈梁的用工是 2.93 工日(表 2.1)。之所以称为定额,是因为这些消耗量反映了本地区该项目的社会必要劳动消耗量。

3) 含人材机的定额基价

定额基价也称工程单价,是定额子目中工料机消耗量的货币表现形式(表 2.1)。

$$\text{定额基价} = \text{工日数} \times \text{工日单价} + \sum_{i=1}^{n}(\text{材料用量} \times \text{材料单价})_i + \sum_{j=1}^{n}(\text{机械台班量} \times \text{台班单价})_j$$

4) 含人材机、管理、利润、风险的综合单价定额

综合单价是指完成一个规定计量单位的分部分项工程项目或措施项目所需的人工费、材料费、施工机具使用费、企业管理费、利润及一般风险费。综合单价计算程序见表 2.3。

表 2.3 综合单价计算程序表

序号	费用名称	计费基础	
		定额人工费+定额机械费	定额人工费
	定额综合单价	1+2+3+4+5+6	1+2+3+4+5+6
1	定额人工费		
2	定额材料费		
3	定额机械费		
4	企业管理费	(1+3)×费率	1×费率
5	利润	(1+3)×费率	1×费率
6	一般风险费	(1+3)×费率	1×费率

任务 2.2 建筑工程预算定额编制内容与步骤

2.2.1 建筑工程预算定额的编制原则

1) 社会平均必要劳动量确定定额水平的原则

在社会主义市场经济条件下,确定预算定额的各种消耗指标,应遵循价值规律,按照产品生产中所消耗的社会平均必要劳动量(时间)确定其定额水平。即在正常的施工条件下,以平均的劳动强度、平均的劳动熟练程度、平均的技术装备水平,确定完成每一单位分项工程或结构构件所需要的劳动量,并据此作为确定预算定额水平的主要原则。

2)简明扼要、适用方便的原则

预算定额的内容与形式,既要体现简明扼要、层次清楚、结构严谨、数据准确,还应满足各方面使用的需要,如编制施工图预算、办理工程结算、编制各种计划和进行成本核算等的需要,使其具有多方面的适用性,且使用方便。这一原则还要求预算定额中的各种文字说明简明扼要、通俗易懂,还应注意定额计量单位的合理选择和工程量计算的简化,如砌砖墙定额中用“m^3”就比用“块”作为定额计量单位要简单和方便一些。

2.2.2 建筑工程预算定额的编制依据

建筑工程预算定额的编制依据如下:

①《全国统一建筑工程基础定额》和《全国统一建筑装饰装修工程消耗量定额》。

②现行的设计规范、施工验收规范、质量评定标准和安全操作规程。

③通用的标准图集、定型设计图纸和有代表性的图纸。

④有关科学实验、技术测定和可靠的统计资料。

⑤已推广的新技术、新材料、新结构和新工艺等资料。

⑥现行的预算定额基础资料、人工工资标准、材料预算价格和机械台班预算价格等。

2.2.3 建筑工程预算定额编制的内容与步骤

建筑工程预算定额的编制内容与步骤如下所述。

1)准备工作

编制预算定额要完成许多准备工作。首先要确定编制几个部分(或编制几章),每一部分(或每一章)分几个小节,每一小节需划分为几个子目;其次要确定定额子目的计量单位,例如砌体类的子目,用“m^3”,铺砌类的子目用“m^2”等;再者要合理确定定额水平,要分析哪种程度的劳动消耗量水平能反映社会平均消耗量水平。

2)测算预算定额子目消耗量

采用科学的技术方法、计量方法、调查研究方法,测算各定额子目的人工、材料、机械台班消耗量指标。

3)确定各项指标的预算价格

采用科学的计算方法,结合市场价格以及国家的相关规定,合理确定人工、材料、机械台班的预算价格。

4)编排预算定额

根据划分好的项目和取得的定额资料,采用事先确定的表格,计算和编排预算定额,形成可供大家使用和参考的预算定额手册。

5)预算定额编制过程和编制示例

下面以砌筑部分—砌砖小节—砌灰砂砖墙为例,演示预算定额的编制过程。

①划分子目,确定计量单位。砌灰砂砖墙拟划分为5个子目,其子目名称,计量单位见表2.4。

表 2.4　定额子目划分

分部名称:砌筑　　节名称:砌砖　　项目名称:灰砂砖墙

定额编号	定额子目名称	计量单位
4-2	1/2 砖厚灰砂砖墙	m^3
4-3	3/4 砖厚灰砂砖墙	m^3
4-4	1 砖厚灰砂砖墙	m^3
4-5	1 砖半厚灰砂砖墙	m^3
4-6	2 砖及 2 砖以上厚灰砂砖墙	m^3

②确定工料机消耗量。通过现场测定和统计计算资料确定各子目的人工消耗量、材料消耗量、机械台班消耗量见表 2.5。

表 2.5　定额子目工料机消耗量取定表

计量单位: m^3

定额编号		4-2	4-3	4-4	4-5	4-6
子目名称	单位	混合砂浆砌灰砂砖墙				
		1/2 砖	3/4 砖	1 砖	一砖半	2 砖及 2 砖以上
综合工日	工日	2.19	2.16	1.89	1.78	1.71
M5 混合砂浆	m^3	0.195	0.213	0.225	0.240	0.245
灰砂砖	块	564	551	541	535	531
水	m^3	0.113	0.11	0.11	0.11	0.11
200 L 灰浆搅拌机	台班	0.33	0.35	0.38	0.40	0.41

③编制预算定额。根据上述确定的工料机消耗量和工料机单价,用预算定额表格汇总编制成预算定额手册。过程如下:

a.将工料机消耗量填入表格内(表 2.6)。

b.将工料机单价填入表格内(表 2.6)。

c.计算人工费、材料费、机械费。举例如下:

1/2 砖厚灰砂砖墙人工费、材料费、机械费计算过程如下:

$$人工费 = 综合用工 \times 工日单价 = 2.19 \times 20 = 43.8(元)$$

$$\begin{aligned}材料费 &= \sum_{i=1}^{n}(材料用量 \times 材料单价)_i \\ &= 0.195 \times 99 + 564 \times 0.18 + 0.113 \times 0.9 \\ &= 120.93(元)\end{aligned}$$

$$机械费 = \sum_{j=1}^{n}(台班数量 \times 台班单价)_j = 0.33 \times 15.38 = 5.08(元)$$

d.将人工费、材料费、机械费汇总为定额基价。例如4-2号定额的基价为：

$$基价 = 43.8 + 120.93 + 5.08 = 169.81(元/m^3)$$

表2.6 预算定额手册编制表

工程内容：略　　　　定额单位：m^3

定额编号				4-2
项目		单位	单价	混合砂浆砌1/2砖灰砂砖墙
基价		元		169.81
其中	人工费	元		43.8
	材料费	元		120.93
	机械费	元		5.08
用工	综合用工	工日	20	2.19
材料	M5混合砂浆	m^3	99.00	0.195
	灰砂砖	块	0.18	564
	水	m^3	0.90	0.113
机械	200 L灰浆搅拌机	台班	15.38	0.33

任务2.3 建筑工程预算定额消耗量的确定

2.3.1 定额计量单位与计算精度的确定

1)定额计量单位的确定

定额计量单位应与定额项目内容相适应，要能确切反映各分项工程产品的形态特征、变化规律与实物数量，并便于计算和使用。

①当物体的断面形状一定而长度不定时，宜采用延长米“m”为计量单位，如木装饰、落水管安装等。

②当物体有一定的厚度而长与宽变化不定时，宜采用“m^2”为单位，如楼地面、墙面抹灰、屋面工程等。

③当物体的长、宽、高均变化不定时，宜采用“m^3”作为计量单位，如土石方、砖石、混凝土和钢筋混凝土工程等。

④当物体的长、宽、高均变化不大时，但其质量与价格差异很大时，宜采用“kg”和“t”为计量单位，如金属构件的制作、运输与安装等。

在预算等额项目表中，一般都采用扩大的计量单位，如100 m、100 m^2、10 m^3 等，以便于预算定额的编制和使用。

2)计算精度的确定

预算定额项目中各种消耗量指标的数值单位和计算时小数位数的取定如下：

①人工以“工日”为单位，取小数点后2位。

②机械以“台班”为单位，取小数点后2位。

③木材以“m^3”为单位，取小数点后3位。

④钢材以“t”为单位，取小数点后3位。

⑤标准砖以“千块”为单位，取小数点后2位。

⑥砂浆、混凝土、沥青膏等半成品以“m^3”为单位，取小数点后2位。

2.3.2 劳动定额的确定

劳动定额是指在一定的技术装备、合理的劳动组织与合理使用材料的条件下，规定完成质量合格的单位产品所需劳动消耗量的标准，或规定在单位时间内完成质量合格产品的数量标准。劳动消耗量的表现形式有两种，分别是产量定额和时间定额。

1)产量定额

在正常条件下，某工种的工人完成单位合格产品的数量称为产量定额。

产量定额常用的单位是：m^3/工日、m^2/工日、t/工日、套/工日、组/工日。

例如，砌一砖半厚标准砖基础的产量定额为：1.08 m^3/工日。

2)时间定额

在正常施工条件下某工种工人在单位时间内完成合格产品所需的劳动时间称为时间定额。

时间定额常用的单位是：工日/m^3、工日/m^2、工日/t、工日/组。

例如，现浇混凝土过梁的时间定额为：1.99 工日/m^3。

3)产量定额与时间定额的关系

产量定额和时间定额是劳动定额两种不同的表现形式，它们之间是互为倒数的关系：

$$\text{时间定额} = \frac{1}{\text{产量定额}}$$

或

$$\text{时间定额} \times \text{产量定额} = 1$$

利用这种倒数关系我们就可以求另外一种表现形式的劳动定额。例如：

$$\text{一砖半厚基础的时间定额} = \frac{1}{\text{产量定额}} = \frac{1}{1.08} = 0.926(\text{工日}/m^3)$$

$$\text{现浇过梁的产量定额} = \frac{1}{\text{时间定额}} = \frac{1}{1.99} = 0.503(m^3/\text{工日})$$

4)时间定额与产量定额的特点

时间定额以工日/m^3、工日/m^2、工日/t、工日/组为单位表示，数量直观具体，易为工人理解和接受，因此，时间定额适用于编制劳动计划和统计任务完成情况。

产量定额以m^3/工日、m^2/工日、t/工日、套/工日、组/工日为单位，不同的工作内容有共同的时间单位，定额完成量可以相加，因此，产量定额适用于向班组下达生产任务。

5)劳动定额的编制方法

在取得现场测定资料后,一般采用下列计算公式编制劳动定额。

$$N=\frac{N_{基}\times 100}{100-(N_{辅}+N_{准}+N_{息}+N_{断})}$$

式中 N——单位产品时间定额;

$N_{基}$——完成单位产品的基本工作时间;

$N_{辅}$——辅助工作时间占全部定额工作时间的百分比;

$N_{准}$——准备结束时间占全部定额工作时间的百分比;

$N_{息}$——休息时间占全部定额工作时间的百分比;

$N_{断}$——不可避免中断时间占全部定额工作时间的百分比。

【例2.1】 根据下列现场测定资料,计算每100 m^2 水泥砂浆抹地面的时间定额和产量定额。

基本工作时间:1 450 工分/50 m^2;

辅助工作时间:占全部工作时间3%;

准备与结束工作时间:占全部工作时间2%;

不可避免中断时间:占全部工作时间2.5%;

休息时间:占全部工作时间10%。

【解】 抹100 m^2 水泥砂浆地面的时间定额

$$=\frac{1\,450\times100}{100-(3+2+2.5+10)}\div50\times100=3\,515\ 工分=58.58\ 工时=7.32(工日)$$

抹水泥砂浆地面的时间定额=7.32(工日/100 m^2)

$$抹水泥砂浆地面的产量定额=\frac{1}{7.32}=0.137(100\ m^2)/工日=13.7(m^2/工日)$$

2.3.3 材料消耗定额的确定

1)材料净用量定额和损耗量定额

(1)材料消耗量定额的构成

材料消耗定额包括:

①直接耗用于建筑安装工程上的构成工程实体的材料。

②不可避免产生的施工废料。

③不可避免的材料施工操作损耗。

(2)材料消耗净用量定额与损耗量定额的划分

直接构成工程实体的材料,称为材料消耗净用量定额。

不可避免的施工废料和施工操作损耗,称为材料损耗量定额。

(3)净用量定额与损耗量定额之间的关系

$$材料消耗定额=材料消耗净用量定额+材料耗损量定额$$

或

$$材料耗损率=\frac{材料损耗量定额}{材料消耗量定额}\times100\%$$

$$材料耗损率=\frac{材料损耗量}{材料总消耗量}\times 100\%$$

或

$$材料消耗定额=\frac{材料消耗净用量定额}{1-材料损耗率}$$

$$总消耗量=\frac{净用量}{1-损耗率}$$

在实际工作中，为了简化上述计算过程，常用下列公式计算总消耗量：

$$总消耗量=净用量\times(1+损耗率')$$

$$损耗率'=\frac{损耗量}{净用量}$$

2）编制材料消耗定额的基本方法

（1）现场技术测定法

用该方法可以取得编制材料消耗定额的全部资料。一般情况下，材料消耗定额中的净用量比较容易确定，耗损量较难确定。我们可以通过现场技术测定方法来确定材料的耗损量。

（2）试验法

试验法是在实验室内采用专门的仪器设备，通过实验的方法来确定材料消耗定额的一种方法。用这种方法提供的数据，虽然精度较高，但容易脱离现场实际的情况。

（3）统计法

统计法是通过对现场用料的大量统计资料进行分析计算的一种方法。用该方法可以获得材料消耗定额的数据。虽然统计法比较简单，但不能准确区分材料消耗的性质，因而不能区分材料净用量和损耗量，只能笼统地确定材料消耗定额。

（4）理论计算法

理论计算法是运用一定的计算公式确定材料消耗定额的方法。该方法较适合块状、板状、卷材状的材料消耗量计算。

3）砌体材料用量的计算方法

（1）砌体材料用量计算的一般公式

$$\begin{matrix}每1\ m^3砌体\\砌块净用量(块)\end{matrix}=\frac{1\ m^3砌体}{墙厚\times(砌块长+灰缝)\times(砌块厚+灰缝)}\times\begin{matrix}分母体积中\\砌块的数量\end{matrix}$$

$$砂浆净用量=1\ m^3砌体-砌块净数量\times砌块的单位体积$$

（2）砖砌体（图 2.1）材料用量计算

灰砂砖的尺寸为 240 mm×115 mm×53 mm，其材料用量计算公式为：

$$\begin{matrix}每1\ m^3砌体\\灰砂砖净用量(块)\end{matrix}=\frac{1}{墙厚\times(砖长+灰缝)\times(砖厚+灰缝)}\times墙厚的砖数\times 2$$

$$灰砂砖总消耗量=\frac{净用量}{1-损耗率}$$

$$砂浆净用量=1\ m^3-灰砂砖净用量\times 0.24\ m\times 0.115\ m\times 0.053\ m$$

$$砂浆总消耗量=\frac{净用量}{1-损耗率}$$

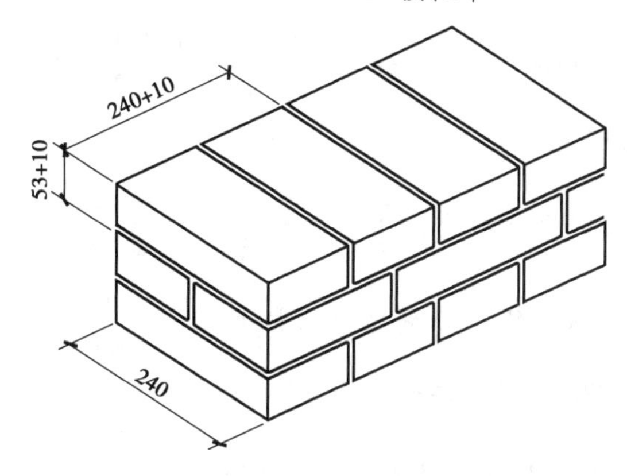

图 2.1 砖砌体计算尺寸示意图

【例 2.2】 计算 1 m³ 一砖厚灰砂砖墙砖和砂浆的总消耗量，灰缝 10 mm 厚，砖损耗率 1.5%，砂浆损耗率 1.2%。

【解】 ①灰砂砖净用量

$$每1\ m^3砖墙灰砂砖净用量=\frac{1}{0.24\times(0.24+0.01)\times(0.053+0.01)}\times1\times2$$

$$=\frac{1}{0.24\times0.25\times0.063}\times2$$

$$=\frac{1}{0.003\ 78}\times2=529.1(块)$$

②灰沙砖总消耗量

$$每1\ m^3砖墙灰砂砖净用量=\frac{529.1}{1-1.5\%}=\frac{529.1}{0.985}=537.16(块)$$

③砂浆净用量

$$每1\ m^3砂浆净用量=1-529.1\times0.24\times0.115\times0.053=1-0.773\ 967=0.226(m^3)$$

④砂浆总消耗量

$$每1\ m^3砌体砂浆总消耗量=\frac{0.226}{1-1.2\%}=\frac{0.226}{0.988}=0.229(m^3)$$

(3)砌块砌体材料用料计算

【例 2.3】 计算尺寸为 390 mm×190 mm×190 mm 的每立方米 190 mm 厚混凝土空心砌块墙的砌块和砂浆总消耗量，灰缝 10 mm，砌块与砂浆的损耗率均为 1.8%。

【解】 ①空心砌块总消耗量

$$每1\ m^3砌体空心砌块净用量=\frac{1}{0.19\times(0.39+0.01)\times(0.19+0.01)}\times1$$

$$=\frac{1}{0.19\times0.40\times0.20}=65.8(块)$$

$$每1\ m^3砌体空心砌块总消耗量=\frac{65.8}{1-1.8\%}=\frac{65.8}{0.982}=67.0(块)$$

②砂浆总消耗量

$$每1\ m^3砌体砂浆净用量=1-65.8\times0.19\times0.19\times0.39=1-0.926\,4=0.074(m^3)$$

$$每1\ m^3砌体砂浆总消耗量=\frac{0.074}{1-1.8\%}=\frac{0.074}{0.982}=0.075(m^3)$$

4)块料面层材料用料计算

$$每100\ m^2块料面层净用量(块)=\frac{100}{(块料长+灰缝)\times(块料宽+灰缝)}$$

$$每100\ m^2块料总消耗量(块)=\frac{净用量}{1-损耗率}$$

$$每100\ m^2结合层砂浆净用量=100\ m^2\times结合层厚度$$

$$每100\ m^2结合层砂浆总消耗量=\frac{净用量}{1-损耗率}$$

$$每100\ m^2块料面层灰缝砂浆净用量=(100-块料长\times块料宽\times块料净用量)\times灰缝深$$

$$每100\ m^2块料面层灰缝砂浆总消耗量=\frac{净用量}{1-损耗率}$$

【例2.4】 用水泥砂浆贴500 mm×500 mm×15 mm花岗石板地面,结合层5 mm厚,灰缝宽度1 mm,花岗石损耗率2%,砂浆损耗率1.5%,试计算每100 m² 地面的花岗石和砂浆的总消耗量。

【解】 ①计算花岗石总消耗量

$$每100\ m^2地面花岗石净消耗量=\frac{100}{(0.5+0.001)\times(0.5+0.001)}=\frac{100}{0.501\times0.501}=398.4(块)$$

$$每100\ m^2地面花岗石总消耗量=\frac{398.4}{1-2\%}=\frac{398.4}{0.98}=406.5(块)$$

②计算砂浆总消耗量

$$每100\ m^2花岗石地面结合层砂浆净用量=100\ m^2\times0.005=0.5(m^3)$$

$$每100\ m^2花岗石地面灰缝砂浆净用量=(100-0.5\times0.5\times398.4)\times0.015=0.006(m^3)$$

$$砂浆总消耗量=\frac{0.5+0.006}{1-1.5\%}=0.514(m^3)$$

5)预制构件模板摊销量计算

预制构件模板摊销量是按多次使用,平均摊销的方法计算的。计算公式如下:

$$模板一次使用量=1\ m^3构件模板接触面积\times1\ m^2接触面积模板净用量\times\frac{1}{1-损耗率}$$

$$模板摊销量=\frac{一次使用量}{周转次数}$$

【例2.5】 根据选定的预制过梁标准图计算,每1 m³ 构件的模板接触面积为10.16 m²,每1 m² 接触面积的模板净用量0.095 m³,模板损耗率5%,模板周转28次,试计算每1 m³ 预制过梁的模板摊销量。

【解】 ①模板一次使用量计算

$$模板一次使用量=10.16\times0.095\times\frac{1}{1-5\%}=1.016(\text{m}^3)$$

②模板摊销量计算

$$预制过梁的模板摊销量=\frac{1.016}{28}=0.036(\text{m}^3/\text{m}^3)$$

2.3.4 机械台班消耗定额的确定

施工机械台班定额是施工机械生产率的反映。编制高质量的机械台班定额是合理组织机械施工、有效利用施工机械、进一步提高机械生产率的必备条件。编制机械台班定额的主要内容包括:

1)拟订正常的施工条件

机械操作与人工操作相比,劳动生产率在很大程度上受施工条件影响,因此需要更好地拟订正常的施工条件。

拟订机械工作正常的施工条件,主要是拟订工作地点的合理组织和拟订合理的人工编制。

2)确定机械纯工作一小时的正常生产率

确定机械正常生产率必须先确定机械纯工作一小时的正常劳动生产率。因为只有先取得机械纯工作一小时正常生产率,才能根据机械利用系数计算出施工机械台班定额。

机械纯工作时间,就是指机械必须消耗的净工作时间,包括正常负荷下工作时间、有根据降低负荷下工作时间、不可避免的无负荷工作时间、不可避免的中断时间。

机械纯工作一小时的正常生产率,就是在正常施工条件下,由具备一定技能的技术工人操作施工机械净工作一小时的劳动生产率。

确定机械纯工作一小时正常劳动生产率可分3步进行:

①计算机械循环一次的正常延续时间。它等于本次循环中各组成部分延续时间之和,计算公式为:

$$机械循环一次正常延续时间=\sum 循环内各组成部分延续时间$$

【例2.6】 某轮胎式起重机吊装大型屋面板,每次吊装一块,经过现场计时观察,测得循环一次的各组成部分的平均延续时间如下,试计算机械循环一次的正常延续时间。

挂钩时的停车30.2 s;

将屋面板吊至15 m高95.6 s;

将屋面板下落就位54.3 s;

解钩时的停车38.7 s。

回转悬臂、放下吊绳空回至构件堆放处51.4 s。

【解】 轮胎式起重机循环一次的正常延续时间=30.2+95.6+54.3+38.7+51.4=270.2(s)

②计算机械纯工作一小时的循环次数,计算公式为:

$$机械纯工作一小时循环次数=\frac{60\times60\ \text{s}}{一次循环的正常延续时间}$$

【例 2.7】 根据上例计算结果,计算轮胎式起重机纯工作 1 小时的循环次数。

【解】 轮胎式起重机纯工作一小时循环次数 $=\dfrac{60\times60}{270.2}=13.32$(次)

③求机械纯工作一小时的正常生产率,计算公式为:

机械纯工作一小时的正常生产率 = 机械纯工作一小时的循环次数×一次循环的产品数量

【例 2.8】 根据上例计算结果和每次吊装 1 块的产品数量,计算轮胎式起重机纯工作一小时的正常生产率。

【解】 轮胎式起重机纯工作一小时的正常生产率 = 13.32(次)×1(块/次)= 13.32(块)

3)确定施工机械的正常利用系数

机械的正常利用系数,是指机械在工作班内工作时间的利用率。

机械正常利用系数与工作班内的工作状况有着密切的关系。

拟订工作班的正常状况,关键是如何保证合理利用工时,因此,要注意下述几个问题:

①尽量利用不可避免的中断时间、工作开始前与结束后的时间进行机械的维护和养护。

②尽量利用不可避免的中间时间作为工人的休息时间。

③根据机械工作的特点,在负担不同工作时,规定不同的开始与结束时间。

④合理组织施工现场,排除由于施工管理不善造成的机械停歇。

确定机械正常利用系数,首先要计算工作班在正常状况下,准备与结束工作、机械开动、机械维护等工作必须消耗的时间,以及有效工作的开始与结束时间,然后再计算机械工作班的纯工作时间,最后确定机械正常利用系数。机械正常利用系数按下列公式计算。

$$机械正常利用系数=\frac{工作班内机械纯工作时间}{机械工作班延续时间}$$

建筑工程预算定额

4)计算机械台班定额

计算机械台班定额是编制机械台班定额的最后一个环节。

在确定了机械正常工作条件、机械一小时纯工作时间正常生产率和机械利用系数后,即可确定机械台班的定额消耗指标。计算公式如下:

施工机械台班产量定额 = 机械纯工作一小时正常生产率×工作班延续时间×机械正常利用系数

【例 2.9】 轮胎式起重机吊装大型屋面板,机械纯工作一小时的正常生产率为 13.32 块,工作班 8 h 内实际工作时间 7.2 h,求产量定额和时间定额。

【解】 ①计算机械正常利用系数

$$机械正常利用系数=\frac{7.2}{8}=0.9$$

②计算机械台班产量定额

$$轮胎式起重机台班产量定额=13.32\times8\times0.9=96(块/台班)$$

③求机械台班时间定额

$$轮胎式起重机台班时间定额=\frac{1}{96}=0.01(台班/块)$$

项目 3
工程单价

学习目标

- **知识目标** (1)人工单价的确定。
  (2)材料单价的确定。
  (3)机械台班单价的确定。
- **能力目标** (1)熟悉人工单价的内容。
  (2)材料预算价格及机械台班单价构成。
  (3)掌握人工单价、材料单价、机械台班费的计算方法。

任务 3.1 人工单价确定

3.1.1 人工工日预算单价确定

1)人工费的确定

人工费是指直接从事建筑安装工程施工的生产工人开支的各项费用,由完成全部工程内容所需的定额工日消耗量及零星工作消耗量乘以人工单价计算而得。

目前,我国的人工单价均采用综合人工单价的形式,即根据综合取定不同工种、不同技术等级的工资单价及相应的工时比例进行加权平均,得出能够反映工程建设中生产工人一般价格水平的人工单价。

人工费的计算表达式为：

$$人工费 = \sum(工日数 \times 人工单价)$$

人工单价内容包括下述内容。

①计时工资或计件工资：按计时工资标准和工作时间或对已做工作按计件单价支付给个人的劳动报酬。

②奖金：对超额劳动和增收节支支付给个人的劳动报酬，如节约奖、劳动竞赛奖等。

③津贴补贴：为了补偿职工特殊或额外的劳动消耗和因其他特殊原因支付给个人的津贴，以及为了保证职工工资水平不受物价影响支付给个人的物价补贴，如流动施工津贴、特殊地区施工津贴、高温（寒）作业临时津贴、高空津贴等。

④加班加点工资：按规定支付的在法定节假日工作的加班工资和在法定日工作时间外延时工作的加点工资。

⑤特殊情况下支付的工资：根据国家法律、法规和政策规定，因病、工伤、产假、计划生育假、婚丧假、事假、探亲假、定期休假、停工学习、执行国家或社会义务等原因按计时工资标准或计时工资标准的一定比例支付的工资。

2）工资标准的确定

传统的基本工资是根据工资标准计算的。现阶段企业的工资标准基本上由企业内部制定。要从理论上理解基本工资的确定原理，就需要了解原工资标准的计算方法。

（1）工资标准的概念

工资标准是指国家规定的工人在单位时间内（日或月）按照不同的工资等级所取得的工资数额。

（2）工资等级

工资等级是按国家有关规定或企业有关规定，按劳动者的技术水平、熟练程度和工作责任大小等因素划分的工资级别。

（3）工资等级系数

工资等级系数也称工资级差系数，是某一等级的工资标准与一级工工资标准的比值。例如，国家原规定的建筑工人的工资等级系数 K_n 的计算公式为：

$$K_n = (1.187)^{n-1}$$

式中　n——工资等级；

K_n——n 级工工资等级系数；

1.187——工资等级系数的公比。

（4）工资标准的计算方法

计算月工资标准的计算公式为：

$$F_n = F_1 \times K_n$$

式中　F_n——n 级工工资标准；

F_1——一级工工资标准；

K_n——n 级工工资等级系数。

国家原规定的某类工资区建筑工人工资标准及工资等级系数见表3.1。

表 3.1 建筑工人工资标准表

工资等级 n	一	二	三	四	五	六	七
工资等级系数 K_n	1.000	1.187	1.409	1.672	1.985	2.358	2.800
级差/%	—	18.7	18.7	18.7	18.7	18.7	18.7
月工资标准 F_n/(元·月$^{-1}$)	33.66	39.95	47.43	56.28	66.82	79.37	94.25

【例 3.1】 计算六级建筑工月工资标准。

【解】 由表 3.1 可知,六级工工资等级系数为 2.358,则

$$\text{六级工月工资标准} = 33.66\times 2.358 = 79.37(\text{元})$$

3.1.2 人工单价的计算

预算定额的人工单价包括综合平均工资等级的基本工资、工资性补贴、医疗保险费等。

1)综合平均工资等级系数和工资标准的计算方法

计算工人小组的平均工资或平均工资等级系数,应采用综合平均工资等级系数的计算方法,计算公式如下:

$$\text{小组成员综合平均工资等级系数} = \frac{\sum_{i=1}^{n}(\text{某工资等级系数}\times\text{同等级工人数})_i}{\text{小组成员总人数}}$$

【例 3.2】 某抹灰班组由 12 人组成,各等级的工人及工资等级系数如下,求综合平均工资等级系数和工资标准(已知 F_1=33.66 元/月)。

一级工:1 人,工资等级系数 1.000;

二级工:2 人,工资等级系数 1.187;

三级工:2 人,工资等级系数 1.409;

四级工:2 人,工资等级系数 1.672;

五级工:3 人,工资等级系数 1.985;

六级工:1 人,工资等级系数 2.358;

七级工:1 人,工资等级系数 2.800。

【解】 ①求综合平均工资等级系数

$$\text{抹灰小组综合平均工资等级} = \frac{1.000\times1+1.187\times2+1.409\times2+1.672\times2+1.985\times3+2.358\times1+2.800\times1}{12}$$

$$= \frac{20.649}{12} = 1.720\ 8$$

②求综合平均工资标准

$$\text{抹灰工小组综合平均工资标准} = 33.66\times1.720\ 8 = 57.92(\text{元/月})$$

2)人工单价计算方法

预算定额人工单价的计算公式为:

$$人工单价=\frac{基本工资+工资性补贴+生产工人辅助工资+职工福利费+生产工人劳动保护费}{月平均工作天数}$$

$$月平均工作天数=\frac{全年天数-星期六和星期日天数-法定节日天数}{全年月数}$$

$$=\frac{365-104-11}{12}=20.83(天)$$

其中法定节日天数如下：

新年(元旦)，放假1天(1月1日)；

春节，放假3天(除夕、正月初一、初二)；

清明节，放假1天(清明当日)；

劳动节，放假1天(5月1日)；

端午节，放假1天(端午当日)；

中秋节，放假1天(中秋当日)；

国庆节，放假3天(10月1日、2日、3日)。

人工工日单价组成内容在各部门、各地区并不完全相同，近几年国家陆续出台了养老保险、医疗保险、住房公积金、失业保险等改革措施。

人工单价的确定

3)影响人工单价的因素

社会平均工资水平、生活消费指数、人工单价的组成内容、劳动力市场供需变化、政府推行的社会保障和福利政策也会影响人工单价的浮动。

任务3.2　材料预算价格的确定

3.2.1　材料原价

材料原价是指材料采购提货地点的出库价格，如生产厂家的出厂价、国营商业部门的批发牌价、物资仓库的出库价、市场批发价及进口材料的调拨价等。

同一种材料因来源地、生产厂家、交货地点或供应单位不同而有几种原价时，要采用加权平均方法计算其平均原价。

【例3.3】 某工程的标准砖有3个来源：甲地供应量为24%，原价为350.00元/千块；乙地供应量为45%，原价为356.00元/千块；丙地供应量为31%，原价为358.00元/千块。求标准砖的平均原价。

【解】 标准砖的平均原价为：

$$350.00\times24\%+356.00\times45\%+358\times31\%=355.18(元/千块)$$

3.2.2　运杂费

运杂费是指材料由采购地或发货点至现场仓库或工地存放地含外埠中转运输过程中所发生的一切费用和过境过桥费，同品种材料有若干来源地，采用加权平均的方法计算：

$$加权平均运杂费=\frac{K_1T_1+K_2T_2+\cdots+K_nT_n}{K_1+K_2+\cdots+K_n}$$

式中 $K_1,K_2,\cdots,K_n$——各不同供应地点的供应量或各不同使用地点的需求量；

$T_1,T_2,\cdots,T_n$——各不同运距的运费。

①运杂费一般占材料预算价格的15%~20%。但对于一些量重价低的材料，运杂费所占比重很大，有的甚至超过原价。

②运杂费应考虑一定的场外运输损耗费用，是指材料在装卸和运输过程中所发生的合理损耗。

【例3.4】 某材料有3个货源地，各地的运距、运费见表3.2，试计算该材料的平均运费。

表3.2 各地的运距、运费

货源地	供应量/t	运距/km	运输方式	运费单价/[元/(t·km)$^{-1}$]
A	600	54	汽车	0.35
B	800	65	汽车	0.35
C	1 600	80	火车	0.30

【解】

- 方法1

每吨材料的运费分别为：

A地：54×0.35=18.90(元/t)

B地：65×0.35=22.75(元/t)

C地：80×0.30=24.00(元/t)

该材料的平均运费=(18.90×600+22.75×800+24.00×1 600)÷(600+800+1 600)
=22.65(元/t)

- 方法2

汽车运输的平均运距=(54×600+65×800)÷(600+800)=60.29(km)

汽车运输的平均运费=60.29×0.35=21.10(元/t)

火车运输的运费=80×0.30=24.00(元/t)

该材料的平均运费=[21.10×(600+800)+24.00×1 600]÷(600+800+1 600)
=22.65(元/t)

3.2.3 采购保管费

采购保管费是指材料供应部门在组织采购、供应和保管材料过程中所需的各项费用，包含工资、职工福利费、办公费、差旅及交通费、固定资产使用费、工具用具使用费、劳动保护费、检验试验费、材料储存损耗及其他费用。采购保管费一般按材料到库价格的比率取定。

采购保管费=(材料原价+运杂费)×(1+运输损耗率)×采购保管费率

例如，重庆规定材料、设备采购及仓管费率标准如下：

①由承包方采购材料、设备的采购及仓管费率：钢材、木材、水泥为2.5%，其他材料及半成品为3%，设备为1%。

②由发包方提供材料到承包方指定地点，发包方收取采购及仓管费的1/3，承包方收取采购及仓管费的2/3。

③由发包方指定承包方在市外采购的材料、设备,采购及仓管费率:材料为5%,设备为2%。

④包装品的回收价值:包装品的回收价值=包装品原价×回收率×残值率。

a.如地区有规定的,按地区规定计算;地区无规定的,可根据实际情况,参照表3.3计算。

表3.3 包装品回收率及残值率

包装材料	回收率/%	残值率/%
木材、木桶、木箱	70	20
铁桶	95	50
铁皮	50	50
铁丝	20	50
纸袋、纤维品	30	50
草绳、草袋	不计	不计

【例3.5】 每吨水泥用纸袋20个,每个纸袋1元,试计算其包装品的回收价值。

【解】 每吨水泥包装品的回收价值=1×20×30%×50%=3.00(元)

b.由采购单位自备包装品的材料。由采购单位自备包装品的材料,如麻袋、铁桶等,应计算包装费列入材料预算价格中。此时,材料包装费应按多次使用、分次摊销的方法计算。

麻袋按5次周转,回收率按50%,残值率按材料原价的50%计算。

铁桶按15次周转,使用期间按75%计算维修费,回收率按95%,残值率按材料原价的50%计算。其计算公式如下:

$$\text{自备包装品的包装费}=\frac{\text{包装品原价}\times(1-\text{回收率}\times\text{残值率})+\text{使用期间维修费}}{\text{周转使用次数}}$$

【例3.6】 根据表3.4中资料计算42.5级袋装水泥的预算价格。

①货源地、出厂价、运距、运价见表3.3。

②包装费已包括在原价内,每个纸袋0.90元。

③供销部门手续费率2%,运输损耗率2%,采购保管费率为2%。

表3.4 42.5级袋装水泥供货信息

货源地	供应量/t	原价/(元·t^{-1})	汽车运距/km	运输单价/[元/(t·km)$^{-1}$]	装卸费/(元·t^{-1})
甲	8 000	248.00	28	0.60	6.00
乙	10 000	252.00	30	0.60	5.50
丙	5 000	253.00	32	0.60	5.00

【解】 ①水泥原价=(248.00×8 000+252.00×10 000+253.00×5 000)÷(8 000+10 000+5 000)

=250.83(元/t)

②供销部门手续费 = 250.83×2% = 5.02(元/t)

③回收值 = 1×20×50%×50%×0.9 = 4.50(元/t)

④水泥的运杂费 = 17.84+5.57+5.59 = 29.00(元/t)

⑤水泥预算价格 = (材料原价+手续费+运杂费)×(1+采购保管费率)-回收值

= (250.83+5.02+29.00)×(1+2%)-4.50

= 286.05(元/t)

说明:材料预算价格是按材料的不同品种、规格、型号、等级分别编制的。

材料取定价格,是将同种材料的不同预算价格根据工程上常用的不同品种、规格的数量,并结合当时当地的市场供应情况,按一定比例加权平均综合取定的价格。确定材料取定价格时,会遇到以下两种情况:

①材料品种规格单一,此时可取其预算价格作为取定价格,如磨砂玻璃、压花玻璃等。

②材料品种规格繁多,此时必须加权平均,综合取定。

【例 3.7】 根据表 3.5 所列数据,计算机制黏土砖(统一砖)的预算价格。

表 3.5 机制黏土砖价格表

序号	统一砖级别	预算价格/(元·万块$^{-1}$)
1	甲级	1 878.63
2	乙级	1 758.42
3	丙级	1 579.37

【解】 按定额规定的主要建筑材料预算价格标准,得知:统一砖按甲级 85%,乙级 15% 来预算;

则统一砖预算价格 = 1 878.63×85%+1 758.42×15%

= 1 860.59(元/万块)

= 186.06(元/千块)

3.2.4 材料预算价格的动态管理

材料预算价格的动态管理就是在材料预算价格的基础上,根据市场材料价格的变化,通过对主要材料按实补差、次要材料按系数调整的方法来调整材料预算价格的一种管理方法。

建设工程材料按其在工程实体中的实物消耗量和占工程造价的价值量,分为主要材料和次要材料两大类。

主要材料是指品种少、消耗量大、占工程造价比例高的建筑材料,有钢材、木材、水泥、玻璃、沥青、地材、混凝土等工厂制品及各专业定额的专用材料。

次要材料是指品种多、单项耗量不大、占工程造价比例小的建筑材料,如铁丝、铁钉、螺丝等材料。

材料差价是指合同规定的施工期内,材料的市场价格与材料的预算价格之间的价格差。

主要材料采用单项材料差价调整法,即按实调整法,指由承发包双方根据市场价格变化情况,参照材料价格信息,确定材料结算价格后单项按实调整。调差公式为:

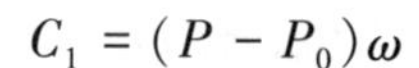

$$C_1 = (P - P_0)\omega$$

材料预算价格的确定

次要材料采用综合材料差价系数调整办法，即系数调整法，指由定额管理总站按市场价格、定额分类和不同工程类别测算材料差价系数，一般每半年或一年发布一次，并规定材料差价计算方法。

次要材料的材料差价计算公式为：

$$C_2 = KV_0$$

【例 3.8】 计算贴 100 m^2 彩釉砖楼地面面层的材料费。已知彩釉砖、水泥砂浆的损耗率分别为 2%与 1%，水泥砂浆结合层厚 10 mm，块料间缝隙为 1 mm。材料的定额消耗量与材料的预算价格计算见表 3.6。

【解】 100 m^2 彩釉砖楼地面面层的材料费计算见表 3.6。

表 3.6　100 m^2 彩釉砖楼地面面层的材料费

彩釉砖楼地面面层定额材料用量			材料预算价格	材料费
主要材料	彩釉砖	100×(1+2%) = 102 m^2	30 元/m^2	102×30 = 3 060(元)
	水泥砂浆	100×0.01×(1+1%) = 1.01 m^3	125.0 元/m^3	1.01×125 = 126.25(元)
	素水泥浆	100×0.001×(1+1%) = 0.1 m^3	461.70 元/m^3	0.1×461.7 = 46.17(元)
	白水泥	10(kg/100 m^2)	0.55 元/kg	10×0.55 = 5.5(元)
次要材料	麻袋	22(m^2/100 m^2)	1.5 元/m^2	22×1.5 = 33.0(元)
	棉纱头	1(kg/100 m^2)	4.84 元/kg	1×4.84 = 4.84(元)
	锯木屑	0.6(m^3/100 m^2)	3.93 元/m^3	0.6×3.93 = 2.36(元)
	切割切片	0.32(片/100 m^2)	18.0 元/片	0.32×18 = 5.76(元)
合计				3 283.88(元)

【例 3.9】 根据例 3.8 的材料消耗量，按表 3.6 内材料结算价格调整主要材料的价差。

【解】 100 m^2 彩釉砖楼地面面层主要材料价差调整，见表 3.7。

表 3.7　主要材料价差调整

材料名称	单位	数量	定额预算价格	材料结算价格	单价差	复价差
彩釉砖	m^2	102	30 元/m^2	35.0 元/m^2	35−30 = 5.0 元/m^2	102×5 = 510(元)
水泥砂浆	m^3	1.01	125.0 元/m^3	178.20 元/m^3	178.2−125 = 53.2 元/m^3	1.01×53.2 = 53.73(元)
素水泥浆	m^3	0.1	461.70 元/m^3	455.10 元/m^3	455.1−461.7 = −6.6 元/m^3	−0.1×6.6 = −0.66(元)
白水泥	kg	10	0.55 元/kg	0.50 元/kg	0.50−0.55 = −0.05 元/kg	−10×0.05 = −0.5(元)
合计						562.57(元)

任务 3.3 机械台班使用费的确定

施工机械台班使用费是指在正常运转情况下，施工机械在一个工作班(8 h)中应分摊和所支出的各种费用之和，等于完成全部工程内容所需定额机械台班消耗量乘以机械台班单价(或租赁单价)计算而成。

机械费的计算表达式：

$$机械费 = \sum(机械台班数 \times 机械台班单价)$$

机械台班单价，也称机械台班预算价格，是指一台施工机械在正常运转情况下一个台班(8 h)所支出分摊的各种费用之和。

机械台班预算价格一般是在该机械折旧费(及大修费)的基础上加上相应的运行成本等费用。

按现行的规定，机械台班单价由 7 项费用构成。这些费用按其性质分为第一类费用和第二类费用。

3.3.1 第一类费用

第一类费用也称不变费用，是指属于分摊性质的费用，包括基本折旧费、台班大修理费、台班经常修理费、安拆费及场外运输费。

第一类费用的特点是不论机械运转程度如何，都必须按所需费用分摊到每一台班中去，不因施工地点、条件的不同发生变化，是一项比较固定的经常性费用，故称“不变费用”。

1) 基本折旧费

基本折旧费是指机械设备在规定的寿命期(即使用年限或耐用总台班)内，陆续收回其原值及支付利息而分摊到每一台班的费用。计算公式为：

$$台班折旧费 = \frac{机械预算价格 \times (1 - 残值率) + 贷款利息}{耐用总台班}$$

若是国产运输机械，则：

$$机械预算价格 = 销售价 \times (1 + 购置附加费) + 运杂费$$

【例 3.10】 6 t 载重汽车的销售价为 83 000 元，购置附加费率为 10%，运杂费为 5 000 元，残值率为 2%，耐用总台班为 1 900 个，贷款利息为 4 650 元，试计算台班折旧费。

【解】 ①求 6 t 载重汽车预算价格

$$6\text{ t 载重汽车预算价格} = 83\ 000 \times (1 + 10\%) + 5\ 000 = 96\ 300(元)$$

②求台班折旧费

$$6\text{ t 载重汽车台班折旧费} = \frac{96\ 300 \times (1 - 2\%) + 4\ 650}{1\ 900}$$

$$= \frac{99\ 024}{1\ 900} = 52.12(元/台班)$$

2) 台班大修理费

台班大修理费指机械设备按规定的大修理间隔台班必须进行大修理，以恢复其正常功能所需的费用。计算公式为：

$$台班大修理费 = \frac{一次大修理费 \times (大修理周期 - 1)}{耐用总台班}$$

【例 3.11】 6 t 载重汽车一次大修理费为 9 900 元，大修理周期为 3 个，耐用总台班为 1 900个，试计算台班大修理费。

【解】 $6\ t载重汽车台班大修理费 = \frac{9\ 900 \times (3-1)}{1\ 900} = \frac{19\ 800}{1\ 900} = 10.42(元/台班)$

3) 台班经常修理费

台班经常修理费指机械设备在一个大修理期内的中修和定期的各种保养（包括一、二、三级保养）所需的费用，包括保障机械正常运转所需替换设备、随机配置的工具、附具的摊销及维护费用，包括机械正常运转及日常保养所需润滑、擦拭材料费用和机械停置期间的维护保养费用等。

台班经常修理费可以用以下简化公式计算：

$$台班经常修理费 = 台班大修理费 \times 经常修理费系数$$

【例 3.12】 经测算 6 t 载重汽车的台班经常修理系数为 5.8，根据上例计算出的台班大修费，计算台班经常修理费。

【解】 6 t 载重汽车台班经常修理费 $= 10.42 \times 5.8 = 60.44$（元/台班）

4) 安拆费及场外运输费

安拆费指机械在施工现场进行安装、拆卸所需的人工、材料、机械和试运转费用，以及安装所需的机械辅助设施的折旧、搭设、拆除等费用。

场外运输费指机械整体或分件从停置地点运至施工现场，或由一工地运至另一工地的运输、装卸、辅助材料以及架线等费用。计算公式为：

$$\begin{array}{l}台班安拆及\\场外运输费\end{array} = 台班辅助设施摊销费 + \frac{\begin{array}{c}机械一次\\安拆费\end{array} \times \begin{array}{c}年平均安\\拆次数\end{array} + \left(\begin{array}{c}一次运输\\装卸费\end{array} + \begin{array}{c}辅助材料一\\次摊销费\end{array} + \begin{array}{c}一次架\\线费\end{array}\right) \times \begin{array}{c}年平均场外\\运输次数\end{array}}{年工作台班}$$

3.3.2 第二类费用

第二类费用也称可变费用，是指属于支出性质的费用，包括燃料动力费、人工费、养路费及车船使用税。

第二类费用的特点是只有机械作业运转时才发生，也称一次性费用或可变费用。这类费用必须按照《全国统一施工机械台班费用定额》规定的相应实物量指标分别乘以预算价格即编制地区人工日工资，材料、燃料等动力资源的价格进行计算。

1) 燃料动力费

燃料动力费指机械设备运转施工作业中所耗用的固体燃料（煤炭、木柴）、液体燃料（汽油、柴油）、电力、水和风力等的费用。计算公式为：

$$台班燃料动力费 = 每台班耗用的燃料或动力数量 \times 燃料或动力的单价$$

【例3.13】 6 t载重汽车每台班耗用柴油32.19 kg，每1 kg单价2.40元，求台班燃料费。

【解】 6 t汽车台班燃料费 $= 32.19 \times 2.40 = 77.26$（元/台班）

2）人工费

人工费指机上司机、司炉及其他操作人员的基本工资和工资性的各种津贴。计算公式为：

$$台班人工费 = 机上操作人员人工工日数 \times 工日单价$$

【例3.14】 6 t载重汽车每个台班的机上操作人工工日数为1.25个，人工工日单价为25元，求台班人工费。

【解】 6 t载重汽车台班人工费 $= 1.25 \times 25 = 31.25$（元/台班）

3）养路费及车船使用税

养路费及车船使用税指机械按照国家有关规定应缴纳的养路费和车船使用税。计算公式为：

$$\begin{matrix}台班养路费\\及车船使用税\end{matrix} = \frac{\begin{matrix}载重量或\\核定吨位\end{matrix} \times \left\{\begin{matrix}养路费\\ [元/(t \cdot 月)]\end{matrix} \times 12 + \begin{matrix}车船使用税\\ [元/(t \cdot 车)]\end{matrix}\right\}}{年工作台班} + \begin{matrix}保险费及\\年检费\end{matrix}$$

$$保险费及年检费 = \frac{年保险费及年检费}{年工作台班}$$

【例3.15】 6 t载重汽车每月应缴纳养路费150元/t，车船使用税50元/t，每年工作台班240个，保险费及年检费共计2 000元，计算台班养路费及车船使用税。

【解】 $6\ t载重汽车养路费及车船使用税 = \frac{6 \times (150 \times 12 + 50)}{240} + \frac{2\ 000}{240}$

$$= \frac{13\ 100}{240} = 54.58（元/台班）$$

机械台班使用费的确定

项目 4
建筑工程预算定额的应用

学习目标

• **知识目标** (1)掌握建筑工程预算定额的构成。
(2)掌握定额换算、基本定额的概念和定额的换算方法。

• **能力目标** (1)能根据预算定额完成各分项工程所需人工、材料、机械消耗数量的确定。
(2)能正确进行预算定额换算。

任务 4.1 预算定额的构成

为了便于确定各分部分项工程的人工、材料和机械台班的消耗量,将预算定额按一定的顺序汇编成册,形成预算定额手册。每册预算定额又按建筑分部工程、施工顺序、工程内容及材料等分成若干章。每一章又按工程内容、施工顺序等分成若干节。每一节再按工程性质、材料类别等分成若干定额子目。

以《重庆市房屋建筑与装饰工程计价定额》(CQJZZSDE—2018)为例来介绍预算定额的构成。《重庆市房屋建筑与装饰工程计价定额》(CQJZZSDE—2018)由目录、总说明、建筑面积计算规则、分部说明、工程量计算规则、定额项目表构成。

4.1.1 目录

《重庆市房屋建筑与装饰工程计价定额》(CQJZZSDE—2018)分为第一册(建筑工程)、第二册(装饰工程),共 21 个分部工程,其中建筑共 14 个分部工程:A 土石方工程,B 地基处理与边坡支护工程,C 桩基工程,D 砌筑工程,E 混凝土及钢筋混凝土工程,F 金属结构工程,G 木结构工程,H 门窗工程,J 屋面及防水工程,K 防腐工程,L 楼地面工程,M 墙柱面一般抹灰工程,N 天棚面一般抹灰工程,P 措施项目。

每个分部工程由若干节组成,每一节由若干定额子目组成,定额内每一定额子目即为一个分项工程,如土石方分部工程中 AA0001 人工挖土方,AA0003 人工挖沟槽(深 2 m 以内)等,分项工程为最小的组成单位。

4.1.2 总说明

总说明是定额的总纲,称为定额的纲领。总说明主要阐明了定额的编制原则、编制依据、定额性质、定额水平、适用范围、定额作用,人、材、机消耗量的确定原则及其包括的内容,还说明了编制定额时已经考虑了哪些因素,还有哪些内容未考虑,并介绍了本定额的使用方法。

例如,《重庆市房屋建筑与装饰工程计价定额》(CQJZZSDE—2018)中总说明:

①《重庆市房屋建筑与装饰工程计价定额 第一册 建筑工程》(以下简称本定额)是根据《房屋建筑与装饰工程消耗量定额》(TY-31—2015)、《房屋建筑与装饰工程工程量计算规范》(GB 50854—2013)、《重庆市建设工程工程量计算规则》(CQJLGZ—2013)《重庆市建筑工程计价定额》(CQJZDE—2008)、现行有关设计规范、施工验收规范、质量评定标准、国家产品标准、安全操作规程等相关规定,并参考了行业、地方标准以及有代表性的工程设计、施工等资料,结合本市实际情况进行编制的。

②本定额适用于本市行政区域内的新建、扩建、改建的房屋建筑工程。

③本定额是编制和审核工程预算、最高投标限价(招标控制价、工程结算的依据);是编制投标报价和工程量清单综合单价的参考依据;也是编制概算定额和建设工程投资估算指标的基础。

④本定额是按正常施工条件,大多数施工企业采用的施工方法、机械化程度和合理的劳动组织及工期进行编制的,反映了社会平均人工、材料、机械消耗水平。本定额中的人工、材料、机械消耗量除规定允许调整外,均不得调整。

⑤本定额综合单价是指完成一个规定计量单位的分部分项工程项目或措施项目所需的人工费、材料费、施工机具使用费、企业管理费、利润及一般风险费。综合单价计算程序见表 4.1。

表 4.1 定额综合单价计算程序表

序号	费用名称	计费基础	
		定额人工费+定额机械费	定额人工费
	定额综合单价	1+2+3+4+5+6	1+2+3+4+5+6
1	定额人工费		
2	定额材料费		
3	定额机械费		
4	企业管理费	(1+3)×费率	1×费率
5	利润	(1+3)×费率	1×费率
6	一般风险费	(1+3)×费率	1×费率

A.人工费

本定额以工种综合工表示。内容包括基本用工、超运距用工、辅助用工、人工幅度差,定额人工按 8 h 工作制计算。

定额人工单价为:土石方综合工 100 元/工日,建筑、混凝土、砌筑、防水综合工 115 元/工日,钢筋、模板、架子、金属制安、机械综合工 120 元/工日,木工、抹灰综合工 125 元/工日,镶贴综合工 130 元/工日。

B.材料费

a.本定额材料消耗量已包括材料、成品、半成品的净用量以及从工地仓库、现场堆放地点或现场加工地点至操作安装地点的运输损耗、施工操作损耗、施工现场堆放损耗。

b.本定额材料已包括施工中消耗的主要材料、辅助材料和零星材料,辅助材料和零星材料合并为其他材料费。

c.本定额已包括材料、成品、半成品的净用量以及从工地仓库、现场堆放地点或现场加工地点至操作安装地点的水平运输。

d.本定额已包括工程施工的周转性材料 30 km 以内,从甲工地(或基地)至乙工地搬迁运输费和场内运输费。

C.施工机具使用费

a.本定额不包括机械原值(单位价值)在 2 000 元以内、使用年限在一年以内、不构成固定资产的工具用具性小型机械费用料,该“工具用具使用费”已包含在企业管理费用中,但其消耗的燃料动力已列入材料内。

b.本定额已包括工程施工的中小型机械的 30 km 以内,从甲工地(或基地)至乙工地搬迁运输费和场内运输费。

D.企业管理费、利润

本定额企业管理费、利润的费用标准是按公共建筑工程取定的,使用时应按实际工程和《重庆市建设工程费用定额》所对应的专业工程分类及费用标准进行调整。

E.一般风险费

本定额除人工土石方定额项目外,均包含了《重庆市建设工程费用定额》所指的一般风险费,使用时不作调整。

F.人工、材料、机械价格调整。本定额人工、材料、成品、半成品和机械燃(油)料价格,是以定额编制期市场价格确定的,建设项目实施阶段市场价格与定额价格不同时,可参照重庆市建设工程造价管理机构发布的工程所在地的信息价格或市场价格进行调整,价差不作为计取企业管理费、利润、一般风险费的计费基础。

G.本定额的自拌混凝土强度等级、砌筑砂浆强度等级、抹灰砂浆配合比以及砂石品种,如设计与定额不同时,应根据设计和施工规范要求,按“混凝土及砂浆配合比表”进行换算,但粗骨料的粒径规格不作调整。

H.本定额中所采用的水泥强度等级是根据市场生产与供应情况和施工操作规程考虑的,施工中实际采用水泥强度等级不同时不做调整。

I.本定额土石方运输、构件运输及特大型机械进出场中已综合考虑了运输道路等级、重车上下坡等多种因素，但不包括过路费、过桥费和桥梁加固、道路拓宽、道路修整等费用，发生时另行计算。

J.本定额未包括的绿色建筑定额项目，按《重庆市绿色建筑工程计价定额》执行。

K.本定额的缺项，按其他专业计价定额相关项目执行；再缺项时，由建设、施工、监理单位共同编制一次性补充定额。

L.本定额的工作内容已说明了主要的施工工序，次要工序虽未说明，但均已包括在内。

M.本定额中未注明单位的，均以“mm”为单位。

N.本定额中注有“×××以内”或者“×××以下”者，均包括×××本身；“×××以外”或者“×××以上”者，则不包括×××本身。

O.本总说明未尽事宜，详见各章说明。

4.1.3 建筑面积计算规则

1) 定额中建筑面积计算规则的作用

建筑面积是以平方米为计量单位反映房屋建筑规模的实物量指标，它广泛应用于基本建设计划、统计、设计、施工和工程概预算等各个方面，在建筑工程造价管理方面起着非常重要的作用，是房屋建筑计价的主要指标之一。

本定额建筑面积计算规则，执行 2013 年国家标准《建筑工程建筑面积计算规范》(GB/T 50353—2013)(以下简称《规范》)。一般情况下，定额仅列出《规范》中“计算建筑面积的规定”内容，其他未列出内容详见《规范》。建筑面积计算规范，是计算工程数量、确定工程造价的准则，是工程造价人员必须掌握的基本功。

2) 建筑面积计算规则

建筑面积计算规则严格、较全面地规定了计算建筑面积的范围和方法。具体规定和计算详见本书项目 5 任务 5.1 中的相关内容。

4.1.4 分部说明

定额以单位工程为对象编制，按分部工程划分其分部，分部以下为节(分节)、节以下为定额项目(即子目)。每一个定额子目代表着一个与之对应的分项工程，所以，分项工程是构成消耗量定额的最小单元或细胞。

分部工程说明是应用和执行定额的基础，必须全面掌握。分部工程说明主要介绍该分部工程所包括的主要项目及其工作内容，编制中有关问题的说明，本分部工程中各分项工程在施工工艺、材料及消耗量定额应用执行时的相关规定和应注意的事项，特殊情况如何处理。详细介绍了该分部工程中各定额项目的基本规定和要求(详见项目 5 中各子任务内容)。

4.1.5 工程量计算规则

确定工程造价，首先必须计算工程量。计算工程量的工作量，相当于确定了工程造价整个工作量的 70%，甚至更多。工程量计算的准确与否，直接影响工程造价的准确。工程造价计价人员必须要以工程量计算规则来统一、规范其计算行为。

工程量计算规则是按分部工程归类的，规定了各分部工程中的各分项工程应该如何计算工程量，其内容全面具体，表述通俗易懂，使用灵活方便。

具体的计算详见项目5中各子任务内容。

4.1.6 定额项目表

定额项目表是预算定额的核心内容，是以分部工程归类，并以不同内容划分的若干分项工程子目排列的定额项目表格，占据了定额的主要篇幅，是确定分项工程人、材、机消耗量的标准，是编制分项工程直接工程费的基础，是进行工料分析、计算人工、材料数量和机械台班量的依据。由工作内容、定额编号、项目名称、计量单位、项目表格以及表尾的附注组成，见表4.2。

表4.2 定额项目表

［《重庆市房屋建筑与装饰工程计价定额》（CQJZZSDE—2018）砌筑工程摘录］

工作内容：1.调运砂浆、铺砂浆；运砖；砌砖包括窗台虎头砖、腰线、门窗套；安放木砖、铁件等。

2.调运干混商品砂浆、铺砂浆；运砖；砌砖包括窗台虎头砖、腰线、门窗套；安放木砖、铁件等。

3.运湿拌商品砂浆、铺砂浆；运砖；砌砖包括窗台虎头砖、腰线、门窗套；安放木砖、铁件等。

计量单位：10 m^3

<table>
<tr><td colspan="5">定额编号</td><td>AD0023</td></tr>
<tr><td colspan="5" rowspan="3">项目名称</td><td>240砖墙</td></tr>
<tr><td>混合砂浆M5</td></tr>
<tr><td>现拌砂浆M5</td></tr>
<tr><td rowspan="7">费用</td><td colspan="4">综合单价/元</td><td>4 630.69</td></tr>
<tr><td rowspan="6">其中</td><td colspan="3">人工费/元</td><td>1 326.30</td></tr>
<tr><td colspan="3">材料费/元</td><td>2 663.34</td></tr>
<tr><td colspan="3">施工机具使用费/元</td><td>71.27</td></tr>
<tr><td colspan="3">企业管理费/元</td><td>354.84</td></tr>
<tr><td colspan="3">利润/元</td><td>193.98</td></tr>
<tr><td colspan="3">一般风险费/元</td><td>20.96</td></tr>
<tr><td></td><td>编码</td><td>名称</td><td>单位</td><td>单价</td><td>消耗量</td></tr>
<tr><td>人工</td><td>000300100</td><td>砌筑综合工</td><td>工日</td><td>115</td><td>11.533</td></tr>
</table>

续表

材料	041300010	标准砖 240×115×53	千块	422.33	5.337
	810104010	M5.0 水泥砂浆(特稠度 70~90 mm)	m^3	182.83	—
	810105010	M5.0 混合砂浆	m^3	174.96	2.313
	850301010	干混商品砌筑砂浆 M5	m^3	228.16	—
	850302010	湿拌商品砌筑砂浆 M5	m^3	311.65	—
	341100100	水	m^3	4.42	1.060
机械	990610010	灰浆搅拌机 200 L	台班	187.56	0.380
	990611010	干混砂浆罐式搅拌机 2 000 L	台班	232.40	—

1)工作内容

工作内容位于表头,规定了各分项工程所包括的施工内容。在列项计算分项工程量时,要注意看表头所包含的工作内容,以免漏项或重项。

例如:“AL0032 水磨石楼地面”定额子目的工作内容:清理基层、刷素水泥浆;调运砂浆白石子浆;抹找平层、嵌条、抹面层、磨光、补砂眼、养护等;彩色镜面水磨石油石抛光。

这些工作内容实际上已包括楼面贴装饰石材的整个施工工艺过程,既包含抹“结合层”“找平层”,又包含面层,所以在列项时,就不能再列一项“楼地面”水泥砂浆找平层了,否则就会重项。

2)计量单位

计量单位位于表格右上方(少部分位于表格内),表格内的所有数据均以该计量单位为标准。在套用定额时,各分项工程量的计量单位,必须与定额中相应项目的计量单位一致,不能随意改变。

例如:砖地沟项目的计量单位为 10 m^3,砖砌台阶项目的计量单位为 $10m^2$,都是书写在表格右上方;AD0117 砖烟(风)道项目的计量单位为 10 m^3 书写在表格内部。

3)项目表

项目表的内容:一是消耗量定额规定的综合用工量、各种材料消耗量、机械台班消耗量(简称“三量”);二是地区预算价格,即人工单价、材料单价和机械台班单价(简称“三价”)。

将“三量”与“三价”分别相乘,得出分项工程人工费、材料费和机械费,这 3 种费用之和即为定额的参考基价,即

$$人工费 = 综合工日 \times 相应人工单价$$

$$材料费 = \sum(各种材料耗用量 \times 相应材料单价) + 其他材料费$$

$$机械费 = \sum(机械台班耗用量 \times 相应机械台班单价) + 其他机械费$$

$$企业管理费 = 人工费 \times 费率或(人工费 + 机械费) \times 费率$$

$$利润=人工费\times费率或(人工费+机械费)\times费率$$

$$一般风险费=人工费\times费率或(人工费+机械费)\times费率$$

$$定额综合单价=人工费+材料费+机械费+企业管理费+利润+一般风险费$$

例如：M5 混合砂浆砌筑 10 m^3 砖墙(240 mm)，由表 4-1 中定额子目 AD0023 可知：

$$人工费=115\times11.533=1\ 326.30(元/10\ m^3)$$

$$材料费=422.33\times5.337+174.96\times2.313+4.42\times1.060=2\ 663.35(元/10\ m^3)$$

$$机械费=187.56\times0.380=71.27(元/10\ m^3)$$

$$定额综合单价=1\ 326.30+2\ 663.35+71.27+354.84+193.98+20.96=4\ 630.70(元/10\ m^3)$$

预算定额的构成

4)附注

有些定额项目表的下面列有附注，说明当设计分项工程与消耗量定额不符时，如何进行调整和换算，是对表格作补充说明。

任务 4.2 预算定额的使用

预算定额是编制施工图预算，确定工程造价的主要依据，预算定额使用的准确与否直接影响工程造价的确定，为了准确地使用预算定额，在使用前应仔细阅读预算定额中的总说明、各章节说明、附注等；掌握建筑面积计算规则、各分部分项工程名称、编排顺序及工程量计算规则。

预算定额的使用包括定额的直接套用、定额换算和定额的补充 3 种形式。

4.2.1 直接套用

当施工图的设计要求与预算定额的项目内容一致时，可直接套用预算定额。

在编制单位工程施工图预算的过程中，大多数项目可以直接套用预算定额。套用时应注意以下几点：

①根据施工图、设计说明和做法说明，选择定额项目。

②要从工程内容、技术特征和施工方法上仔细核对，才能较准确地确定相对应的定额项目。

③分项工程的名称和计量单位要与预算定额相一致。

其计算公式如下：

$$分项工程工料机费=分项工程量\times定额子目参考基价$$

$$分项工程人工消耗量=分项工程量\times定额子目人工消耗指标$$

$$分项工程某种材料消耗量=分项工程量\times定额子目某种材料消耗指标$$

$$分项工程某种机械台班消耗量=分项工程量\times定额子目某种机械台班消耗指标$$

【例 4.1】 某工程墙体采用标准砖、M5 混合砂浆砌筑，厚度为 240 mm，墙体砌筑高度为 3 m，工程数量为 24.84 m^3，试计算墙体工程分部分项工程费及消耗量指标。

【解】 ①计算墙体分部分项工程费(表 4.1)

定额编码：AD0023

定额计量单位：10 m^3

定额综合单价：4 630.69 元

分部分项工程费为：4 630.69×24.84/10＝11 502.63（元）

②计算消耗量指标：

砌筑综合工消耗量：11.533×24.84/10＝28.648（工日）

标准砖 240×115×53 消耗量：5.32×24.84/10＝13.215（千块）

M5.0 混合砂浆消耗量：2.313×24.84/10＝5.745（m^3）

水消耗量：1.060×24.84/10＝2.633（m^3）

灰浆搅拌机 200 L 消耗量：0.380×24.84/10＝0.944（台班）

4.2.2 定额换算

当工程施工图设计的要求与预算定额子目的工程内容、材料规格、施工方法等条件不完全相符不能直接套用预算定额时，且定额规定允许换算或调整，应按照定额规定的换算方法对定额子目消耗指标进行调整换算，并采用换算后的消耗指标计算该分项工程的资源（人工、材料、机械台班）消耗量（详见任务 4.3）。

4.2.3 定额补充

预算定额的使用

当施工图纸中某些工程项目采用了新结构、新材料、新工艺等，没有可供套用的类似定额项目，就必须编制补充定额项目。编制方法有如下两种：

①按照预算定额的编制方法，计算人工、材料、机械台班消耗量指标。

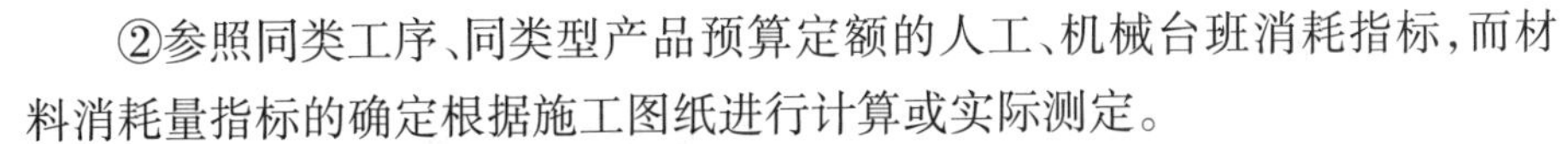
②参照同类工序、同类型产品预算定额的人工、机械台班消耗指标，而材料消耗量指标的确定根据施工图纸进行计算或实际测定。

任务 4.3 预算定额的换算

4.3.1 换算思路

预算定额换算的基本思路：根据工程施工图设计的要求，选定某一消耗量定额子目（或者相近的定额子目），按预算定额规定换入应增加的资源（人工、材料、机械台班），换出应扣除的资源（人工、材料、机械台班）。即计算式为：

换算后的资源消耗量＝分项工程原定额资源消耗量+换入资源量-换出资源量

4.3.2 换算原则

①必须是设计和施工要求与定额内容不符。

②预算定额的换算必须在规定的范围内进行，除定额中有规定允许调整外，其他不予调整。如《重庆市房屋建筑与装饰工程计价定额》（CQJZDE—2018）总说明第四条规定，本定额按正常施工条件，大多数施工企业采用的施工方法、机械化程度和合理的劳动组织及工期进行编制的，反映了社会平均人工、材料、机械消耗水平。本定额中的人工、材料、机械消耗

量除规定允许调整外,均不得调整。预算定额中的规定是进行定额换算的根本依据,应当严格执行。

③定额的砂浆、混凝土强度等级,如设计与定额不同时,允许按定额附录的砂浆、混凝土配合比表换算,但配合比中的各种材料用量不得调整。

④定额中抹灰项目已考虑了常用厚度,各层砂浆的厚度一般不作调整。如果设计有特殊要求时,定额中工、料可以按厚度比例换算。

⑤分项工程定额换算后,应在其定额编号后面注明一个"换"字,以示区别,如AD0023换。

4.3.3 换算类型

定额项目的换算,就是把定额中规定的内容与设计要求的内容调整到一致的换算过程。常见定额项目的换算有以下7种换算类型:

1)砂浆配合比的换算

砂浆配合比的换算即砌筑砂浆强度等级、抹灰砂浆换配合比及砂浆用量。

换算后的综合单价=原定额参考综合单价+定额消耗量×(换入单价-换出单价)

【例4.2】 某传达室,砖墙体用标准砖、M7.5混合砂浆砌筑,砖墙工程量为23.83 m^3,试计算墙体工程分部分项费和定额消耗量。

【解】 (1)计算分部分项工程费(表4.3)

定额编码:AD0023;

定额计量单位:10 m^3;

定额综合单价:4 630.69元。

表4.3 重庆市房屋建筑与装饰工程计价定额砌筑工程摘录

工作内容:略　　　　计量单位:10 m^3

定额编号			AD0023
项目名称			240砖墙 混合砂浆M5 现拌砂浆M5
费用	综合单价/元		4 630.69
	其中	人工费/元	1 326.30
		材料费/元	2 663.34
		施工机具使用费/元	71.27
		企业管理费/元	354.84
		利润/元	193.98
		一般风险费/元	20.96

续表

	编码	名称	单位	单价	消耗量
人工	000300100	砌筑综合工	工日	115	11.533
材料	041300010	标准砖 240×115×53	千块	422.33	5.337
	810104010	M5.0 水泥砂浆(特稠度 70~90 mm)	m^3	182.83	—
	810105010	M5.0 混合砂浆	m^3	174.96	2.313
	850301010	干混商品砌筑砂浆 M5	m^3	228.16	—
	850302010	湿拌商品砌筑砂浆 M5	m^3	311.65	—
	341100100	水	m^3	4.42	1.060
机械	990610010	灰浆搅拌机 200 L	台班	187.56	0.380
	990611010	干混砂浆罐式搅拌机 2 000 L	台班	232.40	—

根据题意,砂浆标号不一致,定额第四章说明规定砌筑砂浆的强度等级如与设计不同时可按砂浆配合比表进行换算。该定额需利用混凝土及砂浆配合比表换算,查混凝土及砂浆配合比表施工机械台定额(CQPSDE—2017)得表 4.4。

表 4.4 混凝土及砂浆配合比表摘录

工作内容:略　　　　计量单位: m^3

定额编号					81010202	81010203
项目名称					混合砂浆(特细砂)	
					M5	M7.5
费用	综合单价/元				174.96	185.67
	其中	人工费/元			—	—
		材料费/元			174.96	185.67
		机械费/元			—	—
		企业管理费/元			—	—
		利润/元			—	—
		一般风险费/元			—	—
	编码	名称	单位	单价	消耗量	
材料	040100015	水泥 32.5R	kg	0.31	220.00	270.000
	040300760	特细砂	t	63.11	1.212	1.225
	040900550	石灰膏	m^3	165.05	0.170	0.136
	341100100	水	m^3	4.42	0.500	0.500

根据表4.3,换算后定额综合单价为:

新综合单价=4 630.69+2.313×(185.67−174.96)=4 655.46(元)

分部分项工程费:4 655.46×23.83/10=11 093.97(元)

(2)计算定额消耗量

人工消耗量:11.533×23.83/10=27.48(工日)

混合砂浆消耗量:2.313×23.83/10=5.512(m^3)

标准砖240×115×53消耗量:5.337×23.83/10=12.718(千块)

水消耗量:1.06×23.83/10=2.53(m^3)

灰浆搅拌机消耗量:0.38×23.83/10=0.906(台班)

2)混凝土强度等级的换算

混凝土强度等级的换算即构件混凝土、楼地面混凝土的强度等级、混凝土类型的换算。

【例4.3】 某大厦框架薄壁柱,设计要求采用现浇C35自拌混凝土,试计算框架薄壁柱的换算价格及单位材料用量。

【解】 第一步:确定定额编号AE0028薄壁柱(自拌混凝土)

(该定额规定,采用的是塑性、特细砂、C30碎石混凝土,其定额综合单价为4 237.98元,混凝土用量9.825 m^3/10 m^3,具体见表4.5)

表4.5 重庆市房屋建筑与装饰工程计价定额砌筑工程摘录

工作内容:略　　　　计量单位:10 m^3

定额编号					AE0028
项目名称					薄壁柱
					自拌混凝土
费用	综合单价/元				4 237.98
	其中	人工费/元			931.50
		材料费/元			2 754.36
		施工机具使用费/元			122.43
		企业管理费/元			267.59
		利润/元			146.29
		一般风险费/元			15.81
	编码	名称	单位	单价	消耗量
人工	000300080	混凝土综合工	工日	115	8.100

续表

材料	800211040	混凝土 C30(塑、特、碎 5-20、坍 35-50)	m^3	266.56	9.825
	840201140	商品混凝土	m^3	266.99	—
	341100100	水	m^3	4.42	2.313
	850201030	预拌水泥砂浆 1∶2	m^3	398.06	0.275
	341100400	电	kW·h	0.7	3.720
	002000010	其他材料费	元	—	4.82
机械	990602020	双锥反转出料混凝土搅拌机 350 L	台班	226.31	0.541

第二步:确定换入、换出混凝土单价(塑性、特细砂、碎石 5-20,坍落度 35-50 混凝土)

根据题意,砂浆标号不一致,定额第四章说明规定砌筑砂浆的强度等级如与设计不同时可按砂浆配合比表进行换算。该定额需利用混凝土及砂浆配合比表换算,查混凝土及砂浆配合比表施工机械台定额(CQPSDE—2017)得知 C35 混凝土单价 263.49 元/m^3(采用 42.5 级水泥),具体见表 4.6。

表 4.6 混凝土及砂浆配合比表摘录

工作内容:略　　　　计量单位: m^3

定额编号					800211040	800211050
项目名称					特细砂塑性混凝土(坍落度 35~50 mm)	
					碎石公称粒级:5~20 mm	
					C30	C35
费用	综合单价/元				266.56	263.49
	其中	人工费/元			—	—
		材料费/元			266.56	263.49
		机械费/元			—	—
		企业管理费/元			—	—
		利润/元			—	—
		一般风险费/元			—	—
	编码	名称	单位	单价	消耗量	

续表

材料	040100015	水泥 32.5R	kg	0.31	477.000	—
	040100017	水泥 42.5	kg	0.32	—	447.000
	040300760	特细砂	t	63.11	0.382	0.410
	040500203	碎石 5~10	t	—	1.378	1.378
	143519200	LDA 增强剂	kg	8.55	—	—
	341100100	水	m^3	4.42	0.210	0.210

第三步:换算单价 = 4 237.98(元/10 m^3) + 9.825(m^3/10 m^3) × [263.49(元/m^3) - 266.56(元/m^3)]

= 4 237.98(元/10 m^3) - 30.16(元/10 m^3) = 4 207.82(元/10 m^3)

第四步:换算后材料用量分析

水泥 42.5 级　447.00(kg/m^3)×9.825(m^3/10 m^3) = 4 391.78(kg/10 m^3)

特细砂　0.382(t/m^3)×9.825(m^3/10 m^3) = 3.753(t/10 m^3)

碎石 5~10　1.378(t/m^3)×9.825(m^3/10 m^3) = 13.539(t/10 m^3)

3)系数换算

在预算定额中,由于施工条件和方法不同,某些项目可以乘以系数调整。调整系数分为定额系数和工程量系数。定额系数指人工、材料、机械等乘以系数,即按规定对定额中的人工费、材料费、机械费乘以各种系数的换算。工程量系数是用在计算工程量上的。

(1)工程量的换算

工程量的换算是根据预算定额中规定的内容,将在施工图中计算得来的工程量乘以定额规定的调整系数进行换算。

(2)人工、机械系数的调整

由于施工图纸设计的工程项目内容,与定额规定的工程项目内容不尽相同,定额规定:在定额规定的范围内人工、机械的费用可以进行调整。这部分内容一般常常容易漏算,这就要求在平时多看定额的总说明、分部分项工程的说明和定额子目下的注或说明,记住或摘录下关于人工、机械调整的内容和系数。

定额中的人工、材料、机械 3 个因素其中有一个或两个需要换算,其换算公式为:

换算后的定额综合单价=定额部分价值×规定系数+未乘以系数部分的价值

【例 4.4】 某工程平基土石方,施工组织设计规定采用机械开挖,在机械不能施工的死角有湿土 121 m^3 需要人工开挖,试计算完成该分部分项工程费。

【解】 根据《重庆市房屋建筑与装饰工程计价定额》(CQJZDE—2018)第 8 页土方分部说明:"人工土方项目是按干土编制的,如挖湿土时,人工乘以系数 1.18";第 9 页说明:"机械不能施工的死角等土石方部分,按相应的人工挖土子目乘以系数 1.5。"

第一步:确定换算系数定额编号"AA0001 人工挖土方"

第二步:定额综合单价

$$3\ 701.54(\text{元}/100\ \text{m}^3)\times1.18\times1.5=6\ 551.73(\text{元}/100\ \text{m}^3)$$

第三步:完成该分项工程费计算

$$6\ 551.73(\text{元}/100\ \text{m}^3)\times121\ \text{m}^3=7\ 927.59(\text{元})$$

4)厚度换算

在预算定额中,一些按面积计算工程量的分项工程,常涉及厚度的换算。这类换算首先以一定的综合性定额为基础来考虑,然后考虑一个增减性的额度,这样在定额中是以两项出现的,基础定额和增加定额。当需要换算时,就以基础定额加减增加定额的倍数即可。

【例 4.5】 C20 细石商品混凝土找平层 50 厚,工程量 145 m²。

【解】 第一步:确定定额编号

根据《重庆市房屋建筑与装饰工程计价定额》(CQJZDE—2018)AL0011 定额项目为厚度 30 mm,AL0013 规定细石混凝土每增减 5 mm,计费价格相应增减 262.39 元/100 m²,说明厚度不同可以换算调整(详见表 4.7)。可确定定额编号为:

AI0018 项+AI0020 项×4

第二步:计算换算后定额综合单价

$$1\ 770.90+262.39\times4=2\ 820.46(\text{元}/100\text{m}^2)$$

第三步:完成该分项工程费计算

$$145/100\times2\ 820.46=4\ 089.67(\text{元})$$

表 4.7 重庆市房屋建筑与装饰工程计价定额砌筑工程摘录

工作内容:略　　　　计量单位:100 m²

定额编号					AL0011	AL0013
项目名称					细石混凝土找平层	
					厚度 30 mm	厚度每增减 5 mm
					商品混凝土	商品混凝土
费用	综合单价/元				1 770.90	262.39
	其中	人工费/元			566.88	85.88
		材料费/元			972.91	141.50
		机械费/元			—	—
		企业管理费/元			143.93	21.80
		利润/元			78.68	11.92
		一般风险费/元			8.50	1.29
	编码	名称	单位	单价	消耗量	
人工	000300110	抹灰综合工	工日	125.00	4.535	0.687

续表

材料	800210020	混凝土 C20(塑、碎 5-10、坍 35-50)	kg	235.62	—	—
	810425010	素水泥浆	m^3	479.39	0.100	—
	840201140	商品混凝土	m^3	266.99	3.182	0.530
	341100100	水	m^3	4.42	0.552	—
	002000010	其他材料费	元	—	72.97	—
机械	990602020	双锥反转出料混凝土搅拌机 350 L	台班	226.31	—	—

5)遍数的换算

在预算定额中,抹灰、刷漆等分项工程常涉及遍数的换算。这类换算同厚度换算方法一样,以基础定额加减增加定额的倍数即可。

【例 4.6】 混凝土基面上刷防腐面漆(环氧呋喃树脂漆)3 遍,工程量 19.30 m^2。

【解】 第一步:确定定额编号

根据《重庆市房屋建筑与装饰工程计价定额》(CQJZDE—2018)AK0165 定额项目为环氧呋喃树脂漆面漆二遍,AK0166 规定环氧呋喃树脂漆面漆每增一遍,计费价格相应增加1 426.30元/100 m^2,说明遍数不同可以换算调整。

即:AK0165 项+AK0166 项

第二步:计算换算后定额综合单价

$$2\ 779.44+1\ 426.30=4\ 205.74(\text{元}/100\ \text{m}^2)$$

第三步:完成该分项工程费计算

$$\frac{19.30}{100}\times 4\ 205.74=811.71(\text{元})$$

6)运距换算

在预算定额中,运输定额子目一般分为基本运距定额和增加运距定额(超过基本运距时换算用)。如人工运土方、混凝土构件运输、门窗运输、金属构件运输等。

【例 4.7】 自卸汽车运输土方 450.6 m^3,运距 3 000 m。

【解】 第一步:确定定额编号

根据《重庆市房屋建筑与装饰工程计价定额》(CQJZDE—2018)AA0074 定额项目为机械装运土方运距 1 000 m 以内,AA0081 规定每增加 1 000 m,计费价格相应增加 2 403.32 元/1 000 m^3,说明运距不同可以换算调整。

即:AA0074 项+AA0081 项×2

第二步:计算换算后定额综合单价

$$10\ 400.43+2\ 403.32\times 2=15\ 207.07(\text{元}/1\ 000\ \text{m}^3)$$

第三步:完成该分项工程费计算

$$\frac{450.6}{1\ 000}\times 15\ 207.07=6\ 852.31(\text{元})$$

7)层高的换算

层高的换算一般涉及脚手架工程。

【例 4.8】 某天棚抹灰,高 9.2 m,搭设钢管满堂脚手架 200 m^2。

【解】 根据《重庆市房屋建筑与装饰工程计价定额》(CQJZDE—2018)P 措施项目脚手架计算规则规定(第 352 页):满堂脚手架按搭设的水平投影面积计算,不扣除垛、柱所占的面积。满堂脚手架工程量按其底板面积计算。高度为 3.6~5.2 m 时,按满堂脚手架基本层计算。高度超过 5.2 m 时,每增加 1.2 m,按增加一层计算,增加高度若在 0.6 m 内时,舍去不计。

所以,增加层=(9.2−5.2)÷1.2=3 层,余 0.4 m 舍去不计。

第一步:确定定额编号

根据《重庆市房屋建筑与装饰工程计价定额》(CQJZDE—2018)AP0027 定额项目为满堂脚手架基本层,AP0028 规定增加层(1.2 m),计费价格相应增加 282.67 元/100 m^2,说明高度不同可以换算调整。

即:AP0027 项+AP0028 项×3

第二步:计算换算后定额综合单价

$$1\ 449.26+282.67\times3=2\ 297.27(\text{元}/100\ m^2)$$

第三步:完成该分项工程费计算

$$200/100\times2\ 297.27=4\ 594.54(\text{元})$$

项目 5

分项工程计量及计价

学习目标

- **知识目标** (1)建筑面积计算规则。
  (2)分项工程项目的划分及计算规则。
- **能力目标** (1)熟悉建筑面积的计算规则。
  (2)掌握建筑面积的方法。
  (3)熟悉各分项工程的计算规则。
  (4)掌握各分项工程的计算方法。

任务 5.1　建筑面积计算

5.1.1　建筑面积基本知识

1)建筑面积概念及组成

建筑面积是指建筑物各层面积的总和,包括使用面积、辅助面积和结构面积。

①使用面积是指建筑物各层平面中直接为生产、生活使用的净面积的总和。如教学楼中各层教室面积的总和。

②辅助面积是指建筑物各层平面中,为辅助生产或生活活动作用所占净面积的总和。如教学楼中的楼梯、厕所等面积的总和。

③结构面积是指建筑物中各层平面中的墙、柱等结构所占的面积的总和。

2)建筑面积的作用及计算规则

建筑面积是重要的技术经济指标,在全面控制建筑、装饰工程造价和建设过程中起着重要作用。

①建筑面积是建设投资、建设项目可行性研究、建设项目勘察设计、建设项目评估、建设项目招标投标、建筑工程施工和竣工验收、建设工程造价管理、建筑工程造价控制等一系列管理工作的重要指标。

②建筑面积是计算开工面积、竣工面积、优良工程率、建筑装饰规模等重要的技术指标。

③建筑面积是计算建筑、装饰等单位工程或单项工程的单位面积工程造价、人工消耗指标、机械台班消耗指标、工程量消耗指标的重主要经济指标。

④建筑面积是计算有关工程量的重要依据。例如,装饰用满堂脚手架工程量等。

由于建筑面积是计算各种技术经济指标的重要依据,这些指标又起着衡量和评价建设规模、投资效益、工程成本等方面重要尺度的作用。中华人民共和国住房和城乡建设部颁发了最新建筑工程建筑面积计算规范(GB/T 50353—2013),规定了建筑面积的计算方法,主要规定了3个方面的内容:

a.计算全部建筑面积的范围和规定。

b.计算部分建筑面积的范围和规定。

c.不计算建筑面积的范围和规定。

5.1.2 建筑面积计算规则与方法

1)不计算建筑面积的范围

①与建筑物内不相连通的建筑部件。

与建筑物内不相连通的建筑部件指的是依附于建筑物外墙外不与户室开门连通,起装饰作用的敞开式挑台(廊)、平台,以及不与阳台相通的空调室外机搁板(箱)等设备平台部件。

②骑楼、过街楼底层的开放公共空间和建筑物通道。

a.骑楼是指楼层部分跨在人行道上的临街楼房,如图5.1所示。

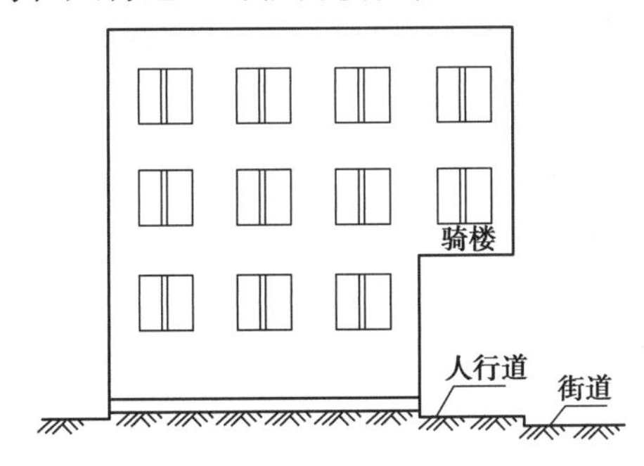

图5.1 骑楼

b.过街楼是指有道路穿过建筑空间的楼房,如图5.2所示。

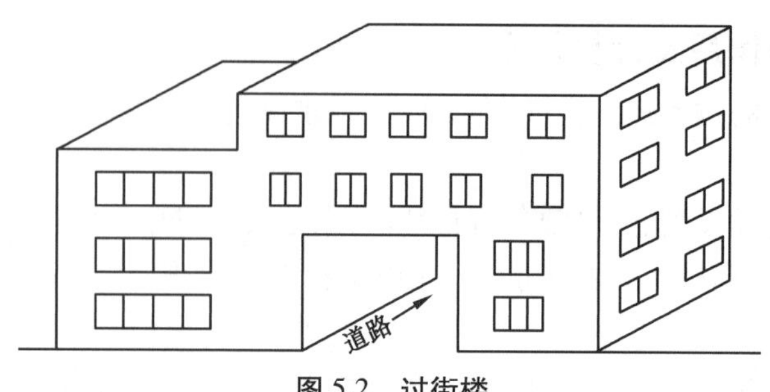

图 5.2　过街楼

③舞台及后台悬挂幕布和布景的天桥、挑台等。

舞台及后台悬挂幕布和布景的天桥、挑台等指的是影剧院的舞台及为舞台服务的可供上人维修、悬挂幕布、布置灯光及布景等搭设的天桥和挑台等构件设施。

④露台、露天游泳池、花架、屋顶的水箱及装饰性结构构件。

⑤建筑物内的操作平台、上料平台、安装箱和罐体的平台。

建筑物内不构成结构层的操作平台(图 5.3)、上料平台(包括工业厂房、搅拌站和料仓等建筑中的设备操作控制平台、上料平台等),其主要作用为室内构筑物或设备服务的独立上人设施,因此不计算建筑面积。

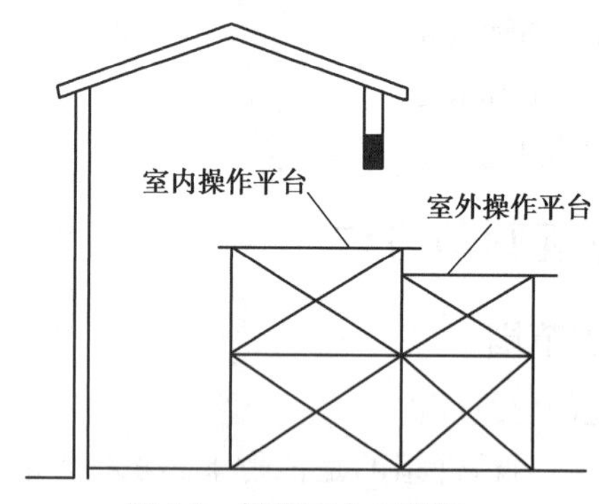

图 5.3　操作平台示意图

⑥勒脚、附墙柱、垛、台阶、墙面抹灰、装饰面、镶贴块料面层、装饰性幕墙,主体结构外的空调室外机搁板(箱)、构件、配件,挑出宽度在 2.10 m 以下的无柱雨篷和顶盖高度达到或超过两个楼层的无柱雨篷。

附墙柱是指非结构性装饰柱;附墙柱、垛示意图如图 5.4 所示。

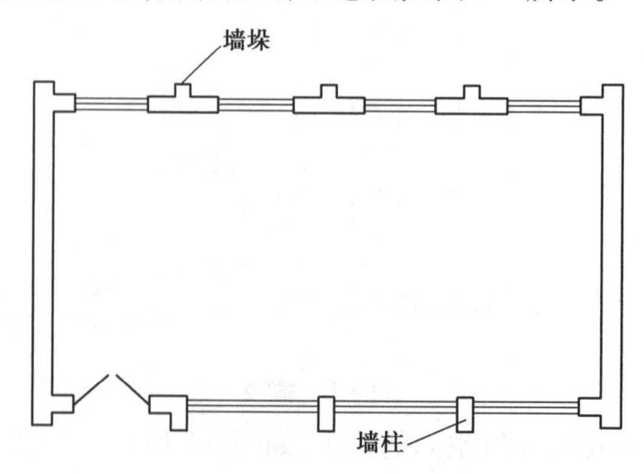

图 5.4　附墙柱、垛示意图

⑦窗台与室内地面高差在0.45 m以下且结构净高在2.10 m以下的凸(飘)窗,窗台与室内地面高差在0.45 m及以上的凸(飘)窗。

飘窗是指为房间采光和美化造型而设置的突出外墙的窗。

⑧室外爬梯、室外专用消防钢楼梯(图5.5)。室外钢楼梯需要区分具体用途,如专用于消防楼梯,则不计算建筑面积,如果是建筑物唯一通道,兼用于消防,则需要按建筑面积计算规范计算建筑面积。

⑨无围护结构的观光电梯。

⑩建筑物以外的地下人防通道,独立的烟囱、烟道、地沟、油(水)罐、气柜、水塔、储油(水)池、储仓、栈桥等构筑物。

2)计算建筑面积的范围

①建筑物的建筑面积应按自然层外墙结构外围水平面积之和计算(图5.6)。结构层高在2.20 m及以上的,应计算全面积;结构层高在2.20 m以下的,应计算1/2面积。

a."外墙结构外围水平面积"主要强调建筑面积计算应计算墙体结构的面积,按建筑平面图结构外轮廓尺寸计算,而不应包括墙体构造所增加的抹灰厚度、材料厚度等。计算公式为:

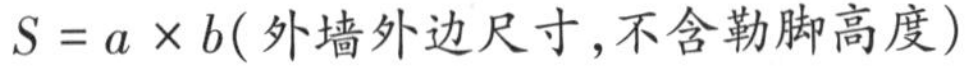

$$S = a \times b\text{(外墙外边尺寸,不含勒脚高度)}$$

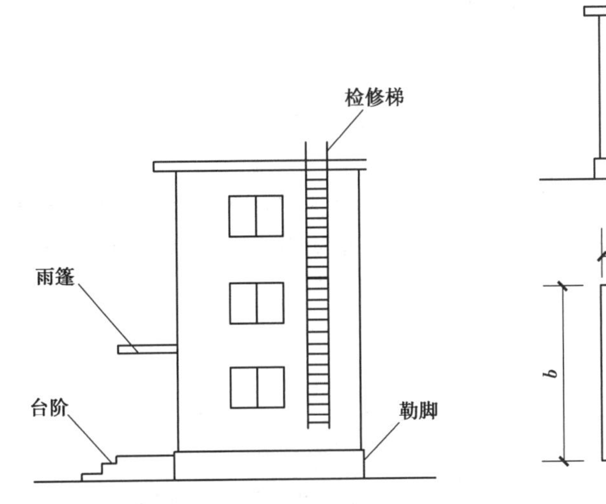

图5.5 室外检修爬梯等示意图

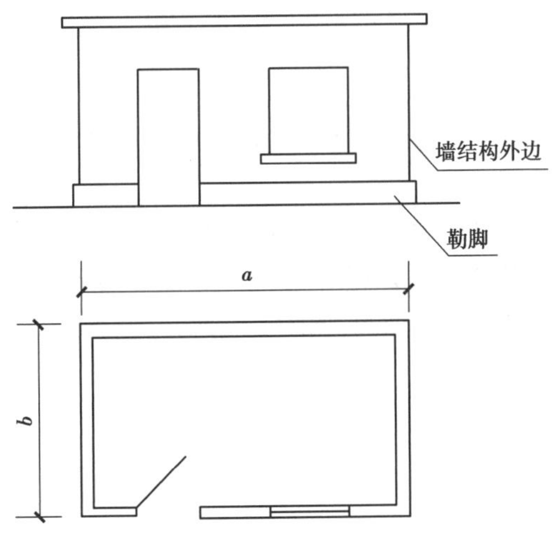

图5.6 建筑面积计算示意图

b.当外墙结构本身在一个层高范围内不等厚时,以楼地面结构标高处的外围水平面积计算。

如图5.7所示为某建筑平面和剖面示意图,该建筑物结构层高在2.2 m以上,则其建筑面积应为:$S = 15 \times 5 = 75\ m^2$。

②建筑物内设有局部楼层时,对于局部楼层的二层及以上楼层,有围护结构的应按其围护结构外围水平面积计算,无围护结构的应按其结构底板水平面积计算,且结构层高在2.20 m及以上的,应计算全面积,结构层高在2.20 m以下的,应计算1/2面积。建筑物内的局部楼层如图5.8所示。

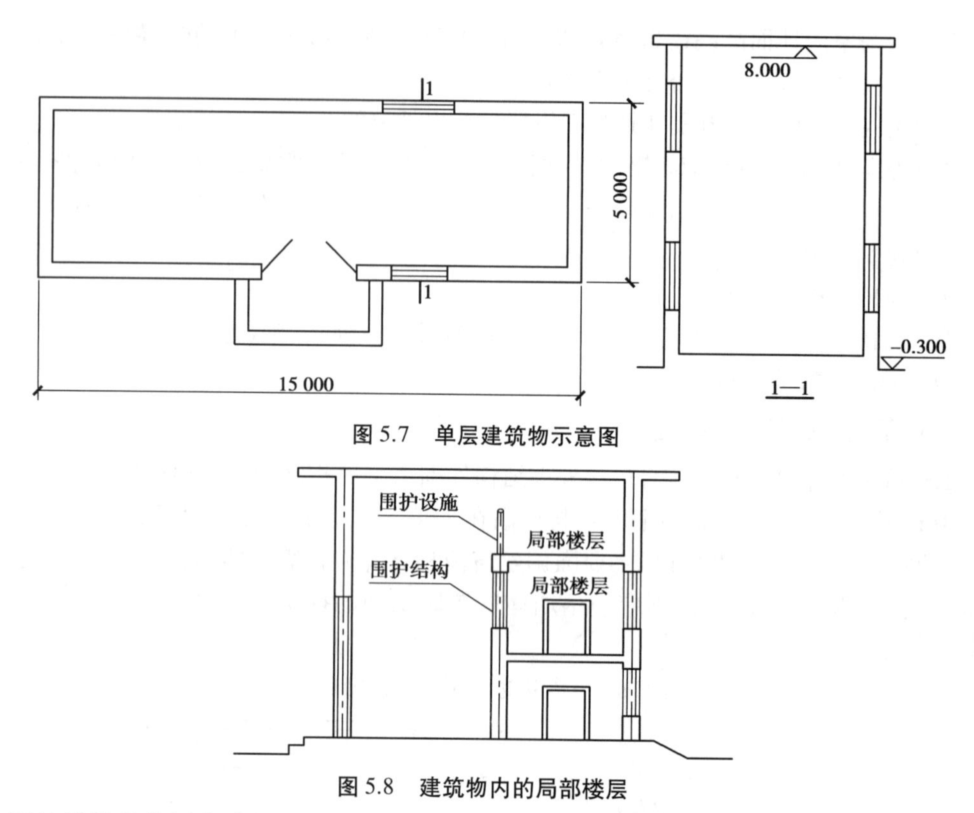

图 5.7　单层建筑物示意图

图 5.8　建筑物内的局部楼层

围护结构是指围合建筑空间的墙体、门、窗。围护设施是指为保障安全而设置的栏杆、栏板等围挡。

③对于形成建筑空间的坡屋顶,结构净高在 2.10 m 及以上的部位应计算全面积;结构净高在 1.20 m 及以上至 2.10 m 以下的部位应计算 1/2 面积;结构净高在 1.20 m 以下的部位不应计算建筑面积,如图 5.9 所示。

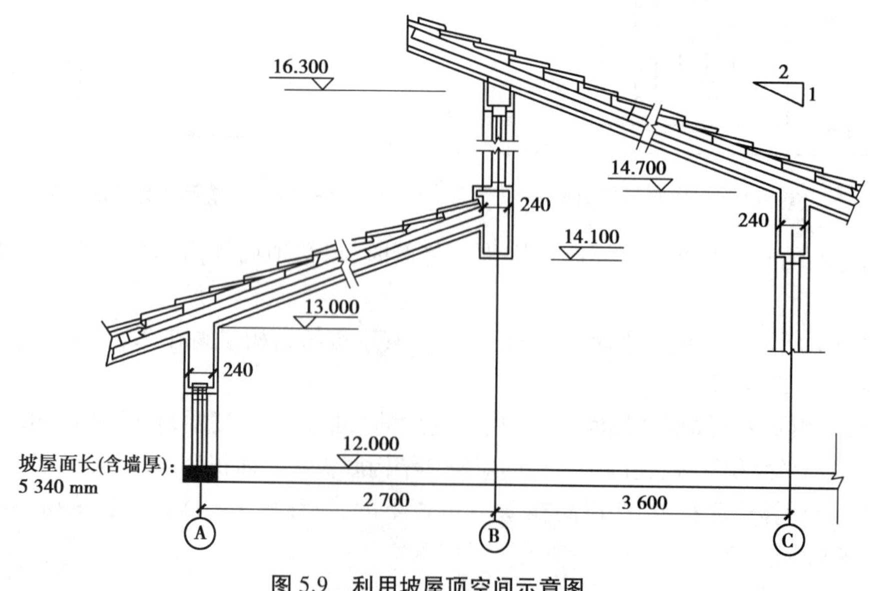

图 5.9　利用坡屋顶空间示意图

④对于场馆看台下的建筑空间，结构净高在2.10 m及以上的部位应计算全面积；结构净高在1.20 m及以上至2.10 m以下的部位应计算1/2面积；结构净高在1.20 m以下的部位不应计算建筑面积。室内单独设置的有围护设施的悬挑看台，应按看台结构底板水平投影面积计算建筑面积。有顶盖无围护结构的场馆看台应按其顶盖水平投影面积的1/2计算面积。

场馆看台下的建筑空间因其上部结构多为斜板，所以采用净高的尺寸划定建筑面积的计算范围和对应规则。室内单独设置的有围护设施的悬挑看台，因其看台上部设有顶盖且可供人使用，所以按看台板的结构底板水平投影计算建筑面积。“有顶盖无围护结构的场馆看台”所称的“场馆”为专业术语，指各种“场”类建筑，如体育场、足球场、网球场、带看台的风雨操场等。

⑤地下室、半地下室应按其结构外围水平面积计算。结构层高在2.20 m及以上的，应计算全面积；结构层高在2.20 m以下的，应计算1/2面积。

a.地下室采光井是为了满足地下室的采光相通风安求设置的。一般在地下室围护墙上口开设一个矩形或其他形状的竖井，井的上口一般设有铁栅，井的一个侧面安装采光和通风用的窗子。

b.地下室、半地下室应以其外墙上口外边线所围水平面积计算(图5.10)。以前的计算规则规定：按地下室、半地室上口外墙外围水平面积计算，文字上不甚严密“上口外墙”容易被理解成为地下室、半地下室的上一层建筑的外墙。因为在通常情况下，上一层建筑外墙与地下室墙的中心线不一定完全重叠，多数情况是凹进或凸出地下室外墙中心线。

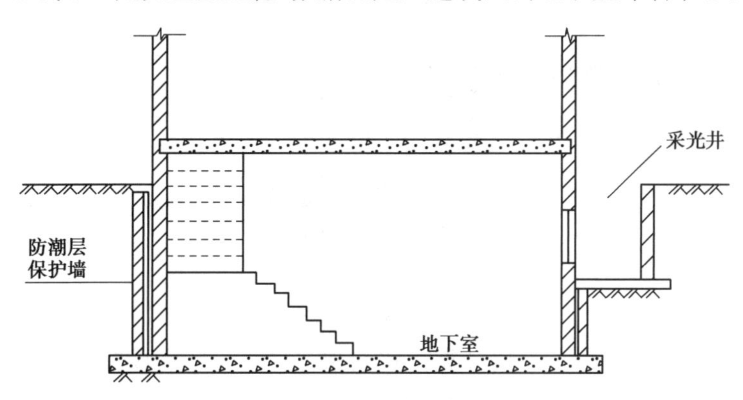

图5.10 地下室示意图

⑥出入口外墙外侧坡道有顶盖的部位，应按其外墙结构外围水平面积的1/2计算面积。

出入口坡道分有顶盖出入口坡道和无顶盖出入口坡道，出入口坡道顶盖的挑出长度，为顶盖结构外边线至外墙结构外边线的长度；顶盖以设计图纸为准，对后增加及建设单位自行增加的顶盖等，不计算建筑面积。顶盖不分材料种类(如钢筋混凝土顶盖、彩钢板顶盖、阳光板顶盖等)。地下室出入口如图5.11所示。

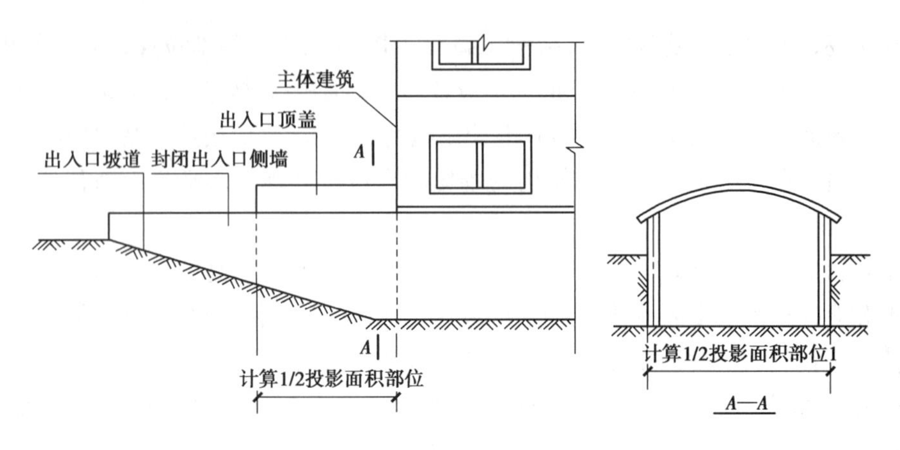

图 5.11　地下室出入口

⑦建筑物架空层及坡地建筑物吊脚架空层，应按其顶板水平投影计算建筑面积。结构层高在 2.20 m 及以上的，应计算全面积；结构层高在 2.20 m 以下的，应计算 1/2 面积。

本条既适用于建筑物吊脚架空层、深基础架空层建筑面积的计算，也适用于目前部分住宅、学校教学楼等工程在底层架空或在二楼或以上某个甚至多个楼层架空，作为公共活动、停车、绿化等空间的建筑面积的计算。架空层中有围护结构的建筑空间按相关规定计算。建筑物吊脚架空层如图 5.12 所示。

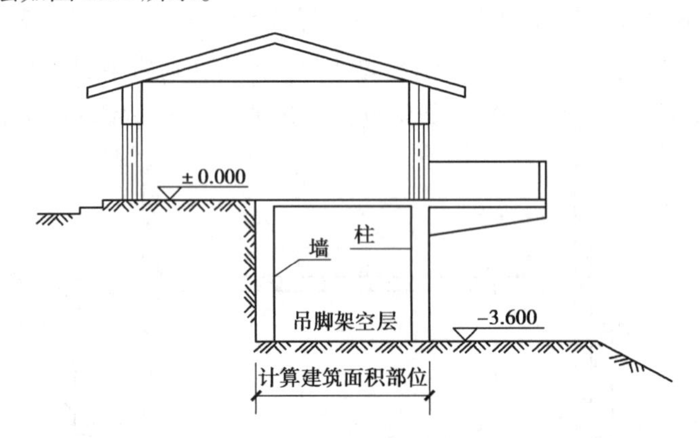

图 5.12　建筑物吊脚架空层

⑧建筑物的门厅、大厅应按一层计算建筑面积，门厅、大厅内设置的走廊应按走廊结构底板水平投影面积计算建筑面积。结构层高在 2.20 m 及以上的，应计算全面积；结构层高在 2.20 m 以下的，应计算 1/2 面积。

a."门厅、大厅内设有回廊"是指建筑物大厅、门厅的上部(一般该大厅、门厅占二个或二个以上建筑物层高)四周向大厅、门厅、中间挑出的走廊称为回廊，如图 5.13 所示。

b.宾馆、大会堂、教学楼等大楼内的门厅或大厅往往要占建筑物的二层或二层以上的层高，这时也只能计算一层面积。

c."层高不足 2.20 m 者应计算 1/2 面积"指回廊层高可能出现的情况。

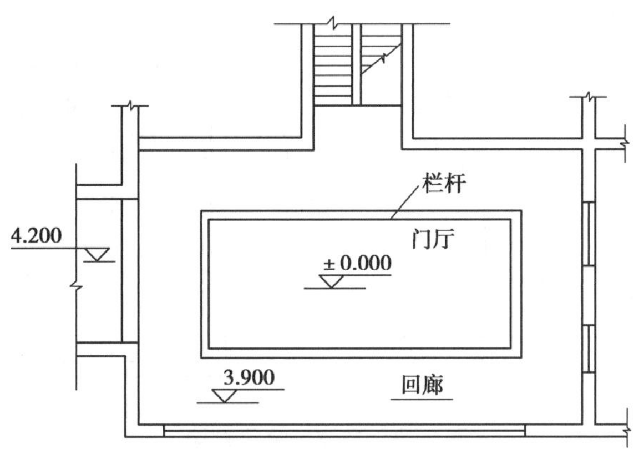

图 5.13　大厅、门厅设回廊示意图

⑨对于建筑物间的架空走廊,有顶盖和围护设施的,应按其围护结构外围水平面积计算全面积;无围护结构、有围护设施的,应按其结构底板水平投影面积计算 1/2 面积。

架空走廊是指建筑物与建筑物之间,在二层或二层以上专门为水平交通设置的走廊。无围护结构的架空走廊如图 5.14 所示。有围护结构的架空走廊如图 5.15 所示。

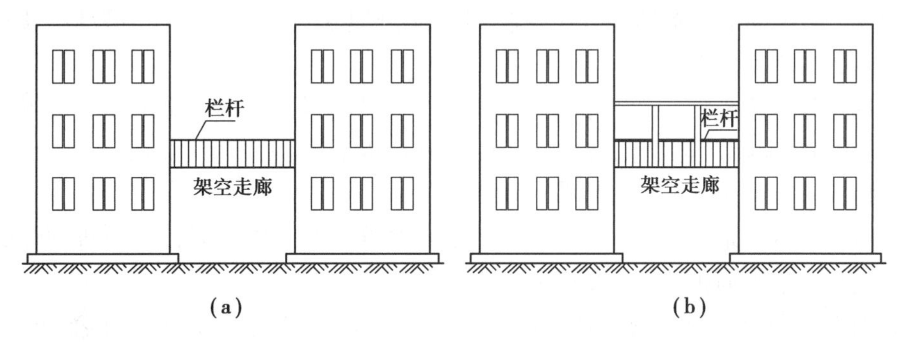

图 5.14　无围护结构的架空走廊

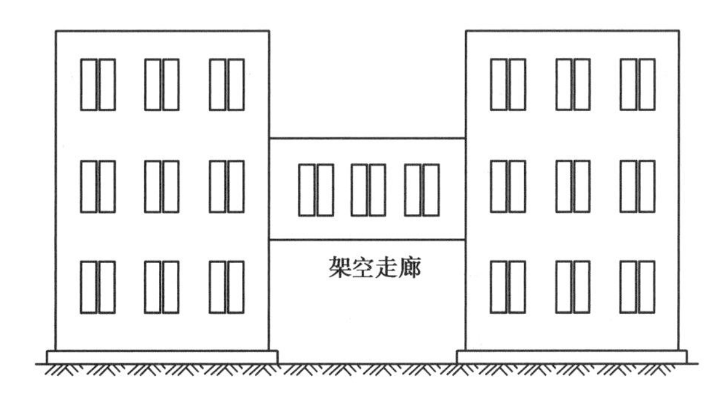

图 5.15　有围护结构的架空走廊

⑩对于立体书库、立体仓库、立体车库,有围护结构的,应按其围护结构外围水平面积计算建筑面积;无围护结构、有围护设施的,应按其结构底板水平投影面积计算建筑面积。无结构层的应按一层计算,有结构层的应按其结构层面积分别计算。结构层高在 2.20 m 及以上的,应计算全面积;结构层高在 2.20 m 以下的,应计算 1/2 面积。

立体书库示意图如图 5.16 所示。

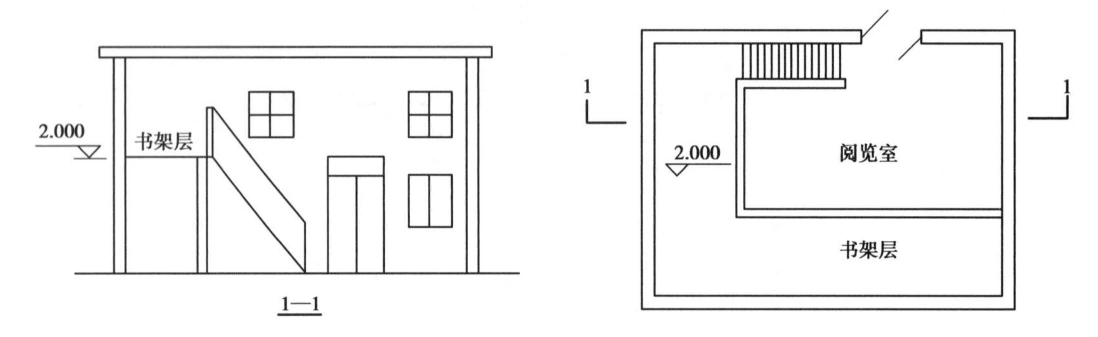

图 5.16　立体书库示意图

本条主要规定了图书馆中的立体书库、仓储中心的立体仓库、大型停车场的立体车库等建筑的建筑面积计算规定。起局部分隔、存储等作用的书架层、货架层或可升降的立体钢结构停车层均不属于结构层,故该部分分层不计算建筑面积。

⑪有围护结构的舞台灯光控制室,应按其围护结构外围水平面积计算。结构层高在 2.20 m及以上的,应计算全面积;结构层高在 2.20 m 以下的,应计算 1/2 面积。

如果舞台灯光室有围护结构且用一层,那么就不能另外计算面积。因为整个舞台已经包含了该灯光控制室的面积。

⑫附属在建筑物外墙的落地橱窗,应按其围护结构外围水平面积计算。结构层高在 2.20 m及以上的,应计算全面积;结构层高在 2.20 m 以下的,应计算 1/2 面积。

落地橱窗是指突出外墙面,根基落地的橱窗。

⑬窗台与室内楼地面高差在 0.45 m 以下且结构净高在 2.10 m 及以上的凸(飘)窗,应按其围护结构外围水平面积计算 1/2 面积。

凸(飘窗)是指凸出建筑物外墙面的窗户。凸(飘窗)既作为窗,就有别于楼(地)板的延伸,也就是不能把楼(地)板延伸出去的窗称为凸(飘窗)。凸(飘窗)的窗台应只是墙面的一部分且距(楼) 地面应有一定的高度。

⑭有围护设施的室外走廊(挑廊),应按其结构底板水平投影面积计算 1/2 面积;有围护设施(或柱)的檐廊,应按其围护设施(或柱)外围水平面积计算 1/2 面积,如图 5.17 所示。

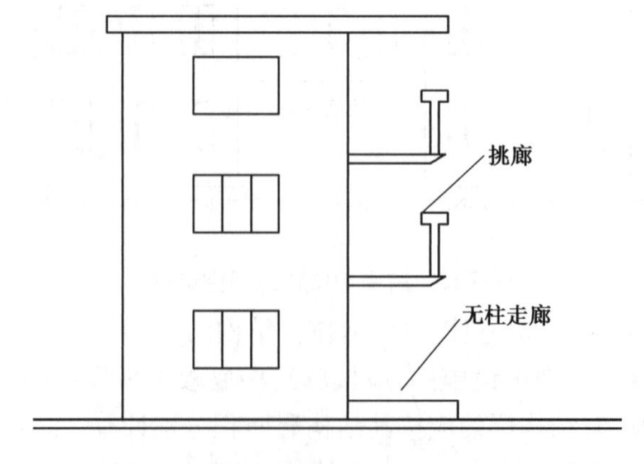

图 5.17　挑廊、无柱走廊示意图

挑廊是指挑出建筑物外墙的水平交通空间。

走廊指建筑物底层的水平交通空间。

檐廊(图 5.18)是指建筑物挑檐下的水平交通空间,是附属于建筑物底层外墙有屋檐作为顶盖,其下部一般有柱或栏杆、栏板等的水平交通空间。

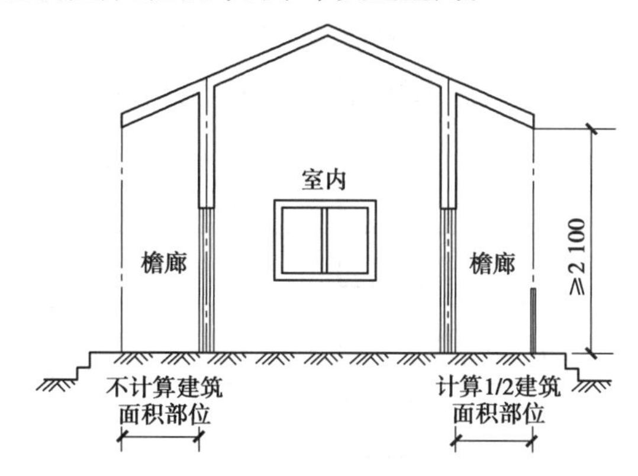

图 5.18 檐廊

⑮门斗(图 5.19)应按其围护结构外围水平面积计算建筑面积,且结构层高在 2.20 m 及以上的,应计算全面积;结构层高在 2.20 m 以下的,应计算 1/2 面积。

门斗是指建筑物出入口设置的起分隔、挡风、御寒等作用的建筑过渡空间。

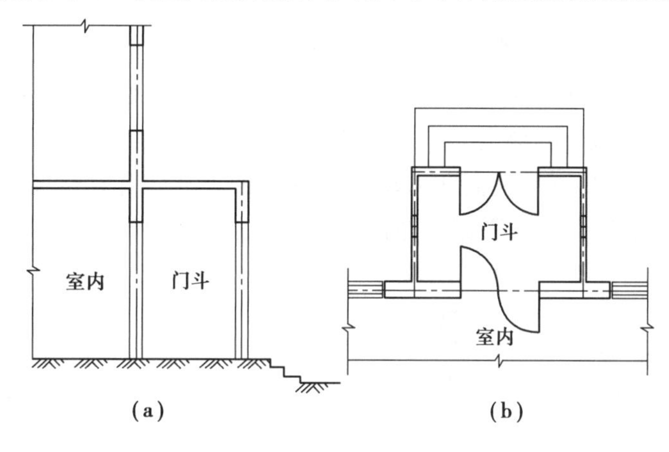

图 5.19 门斗

⑯门廊应按其顶板的水平投影面积的 1/2 计算建筑面积;有柱雨篷应按其结构板水平投影面积的 1/2 计算建筑面积;无柱雨篷的结构外边线至外墙结构外边线的宽度在 2.10 m 及以上的,应按雨篷结构板的水平投影面积的 1/2 计算建筑面积。

a.门廊指建筑物入口前有顶棚的半围合空间,是在建筑物出入口,无门、三面或二面有墙,上部有板(或借用上部楼板)围护的部位。

b.雨篷是指在建筑物出入口上方为遮挡雨水而设置的部件,是建筑物出入口上方、凸出墙面、为遮挡雨水而单独设立的建筑部件。雨篷划分为有柱雨篷(包括独立柱雨篷、多柱雨篷、柱墙混合支撑雨篷、墙支撑雨篷)和无柱雨篷(悬挑雨篷)。如凸出建筑物,且不单独设立顶盖,利用上层结构板(如楼板、阳台底板)进行遮挡,则不视为雨篷,不计算建筑面积。对无柱雨篷,如顶盖高度达到或超过两个楼层时,也不视为雨篷,不计算建筑面积。出挑宽度,是指雨篷结构外边线至外墙结构外边线的宽度,弧形或异形时,取最大宽度。

⑰设在建筑物顶部的、有围护结构的楼梯间、水箱间、电梯机房等(图 5.20),结构层高在 2.20 m 及以上的应计算全面积;结构层高在 2.20 m 以下的,应计算 1/2 面积。

a.如遇建筑物屋顶的楼梯间是坡屋顶时,应按坡屋顶的相关规定计算面积。

b.单独放在建筑物屋顶的混凝土水箱或钢板水箱不计算面积。

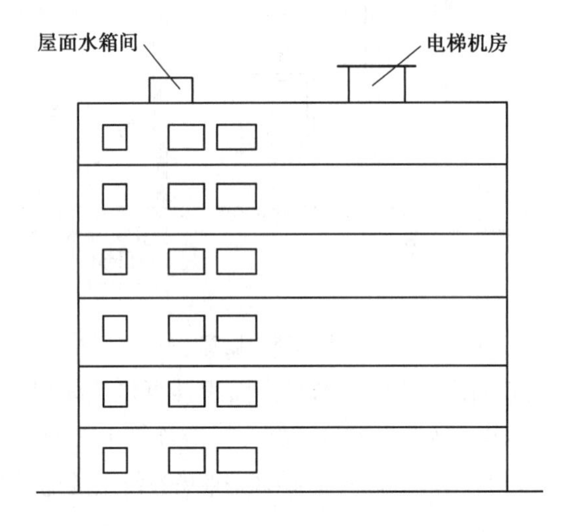

图 5.20　屋顶水箱间、电梯间示意图

⑱围护结构(图 5.21)不垂直于水平面的楼层,应按其底板面的外墙外围水平面积计算。结构净高在 2.10 m 及以上的部位,应计算全面积;结构净高在 1.20 m 及以上至 2.10 m 以下的部位,应计算 1/2 面积;结构净高在 1.20 m 以下的部位,不应计算建筑面积。

设有维护结构不垂直于水平面而超出底板外沿的建筑物(指由向建筑物外倾斜的墙体),应按其底板面的外围水平面积计算。

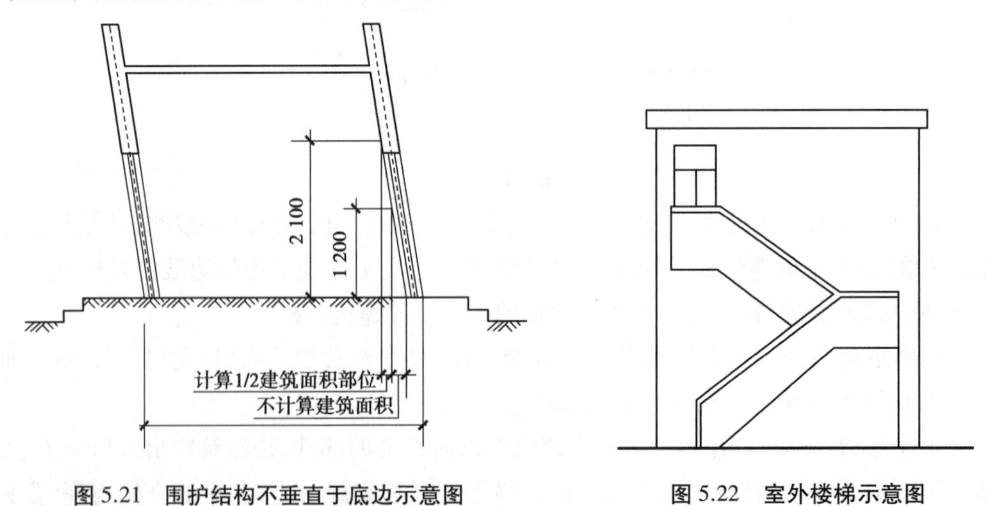

图 5.21　围护结构不垂直于底边示意图

图 5.22　室外楼梯示意图

⑲建筑物的室内楼梯、电梯井、提物井、管道井、通风排气竖井、烟道,应并入建筑物的自然层计算建筑面积。有顶盖的采光井应按一层计算面积,且结构净高在 2.10 m 及以上的,应计算全面积;结构净高在 2.10 m 以下的,应计算 1/2 面积。

⑳室外楼梯(图 5.22)应并入所依附建筑物自然层,并应按其水平投影面积的 1/2 计算建筑面积。室外楼梯作为连接该建筑物层与层之间交通不可缺少的基本部件,无论从其功能、还是工程计价的要求来说,均需计算建筑面积。层数为室外楼梯所依附的楼层数,即梯段部分投影到建筑物范围的层数。利用室外楼梯下部的建筑空间不得重复计算建筑面积;利用地势砌筑的为室外踏步,不计算建筑面积。

㉑在主体结构内的阳台,应按其结构外围水平面积计算全面积;在主体结构外的阳台,应按其结构底板水平投影面积计算 1/2 面积。

建筑物的阳台,不论其形式如何,均以建筑物主体结构为界分别计算建筑面积。

㉒有顶盖无围护结构的车棚、货棚、站台、加油站、收费站等,应按其顶盖水平投影面积的 1/2 计算建筑面积。

a.车棚、货棚、站台、加油站、收费站等的面积计算,由于建筑技术的发展,出现许多新型结构,如柱不再是单纯的直立柱,而出现正 V 形、倒 V 形等不同类型的柱,给面积计算带来许多争议。为此,我们不以柱来确定面积,而依据顶盖的水平投影面积计算面积。

b.在车棚、货棚、站台(图 5.23)、加油站、收费站内设有带围护结构的管理房间、休息室等,应另按有关规定计算面积。

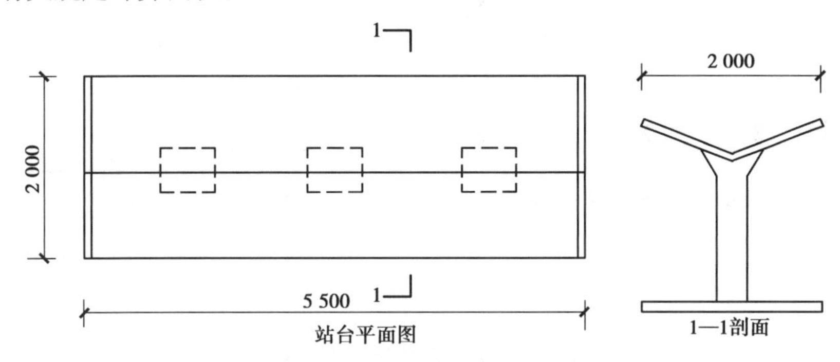

图 5.23 单排柱站台示意图

㉓以幕墙作为围护结构的建筑物,应按幕墙外边线计算建筑面积。

a.幕墙以其在建筑物中所起的作用和功能来区分,直接作为外墙起围护作用的幕墙,按其外边线计算建筑面积。

b.设置在建筑物墙体外起装饰作用的幕墙,不计算建筑面积。

㉔建筑物的外墙外保温层,应按其保温材料的水平截面积计算,并计入自然层建筑面积。

a.建筑物外墙外侧有保温隔热层的,保温隔热层以保温材料的净厚度乘以外墙结构外边线长度按建筑物的自然层计算建筑面积,其外墙外边线长度不扣除门窗和建筑物外已计算建筑面积构件(如阳台、室外走廊、门斗、落地橱窗等部件)所占长度。

b.当建筑物外已计算建筑面积的构件(如阳台、室外走廊、门斗、落地橱窗等部件)有保温隔热层时,其保温隔热层也不再计算建筑面积。外墙是斜面者按楼面楼板处的外墙外边线长度乘以保温材料的净厚度计算。外墙外保温以沿高度方向满铺为准,某层外墙外保温铺设高度未达到全部高度时(不包括阳台、室外走廊、门斗、落地橱窗、雨篷、飘窗等),不计算建筑面积。保温隔热层的建筑面积是以保温隔热材料的厚度来计算的,不包含抹灰层、防潮层、保护层(墙)的厚度。建筑外墙外保温如图 5.24 所示。

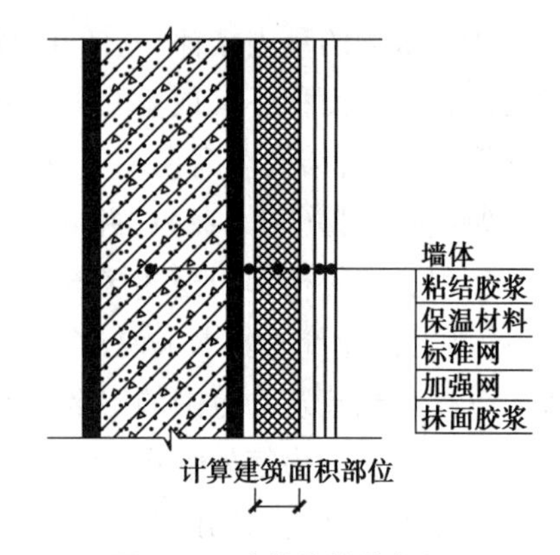

图 5.24　建筑外墙外保温

㉕与室内相通的变形缝,应按其自然层合并在建筑物建筑面积内计算。对于高低联跨的建筑物,当高低跨内部连通时,其变形缝应计算在低跨面积内。

a.变形缝是指防止建筑物在某些因素作用下引起开裂甚至破坏而预留的构造缝。变形缝一般分为伸缩缝、沉降缝、抗震缝 3 种。

b.与室内相通的变形缝,是指暴露在建筑物内,在建筑物内可以看得见的变形缝。

高低联跨建筑物示意图如图 5.25 所示。

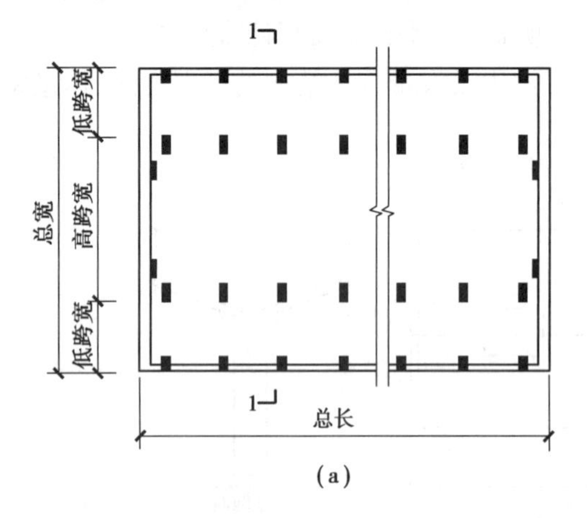

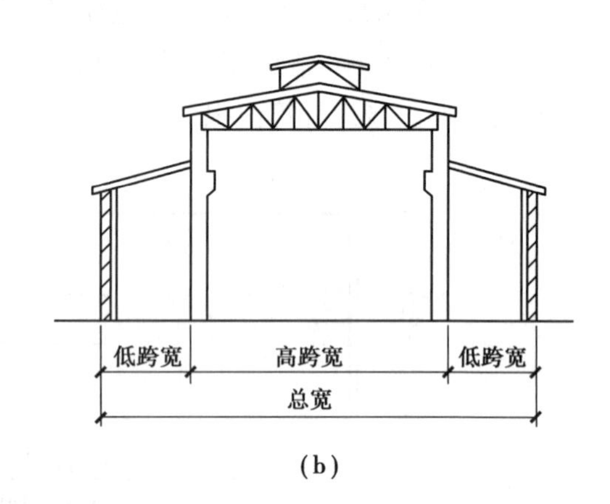

图 5.25　高低联跨建筑物示意图

㉖对于建筑物内的设备层、管道层、避难层等有结构层的楼层,结构层高在 2.20 m 及以上的,应计算全面积;结构层高在 2.20 m 以下的,应计算 1/2 面积。

a.高层建筑的宾馆、写字楼等,通常在建筑物高度的中间部分设置管道及设备层,主要用于集中放置水、暖、电、通风管道及设备。这一设备管道层不应计算建筑面积。

b.设备层、管道层虽然其具体功能与普通楼层不同,但在结构及施工消耗上并无本质区别,且本规范定义自然层为“按楼地面结构分层的楼层”,因此设备、管道楼层归为自然层,其计算规则与普通楼层相同。在吊顶空间内设置管道的,则吊顶空间部分不能被视为设备层、管道层。

设备、管道层示意图如图 5.26 所示。

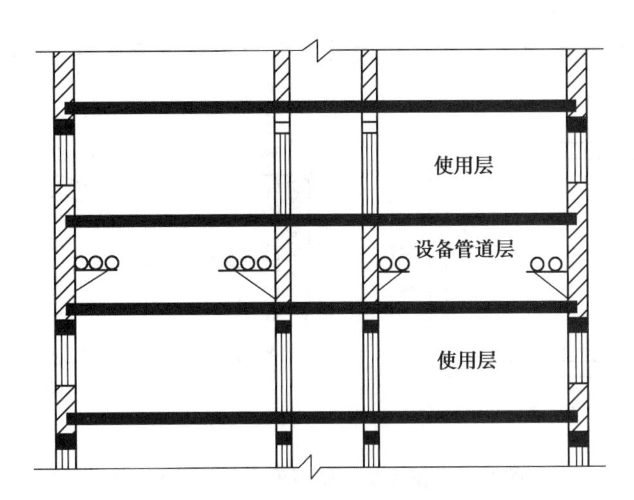

图 5.26 设备、管道层示意图

5.1.3 建筑面积工程量计算案例

【例 5.1】 图 5.27 为某建筑标准层平面图，已知墙厚 240 mm，层高 3.0 m，求该建筑物标准层建筑面积。

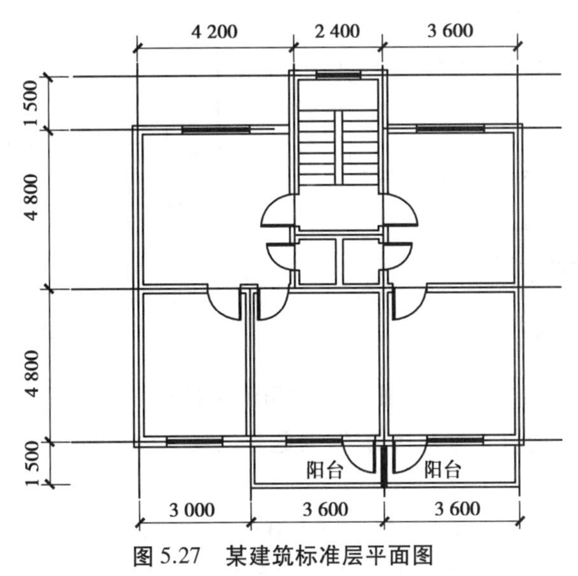

图 5.27 某建筑标准层平面图

【解】 房屋建筑面积(除阳台外)：

$S_1=(3+3.6+3.6+0.12\times2)\times(4.8+4.8+0.12\times2)+(2.4+0.12\times2)\times(1.5-0.12+0.12)$

$=102.73+3.96$

$=106.69(\text{m}^2)$

阳台建筑面积：

$S_2=0.5\times(3.6+3.6)\times1.5$

$=5.4(\text{m}^2)$

则 $S=S_1+S_2=112.09(\text{m}^2)$

【例 5.2】 图 5.28 所示为某建筑物坡屋顶平面和剖面示意图,计算该建筑物坡屋顶建筑面积。

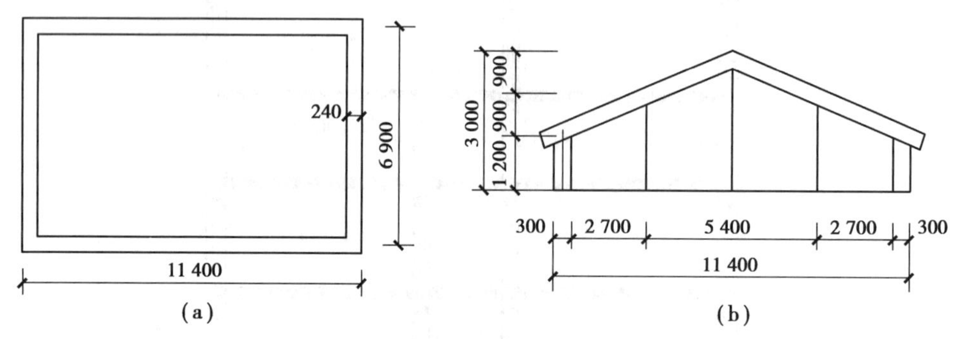

图 5.28 某建筑坡屋顶平面和剖面示意图

【解】 由图可知,部分坡屋顶结构净高在 2.1 m 以上,则其建筑面积为:

$S = 5.4\times(6.9+0.24)+(2.7+0.3)\times(6.9+0.24)\times0.5\times2$

$= 59.98(\mathrm{m}^2)$

【例 5.3】 图 5.29 所示为某雨篷示意图,求该雨篷的建筑面积。

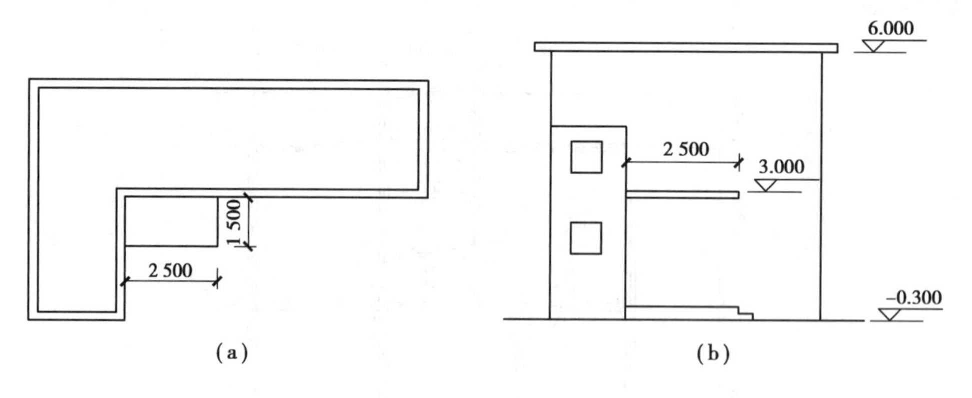

图 5.29 某雨篷示意图

【解】 由图可知,该雨篷为无柱雨篷,雨篷外边线至外墙边线的宽度超过 2.10 m,则雨篷的建筑面积为:

$$S = 2.5 \times 1.5 \times 0.5 = 1.88(\mathrm{m}^2)$$

【例 5.4】 计算图 5.30 所示建筑物水箱间和门斗的建筑面积。

【解】 由图可知,门斗高 2.80 m,高于 2.2 m,故应计算全面积;水箱间高 2.00 m,小于 2.2 m,故应计算 1/2 面积,计算如下:

门斗的建筑面积为:$S_2 = 3.5\times2.5 = 8.75(\mathrm{m}^2)$

水箱间的建筑面积为:$S_1 = 2.5\times2.5\times0.5 = 3.13(\mathrm{m}^2)$

【例 5.5】 计算图 5.31 所示站台的建筑面积。

【解】 由图可知,该站台有顶盖无围护结构,故应按其顶盖水平投影面积的 1/2 计算建筑面积:

站台的建筑面积:$S = 7\times12\times0.5 = 42(\mathrm{m}^2)$

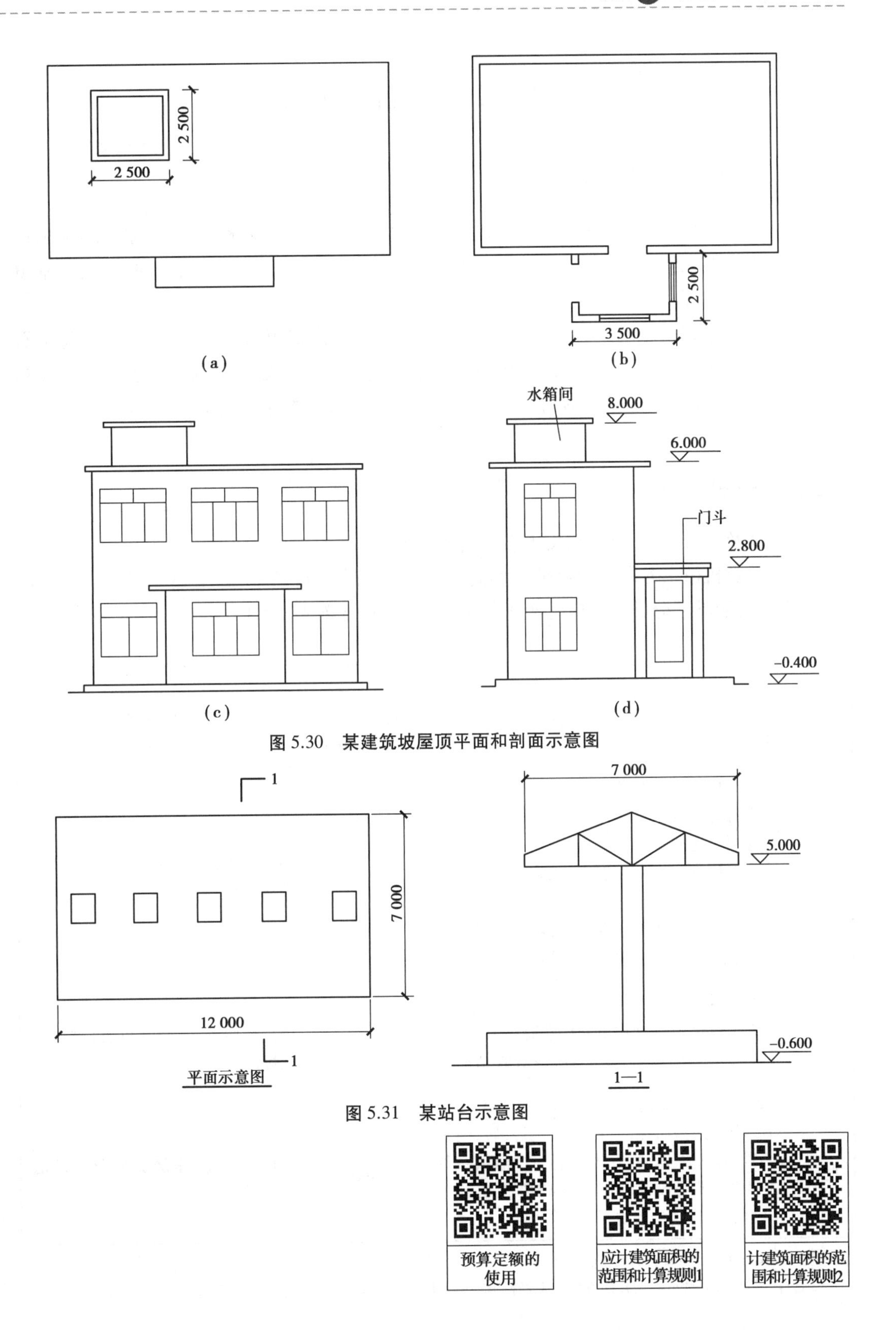

图 5.30 某建筑坡屋顶平面和剖面示意图

图 5.31 某站台示意图

任务 5.2 土石方工程

5.2.1 土石方工程基础知识

土方工程包括一切土的挖掘、填筑和运输等过程以及排水、降水、土壁支撑等准备工作和辅助工程。在工程中,最常见的土方工程有:场地平整、基坑(槽)开挖、地坪填土、路基填筑及基坑回填土等。

按施工方法和使用机具的不同,《重庆市建筑工程计价定额》(CQJZZSD—2018)将土石方工程分为人工土石方、机械土石方和回填及平整场地 3 个部分。定额适用于人工作业和机械施工的土方、石方工程的项目,包括场地平整、挖沟槽、挖土方、回填土、运土和石方开挖、运输等。

5.2.2 一般说明

①土壤及岩石定额子目,均按天然密实体积编制。

②人工及机械土方定额子目是按不同土壤类别综合考虑的,实际土壤类别不同时不作调整;岩石按照不同分类按相应定额子目执行,岩石分类详见表 5.1。

表 5.1 岩石分类表

名称	代表性岩石	岩石单轴饱和抗压强度/MPa	开挖方法
软质岩	1.全风化的各种岩石 2.各种半成岩 3.强风化的坚硬岩 4.弱风化~强风化的较坚硬岩 5.未风化的泥岩等 6.未风化~微风化的:凝灰岩、千枚岩、砂质泥岩、泥灰岩、粉砂岩、页岩等	<30	用手凿工具、风镐、机械凿打及爆破法开挖
较硬岩	1.弱风化的坚硬岩 2.未风化~微风化的:熔结凝灰岩、大理岩、板岩、白云岩、石灰岩、钙质胶结的砂岩等	30~60	用机械切割、水磨钻机、机械凿打及爆破法开挖
坚硬岩	未风化~微风化的:花岗岩、正长岩、闪长岩、辉绿岩、玄武岩、安山岩、片麻岩、石英片岩、硅质板岩、石英岩、硅质胶结的砾岩、石英砂岩、硅质石灰岩等	>60	用机械切割、水磨钻机及爆破法开挖

注:①软质岩综合了极软岩、软岩、较软岩。

②岩石分类按代表性岩石的开挖方法或者岩石单轴饱和抗压强度确定,满足其中之一即可。

③干、湿土的划分以地下常水位进行划分，常水位以上为干土、以下为湿土；地表水排出后，土壤含水率<25%为干土，含水率≥25%为湿土。

④淤泥是指池塘、沼泽、水田及沟坑等呈膏质（流动或稀软）状态的土壤，分黏性淤泥与不黏附工具的砂性淤泥。流砂指含水饱和，因受地下水影响而呈流动状态的粉砂土、亚砂土。

⑤凡图5.32所示槽底宽（不含加宽工作面）在7 m以内，且槽底长大于底宽3倍以上者，执行沟槽项目；凡长边小于短边3倍者，且底面积（不含加宽工作面）在150 m^2以内，执行基坑定额子目；除上述规定外执行一般土石方定额子目。

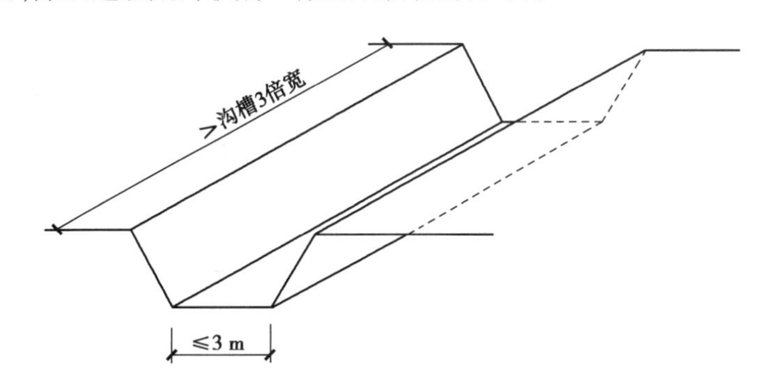

图5.32 沟槽示意图

⑥松土是未经碾压、堆积时间不超过一年的土壤。

⑦土方天然密实、夯实后、松填体积、松方折算时，按表5.2所列值换算。

表5.2 土方体积折算系数表

天然密实度体积	夯实后体积	松填体积	虚方体积
1.00	0.87	1.08	1.30

注：本表适用于计算挖填平衡工程量。

⑧石方体积折算时，按表5.3所列值换算。

表5.3 石方体积折算表

石方类别	天然密实度体积	虚方体积	松填体积	夯实体积
石方	1	1.54	1.31	1.18
块石	1	1.75	1.43	—
砂夹石	1	1.07	1.05	—

注：本表适用于计算挖填平衡工程量。

⑨本章未包括有地下水时施工的排水费用，发生时按实计算。

⑩平整场地系指平整至设计标高后（图5.33），在±300 mm以内的局部就地挖、填、找平；挖填土方厚度>±300 mm时，全部厚度除按照一般土方相应规定计算外，还应另行计算平

整场地。场地厚度在±300 mm 以内全挖、全填土石方按挖、填一般土石方相应定额子目乘以系数 1.3。

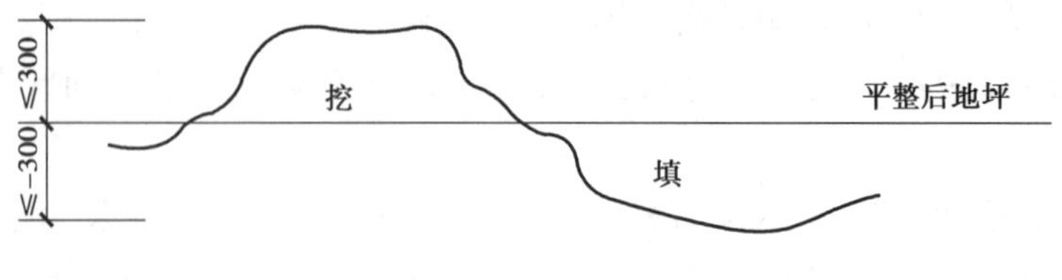

图 5.33　平整场地示意图

5.2.3　人工土石方

①人工土方定额子目是按干土编制的，如挖湿土时，人工乘以系数 1.18。

②人工平基挖土石方定额子目是按深度 1.5 m 以内编制，深度超过 1.5 m 时，按表 5.4 增加工日。

表 5.4　土石方定额　　单位：100 m^3

类别	深 2 m 以内	深 4 m 以内	深 6 m 以内
土方	2.1	11.78	21.38
石方	2.5	13.90	25.21

注：深度在 6 m 以上时，在原有深 6 m 以内增加工日基础上，土方深度每增加 1 m，增加 4.5 工日/100 m^3，石方深度每增加 1 m，增加 5.6 工日/100 m^3；其增加用工的深度以主要出土方向的深度为准。

③人工挖沟槽、基坑土方，深度超过 8 m 时，按 8 m 相应定额子目乘以系数 1.20，超过 10 m时，按 8 m 相应定额子目乘以系数 1.5。

④人工凿沟槽、基坑石方，深度超过 8 m 时，按 8 m 相应定额子目乘以系数 1.20；深度超过 10 m 时，按 8 m 相应定额子目乘以系数 1.5。人工挖沟槽，如在同一沟槽内，有土有石时，按其土层与岩石不同深度分别计算工程量，按土层与岩石对应深度执行相应定额子目。

⑤人工挖基坑，深度超过 8 m 时，断面小于 2.5 m^2 时执行挖孔桩定额子目，断面大于 2.5 m^2时执行挖孔桩定额子目乘以系数 0.9。

⑥人工挖沟槽、基坑淤泥、流砂按土方相应定额子目乘以系数 1.25。

⑦在挡土板支撑下挖土方，按相应定额子目人工乘以系数 1.43。

⑧人工平基、沟槽、基坑石方的定额子目已综合各种施工工艺（包括人工凿打、风镐、水钻、切割），实际施工不同时不作调整。

⑨人工凿打混凝土构件时，按相应人工凿坚硬岩定额子目执行；凿打钢筋混凝土构件时，按相应人工凿坚硬岩定额子目乘以 1.8。

⑩人工垂直运输土石方时，垂直高度每 1 m 折合 10 m 水平运距计算。

⑪人工级配碎石土按外购材料考虑，利用现场开挖土石方作为碎石土回填时，若设计明确要求粒径需另行增加岩石解小的费用，按人工或机械凿打岩石相应定额乘以系数 0.35。

5.2.4 计算规则

1) 土石方工程

①平整场地工程量按设计图示尺寸以建筑物首层建筑面积计算。建筑物地下室结构外边线突出首层结构外边线时,其突出部分的建筑面积合并计算。

②土石方的开挖、运输均按开挖前的天然密实体积计算。土方回填按照回填后的竣工体积计算。

③挖土石方。

a.挖一般土石方工程量按设计图示尺寸体积加放坡工程量计算。

b.挖沟槽、基坑土石方工程量按设计图示尺寸以基础或垫层底面积乘以挖土深度加工作面及放坡工程量以体积计算。

c.开挖深度按图示槽、坑底面至自然地面(场地平整的按平整后的标高)高度计算。

④挖淤泥、流砂工程量按设计图示位置、界限以体积计算。

⑤挖一般土方、沟槽、基坑土方放坡(图 5.34)应根据设计或批准的施工组织设计要求的放坡系数计算。如设计或批准的施工组织设计无规定时,放坡系数按表 5.5 规定计算;石方放坡应根据设计或批准的施工组织设计要求的放坡系数计算。

表 5.5 放坡系数表

人工挖土	机械开挖土方		放坡起点深度/m
土方	在沟槽、坑底	在沟槽、坑边	土方
1∶0.33	1∶0.25	1∶0.67	1.5

a.计算土方放坡时,在交接处所产生的重复工程量不予扣除。

b.挖沟槽、基坑土方垫层为原槽浇筑时,加宽工作面从基础外缘边起算;垫层浇筑需支模时,加宽工作面从垫层外缘边起算。

c.如放坡处重复量过大,其计算总量等于或大于大开挖方量时,应按大开挖规定计算土方工程量。

d.槽、坑土方开挖支挡土板时,土方放坡不另行计算。

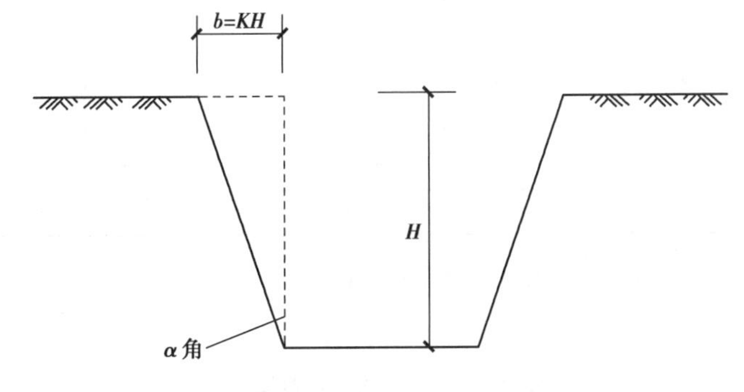

图 5.34 放坡示意图

⑥沟槽、基坑工作面宽度按设计规定计算,如无设计规定时,按表 5.6 计算。

表 5.6 工作面取值表

建筑工程		构筑物	
基础材料	每侧工作面宽/mm	无防潮层/mm	有防潮层/mm
砖基础	200	400	600
浆砌条石、块(片)石	250		
混凝土基础支模板者	400		
混凝土垫层支模板者	150		
基础垂面做砂浆防潮层	400(自防潮层面)		
基础垂面做防水防腐层	1 000(自防水防腐层)		
支挡土板 100(另加)	—	—	—

支撑挡土板地槽示意图如图 5.35 所示。

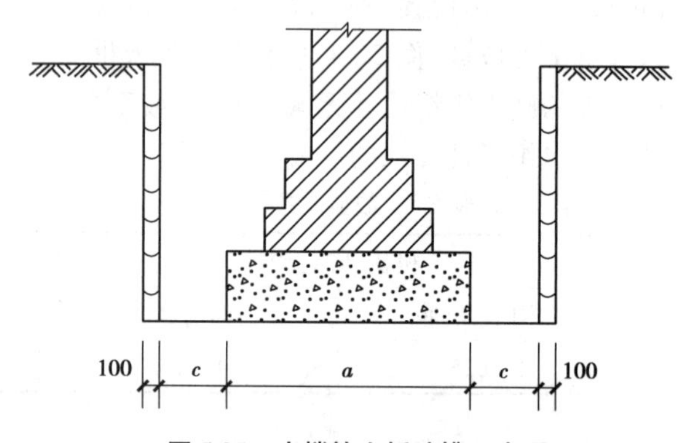

图 5.35 支撑挡土板地槽示意图

⑦外墙基槽长度按图示中心线长度计算，内墙基槽长度按槽底净长计算，其突出部分的体积并入基槽工程量计算，如图 5.36 所示。

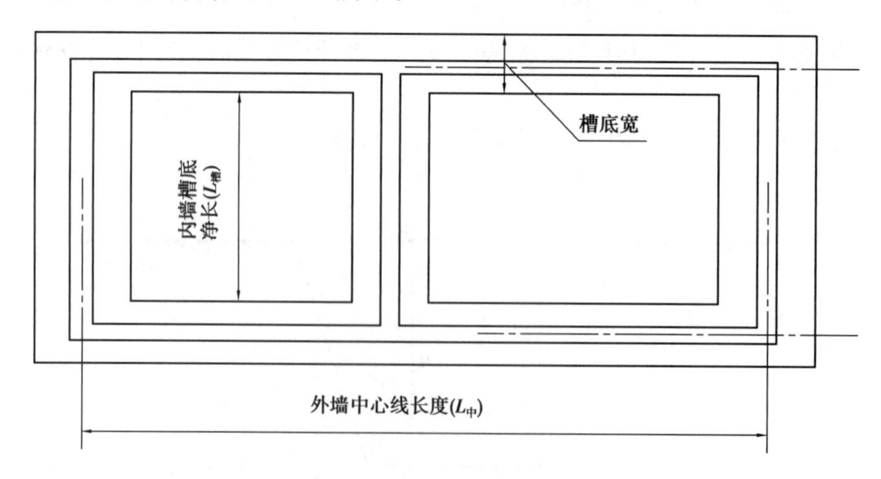

图 5.36 $L_{中}$ 和 $L_{槽}$ 示意图

⑧人工摊座和修整边坡工程量，以设计规定需摊座和修整边坡的面积以平方米计算。

2) 回填

①场地(含地下室顶板以上)回填:回填面积乘以平均回填厚度以体积计算。

②室内地坪回填:主墙间面积(不扣除间隔墙,扣除连续底面积 2 m^2 以上的设备基础等面积)乘以回填厚度以体积计算。

③沟槽、基坑回填:挖方体积减自然地坪以下埋设的基础体积(包括基础、垫层及其他构筑物)。

④场地原土碾压,按图示尺寸以平方米计算。

3) 余方工程量计算

余方工程量按下式计算:

余方运输体积=挖方体积-回填方体积(折合天然密实体积),总体积为正,则为余土外运;总体积为负,则为取土内运。

5.2.5 工程量计算案例

【例 5.6】 某建筑物基础平面及剖面如图 5.37 所示,已知设计室外地坪以下为砖基础混凝土垫层,槽底工作面预留 200 mm,土质为Ⅱ类土。现场采用人工挖土方施工,要求计算人工挖沟槽工程量(室外地坪标高-0.450)。

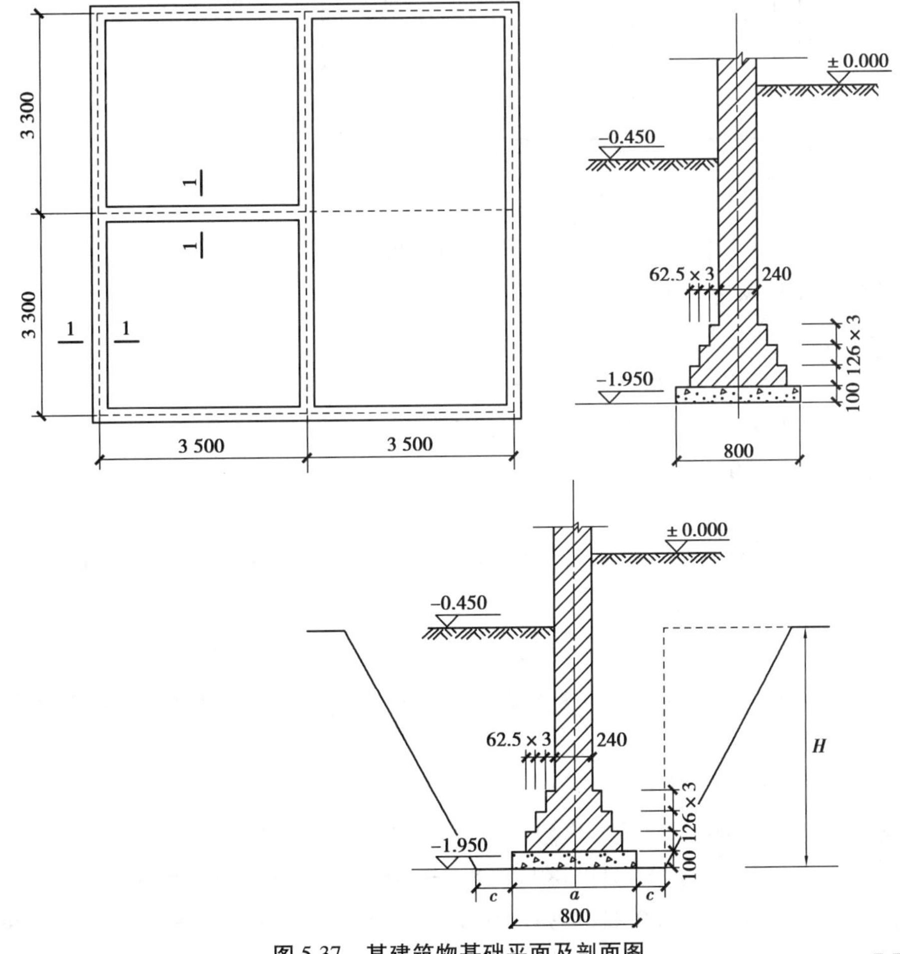

图 5.37 某建筑物基础平面及剖面图

【解】 (1)挖沟槽深度

$H=1.95-0.40=1.55\geqslant 1.5$ m,见放坡系数表,故需放坡开挖沟槽,放坡系数 $K=0.33$。

(2)外墙挖沟槽

$L_{中}=(3.5\times 2+3.3\times 2)\times 2=27.2(\text{m})$

$V_{外槽}=(a+2c+KH)\times H\times L_{中}=(0.8+2\times 0.2+0.33\times 1.55)\times 1.55\times 27.2=72.16(\text{m}^3)$

(3)内墙挖沟槽

$L_{内槽}=[3.3\times 2-(0.8+2\times 0.2)]+[3.5-(0.8+2\times 0.2)]=5.4+2.3=7.7(\text{m})$

$V_{内槽}=(a+2c+KH)\times H\times L_{内槽}=(0.8+2\times 0.2+0.33\times 1.55)\times 1.55\times 7.7=20.43(\text{m}^3)$

(4)合计

$V_{沟槽}=V_{外槽}+V_{内槽}=72.16+20.43=92.59(\text{m}^3)$

【例5.7】 某建筑物基础如图5.38所示,三类土,室内外高差为0.3 m,设计规定槽底工作面预留400 mm。计算人工挖地槽综合基价。

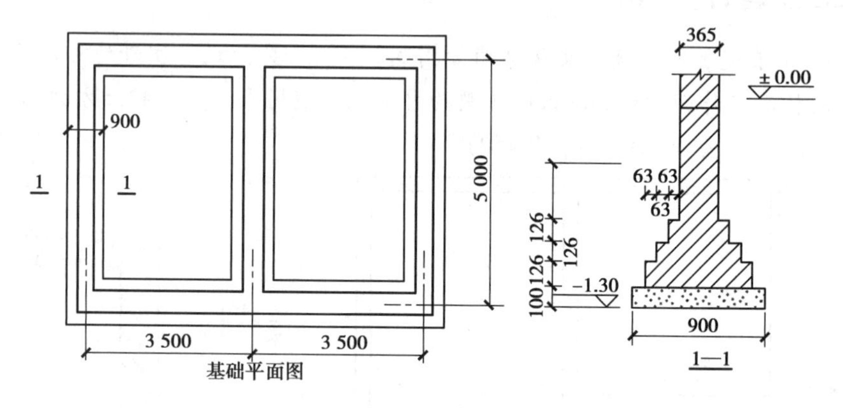

图5.38 某建筑物基础

【解】 计算挖地槽的体积

地槽长度=内墙地槽净长+外墙地槽中心线长

$=\{[5.00-(0.45+0.4)\times 2]+[7+5+7+5]\}=27.30(\text{m})$

地槽体积 $=(0.9+2\times 0.4)\times 1.0\times 27.3=46.41(\text{m}^3)$

套定额子目 AA0003

$5\ 753.09/100\ \text{m}^2\times 46.41=2\ 670.01$(元)

【例5.8】 某建筑物的基础如图5.39所示,设计规定槽底工作面预留300 mm。计算人工挖地槽工程量及其综合基价。

【解】 计算次序按轴线编号,从左至右,由下而上,基础宽度相同者合并。

⑪、⑫轴:室外地面至槽底的深度×槽宽×长 $=(0.98-0.3)\times(0.92+0.3\times 2)\times 9\times 2=18.60(\text{m}^3)$

①、②轴:$(0.98-0.3)\times(0.92+0.3\times 2)\times(9-0.68)\times 2=24.03(\text{m}^3)$

③、④、⑤、⑧、⑨、⑩轴:$(0.98-0.3)\times(0.92+0.3\times 2)\times(7-0.68-0.3\times 2)\times 6=49.56(\text{m}^3)$

⑥、⑦轴:$(0.98-0.3)\times(0.92+0.3\times 2)\times(8.5-0.68-0.3\times 2)\times 2=20.85(\text{m}^3)$

Ⓐ、Ⓑ、Ⓒ、Ⓓ、Ⓔ、Ⓕ轴:$(0.84-0.3)\times(0.68+0.3\times 2)\times[39.6\times 2+(3.6-0.92)]=84.89(\text{m}^3)$

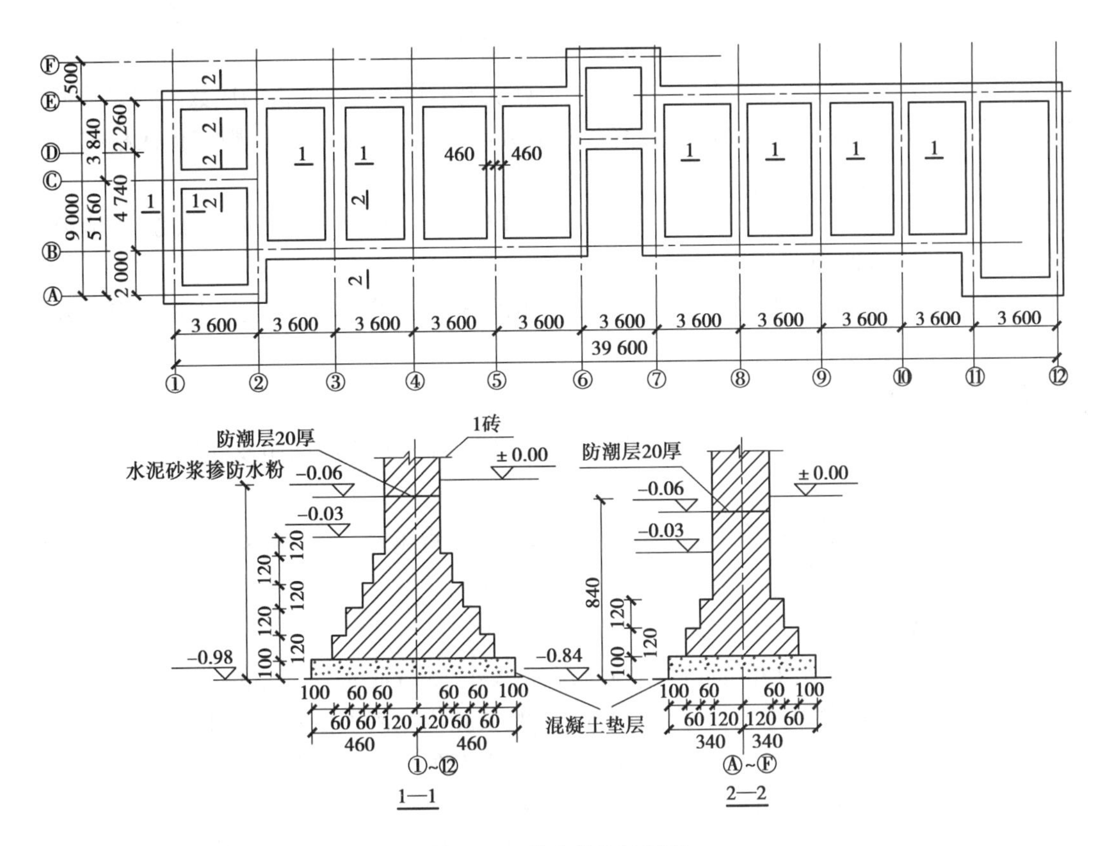

图 5.39 某建筑物的基础

挖地槽工程量 = (18.60+24.03+49.56+20.85+84.89) = 197.93(m^3)

套定额子目 AA0003 57 53.09/100×197.93 = 11 387.09(m^3)

任务 5.3 地基处理、边坡支护工程

5.3.1 地基处理、边坡支护工程基础知识

地基处理一般是指用于改善支承建筑物的地基(土或岩石)的承载能力或抗渗能力所采取的工程技术措施,主要分为基础工程措施和岩土加固措施。

基坑与边坡支护就是为保证地下结构施工及基坑周边环境的安全,对基坑侧壁及周边环境采用的支挡、加固与保护措施。

按施工方法和使用机具的不同,《重庆市建筑工程计价定额》(CQJZZSDE—2018)将地基处理、边坡支护工程分为强夯地基处理、支挡土板、锚杆(索)三个部分。

5.3.2 一般说明

1) 地基强夯

①地基强夯是指在天然地基上或在填土地基上进行作业。本定额子目不包括强夯前的试夯工作费用,如设计要求试夯,另行计算。

②地基强夯需要用外来土(石)填坑,另按相应定额子目执行。

③“每一遍夯击次数”指夯击机械。在一个点位上不移位连续夯击的次数。当要求夯击面积范围内的所有点位夯击完成后,即完成一遍夯击;如需要再次夯击,则应再次根据一遍的夯击次数套用相应子目。

④本节地基强夯项目按专用强夯机械编制,如采用其他非专用机械进行强夯,则应换为非专用机械,但机械消耗量不做调整。

⑤强夯工程量应区分不同夯击能量和夯点密度,按设计图示夯击范围及夯击遍数分别计算。

2)支挡土板

①支挡土板定额子目是按密撑和疏撑钢支撑综合编制的,实际间距及支撑材质不同时,不作调整。

②支挡土板定额子目是按槽、坑两侧同时支撑挡土板编制,如一侧支挡土板时,相应定额子目人工乘以系数1.33。

3)锚杆(索)

①钻孔锚杆孔径按照150 mm内编制的,孔径大于150 mm时执行市政定额相应子目。

②钻孔锚杆(索)的单位工程量小于500 m时,其相应定额子目人工、机械乘以系数1.1。

③钻孔锚杆(索)单孔深度大于20 m时,其相应定额子目人工、机械乘以系数1.2;深度大于30 m时,其相应定额子目人工、机械乘以系数1.3。

④钻孔锚杆(索)、喷射混凝土、水泥砂浆项目如需搭设脚手架,按单项脚手架相应定额子目乘以系数1.4。

⑤钻孔锚杆(索)土层与岩层孔壁出现裂隙、空洞等严重漏浆情况,采取补救措施的费用按实计算。

⑥钻孔锚杆(索)的砂浆配合比与设计规定不同时,可以换算。

⑦预应力锚杆套用锚具安装定额子目时,应扣除导向帽、承压板、压板的消耗量。

⑧钻孔锚杆土层项目中未考虑土层塌孔采用水泥砂浆护壁的工料,发生时按实计算。

⑨土钉、砂浆土钉定额子目的钢筋直径按22 mm编制,如设计与定额用量不同时允许调整钢筋耗量。

5.3.3 计算规则

1)地基处理

地基强夯:按设计图示处理范围以面积计算。

2)基坑与边坡支护

①土钉、砂浆锚钉:按照设计图示尺寸以钻孔深度计算。

②锚杆(索)工程

a.锚杆(索)钻孔按设计要求或实际钻孔分别计算土层和岩层深度以延长米计算。

b.锚固钢筋按设计长度(包括孔外至墙体内的长度)以质量计算。

c.锚索按设计要求的孔内长度另加孔外1 000 mm以质量计算。

d.锚孔注浆土层部分按孔径加 20 mm 充盈量计算。

e.锚具安装按套计算。

f.锚孔灌浆按设计图示尺寸以立方米计算。

③喷射混凝土按设计图示尺寸以面积计算。

④挡土板以槽、坑垂直的支撑面积,以平方米计算。如一侧支撑挡土板时,按一侧的支撑面积计算工程量。支挡板工程量和放坡工程量,不得重复计算。

5.3.4 工程量计算案例

【例5.9】 如图 5.40 所示,有一地基加固工程,采用强夯处理地基,夯击能力为 400 kN·m,每坑击数为 4 击,设计要求第一遍和第二遍为隔点夯击,第三遍为低锤满夯,试计算该地基加固工程相关项目工程量并套用定额计价。

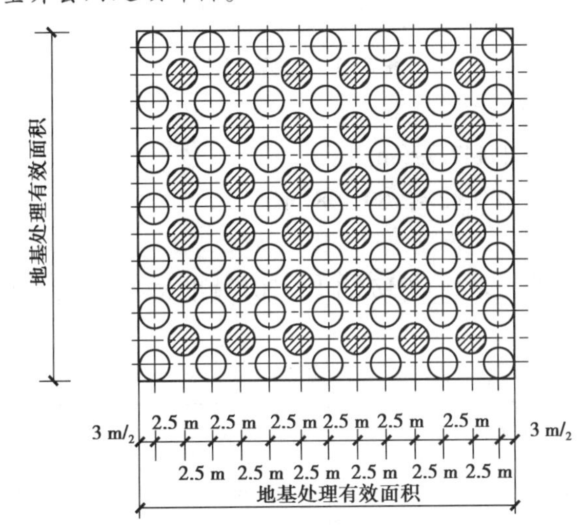

图 5.40 地基强夯示意图

【解】 (1)强夯处理地基工程量计算

第一遍点夯:工程量 = (2.5×12+3)×(2.5×12+3) = 1 089(m^2)

第二遍点夯:工程量 = (2.5×12+3)×(2.5×12+3) = 1 089(m^2)

第三遍满夯:工程量 = (2.5×12+3)×(2.5×12+3) = 1 089(m^2)

(2)定额计价

查《重庆建筑工程计价定额》(CQJZZSDE—2018)中相关内容,套用相应项目,计算过程见表 5.7。

表 5.7

定额编码	项目名称	计量单位	基价/元	工程量	合价/元
AB0001	夯击能量 1 200 kN·m 以内(4 击以下)	100 m^2	933.33	21.78	20 327.93
AB0025	低锤满拍,夯击能量≤1 000 kN·m	100 m^2	1 216.03	10.89	13 242.57
合 计		33 570.50 元			

【例 5.10】 如图 5.41 所示，某工程地基施工组织设计中采用土钉支护，土钉深度为 2 m，边坡的面积为 1 447.99 m^2，平均每平方米设一个土钉，C25 混凝土喷射厚度为 50 mm。计算该土钉支护工程相关项目工程量并套用定额计价。

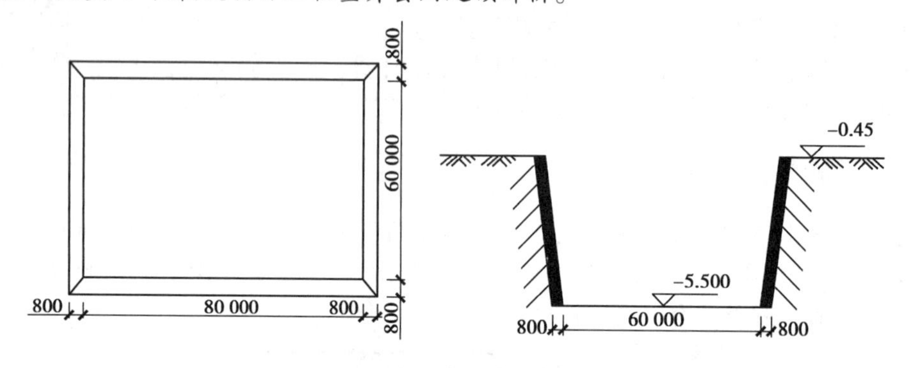

图 5.41 地基示意图

【解】 (1)工程量计算

喷射混凝土工程量：$S=1\ 447.99(m^2)$

土钉工程量：$L=1\ 447.90/1\times2=2\ 895.98(m)$

(2)定额计价

查《重庆建筑工程计价定额》(CQJZZSDE—2018)中相关内容，套用相应项目，计算过程见表 5.8。

表 5.8

定额编码	项目名称	计量单位	基价/元	工程量	合价/元
AB0031	土钉(土层)	100 m	1 698.88	28.96	49 199.56
AB0035	喷射混凝土，初喷厚 50 mm(斜面素喷)	100 m^2	4 942.56	14.48	71 568.27
合　计		120 767.83 元			

任务 5.4 桩基础工程

计算桩基础工程量之前应确定土质级别、施工方法、工艺流程、采用机型，桩、土壤、泥浆运距。

5.4.1 预制桩工程量计算规则

1)打桩

打预制钢筋混凝土桩的体积(图 5.42)，按设计桩长(包括桩尖，不扣除桩尖虚体积)乘以桩截面面积计算。管桩的空心体积应扣除。如管桩的空心部分按设计要求灌注混凝土或其他填充材料时，应另行计算。

$$V = S_{截面} \times L \times N$$

式中 L——桩顶到桩尖长度(包括虚体积);

N——根数。

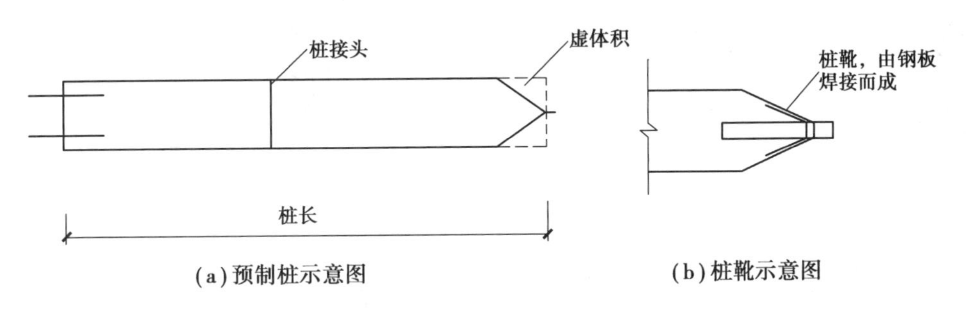

图 5.42 预制桩、桩靴示意图

2)接桩

电焊接桩按设计接头,以“个”计算;硫黄胶泥接桩按桩断面积以“m^2”计算,如图 5.43、图 5.44 所示。

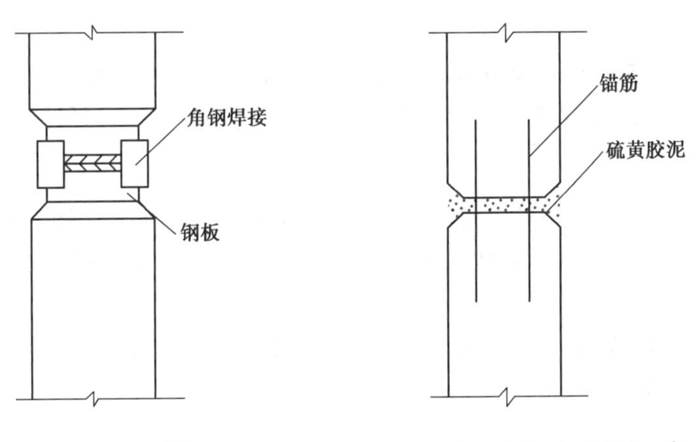

图 5.43 电焊接桩示意图　　图 5.44 硫黄胶泥接桩示意图

3)送桩

在打桩时,有时要求将桩顶面打到桩架操作平台(离地面 50 cm)以下,或由于某种原因要求将桩顶面打入自然地面以下,这时桩锤就不可能直接触击到桩头,因而需要另用一根桩(送桩)接到该桩顶,将桩打到要求的位置,最后将这根桩去掉。桩顶设计标高超出室外自然标高 50 cm 以上时无须送桩(图 5.45)。

送桩工程量按桩截面面积乘以送桩长度(即从打桩架底至桩顶面高度或自桩顶面至自然地坪面另加 0.5 m)计算。

工程量计算:

$$V = S_{截面} \times (h + 0.5)$$

式中 h——桩顶面至自然地坪的高度。

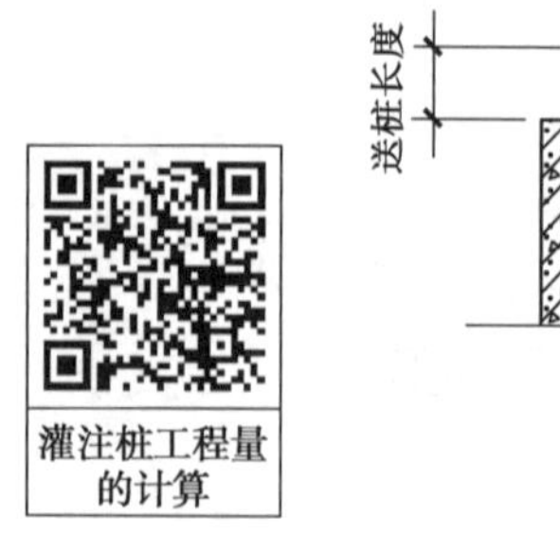

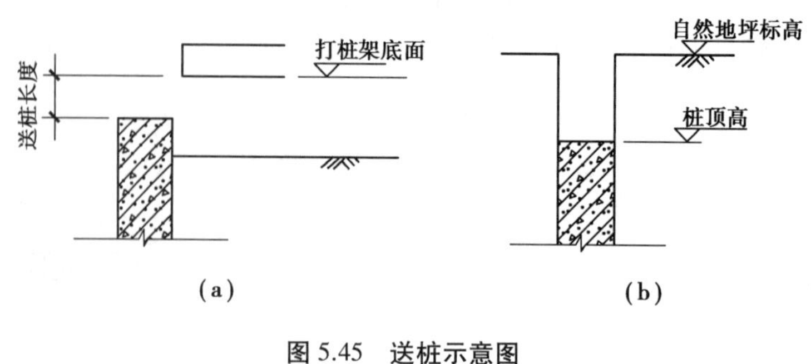

图 5.45　送桩示意图

5.4.2　灌注桩工程量计算规则

1) 机械钻孔桩

①机械钻孔灌注桩土(石)方工程量按设计图示尺寸以桩的截面积乘以桩孔中心线深度以体积计算;成孔深度为自然地面至桩底的深度。

②机械钻孔灌注混凝土桩工程量按设计截面面积乘以桩长(长度加 600 mm)以体积计算。

③钢护筒工程量按长度以米计算;可拔出时,其工程量按钢护筒外直径计算,成孔无法拔出时,其钻孔孔径按照钢护筒外直径计算,混凝土工程量按设计桩径计算。

2) 人工挖孔桩

①截(凿)桩头按设计桩的截面积(含护壁)乘以桩头长度以立方米计算。

②人工挖孔桩土石方工程量以设计桩的截面积(含护壁)乘以桩孔中心线深度以体积计算。

③人工挖孔桩,如在同一桩孔内,有土有石时,按其土层与岩石不同深度分别计算工程量,执行相应定额子目。

a.土方按 6 m 内的挖孔桩定额执行。

b.软质岩较硬岩,分别执行 10 m 内的人工凿软质岩、较硬岩挖孔桩相应子目。

④人工挖孔灌注桩桩芯混凝土:工程量按单根设计桩长乘以设计断面以体积计算。

⑤护壁模板按照模板接触面以面积计算。

【例 5.11】　如图 5.46 所示,某建筑物基础打预制方桩 120 根,设计桩长(含桩尖)为 9 500 mm,截面尺寸为 250 mm×250 mm,求:

(1)打桩工程量;

(2)若将桩送入地下 0.5 m,求送桩工程量。

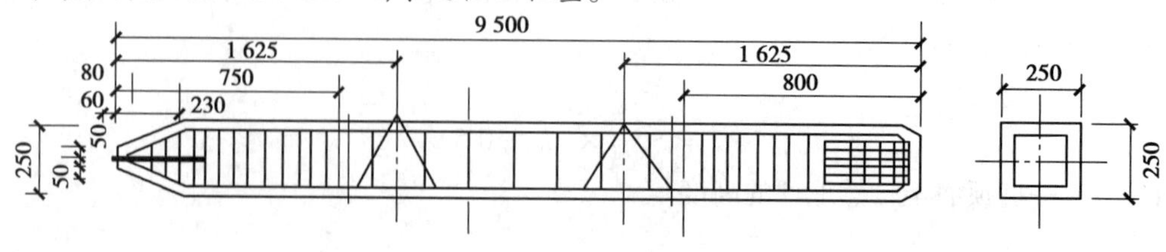

图 5.46　某预制桩示意图

【解】(1)打桩工程量:

$V=0.25\times0.25\times120\times9.5=71.25(m^3)$

(2)送桩工程量

$V=0.25\times0.25\times120\times(0.5+0.5)=7.5(m^3)$

任务5.5 砌筑工程

5.5.1 工程量计算规则与方法

1)一般规则

(1)基础与墙(柱)身的划分

①基础与墙(柱)身使用同一种材料时,以设计室内地面为界(有地下室者,以地下室室内设计地面为界),以下为基础,以上为墙(柱)身。

②基础与墙(柱)身使用不同材料时,位于设计室内地面高度≤±300 mm时,以不同材料为分界线,高度>±300 mm时,以设计室内地面为分界线。

基础与墙身划分示意图如图5.47所示。

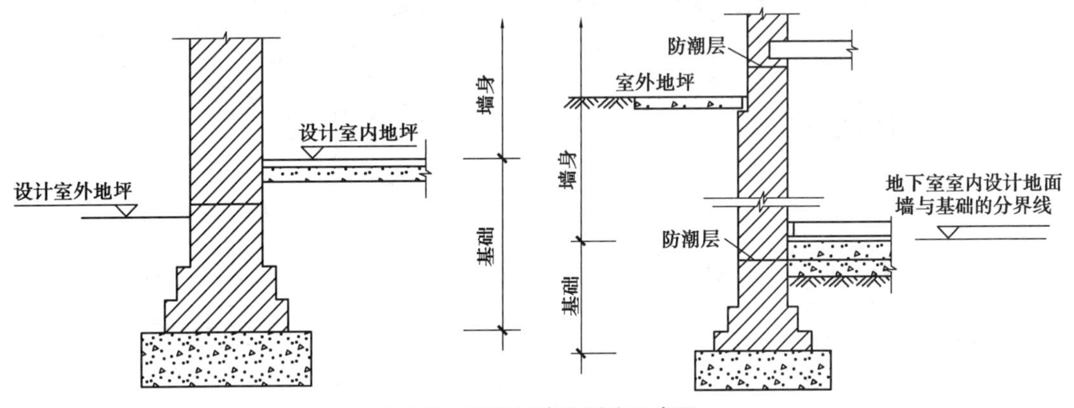

图5.47 基础与墙身划分示意图

③砖砌地沟不分墙基和墙身,按不同材质合并工程量套用相应定额。

④砖围墙以设计室外地坪为界,以下为基础,以上为墙身;当内外地坪标高不同时,以其较低标高为界,以下为基础,以上为墙身,如图5.48所示。

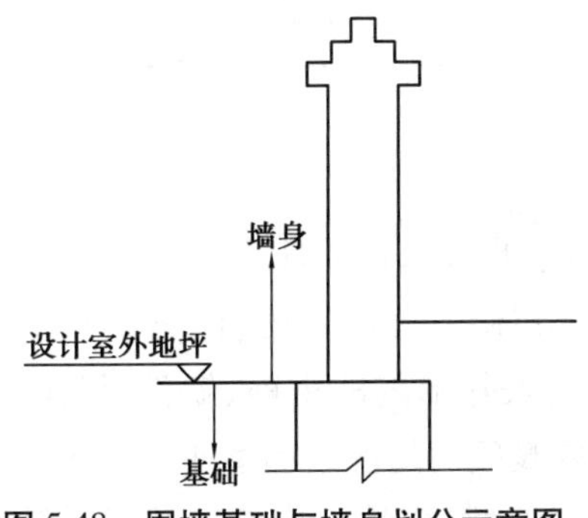

图5.48 围墙基础与墙身划分示意图

⑤石基础、石勒脚、石墙的划分：基础与勒脚应以设计室外地坪为界，勒脚与墙身应以设计室内地面为界。石围墙内外地坪标高不同时，应以较低地坪标高为界，以下为基础；内外标高之差为挡土墙时，挡土墙以上为墙身。

(2)标准砖墙厚度

标准砖尺寸为240 mm×115 mm×53 mm，标准砖墙厚度计算如图5.49和表5.9所示。

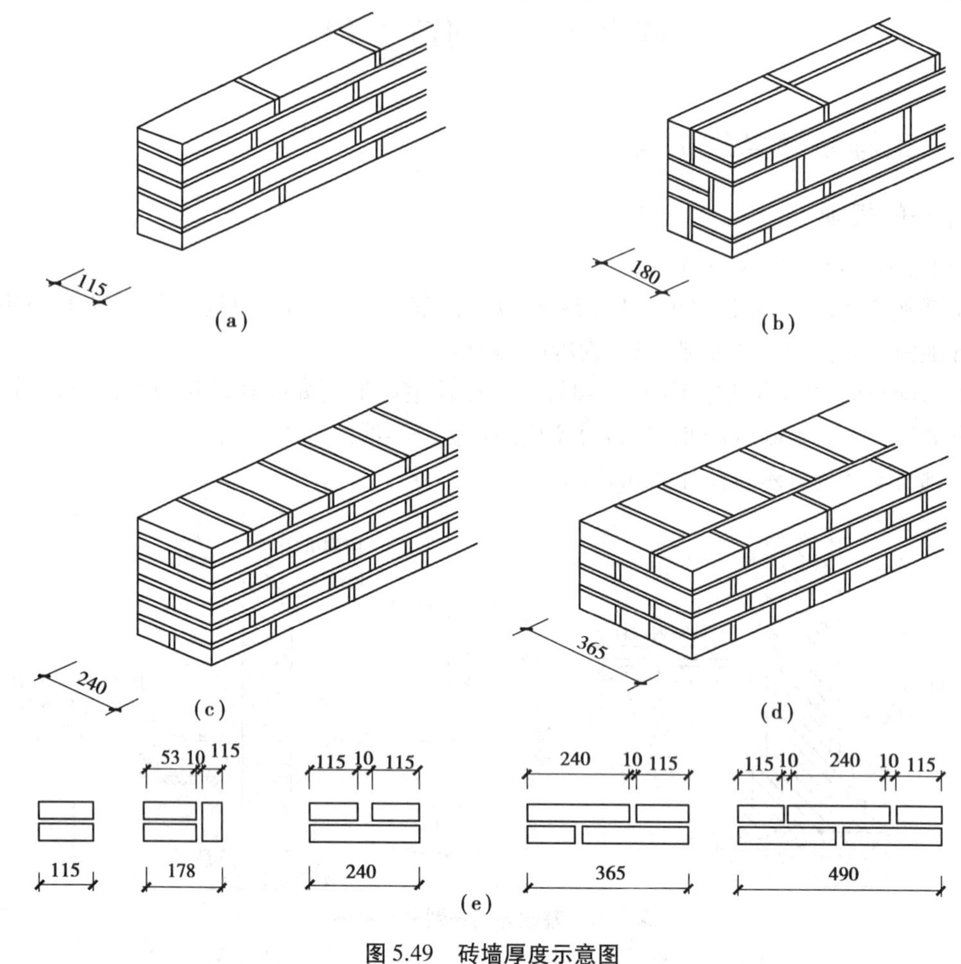

图5.49 砖墙厚度示意图

表5.9 标准砖墙计算厚度

设计厚度/mm	60	100	120	180	200	240	370
计算厚度/mm	53	95	115	180	200	240	365

2)砖砌体、砌块砌体

①砖基础工程量按设计图示尺寸以体积计算。

a.包括附墙垛基础宽出部分体积，扣除地梁(圈梁)、构造柱所占体积，不扣除基础大放脚T形接头处的重叠部分及嵌入基础内的钢筋、铁件、管道、基础砂浆防潮层和单个面积≤0.3 m^2的孔洞所占体积，靠墙暖气沟的挑檐不增加。

b.基础长度：外墙按外墙中心线，内墙按内墙净长线计算。如为台阶式断面时，可按下式计算其基础的平均宽度：

$$B = \frac{A}{H}$$

式中 B——基础断面平均宽度，m；

A——基础断面面积，m^2；

H——基础深度，m。

砖基础大放脚的T形接头重复部分如图5.50所示。

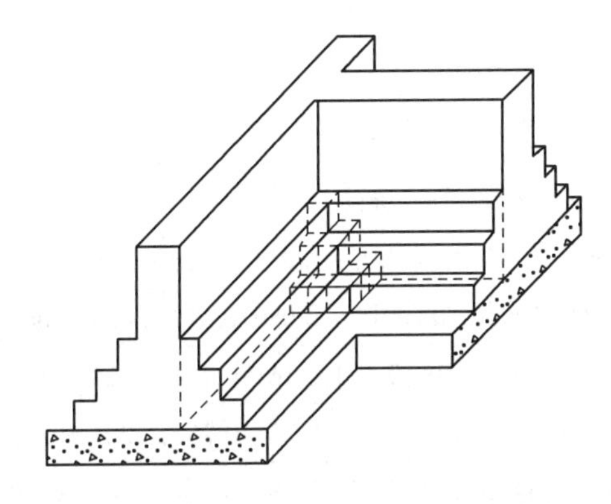

图5.50 砖基础大放脚的T形接头重复部分

②砖基础可有条形基础和独立基础等不同形式，砖基础下部的扩大部分称为大放脚，大放脚分为等高式大放脚和不等高式大放脚，如图5.51所示。

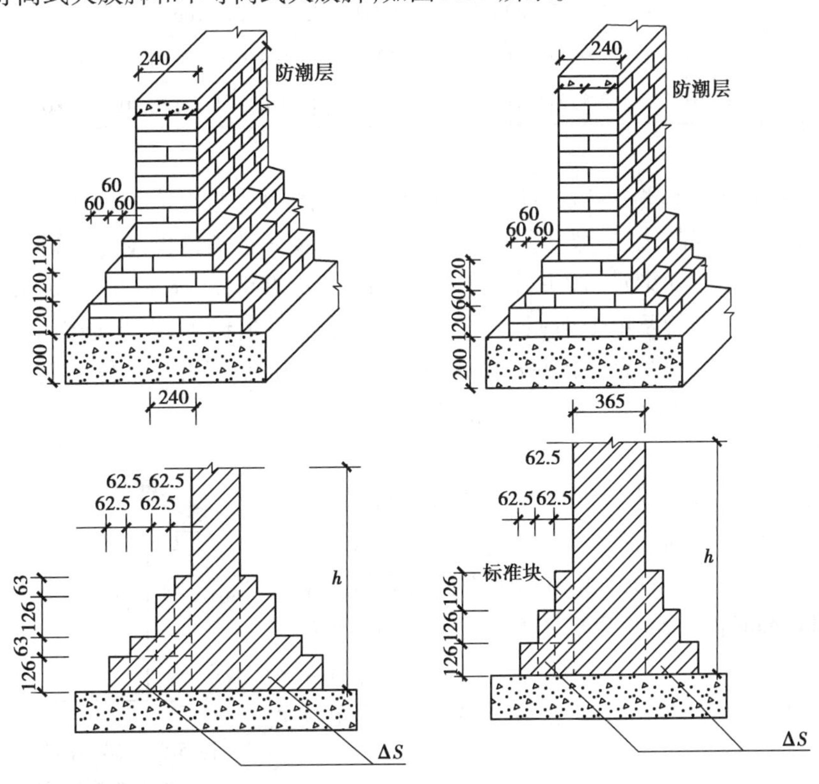

图5.51 砖基础大放脚示意图

③标准砖断面面积计算用增加面积法或者折加高度法。

a.增加面积法。

砖基础断面面积=基础墙厚×砖基础高度+大放脚增加面积

b.折加高度法(表 5.10)。

砖基础断面面积=基础墙厚×(砖基础高度+大放脚折加高度)

表 5.10 标准砖大放脚折加高度和增加断面面积

放脚层数	折加高度/m												增加断面面积 ΔS	
	基础墙厚砖数量													
	1/2(0.15)		1(0.24)		3/2(0.365)		2(0.49)		5/2(0.615)		3(0.74)			
	等高	不等高	等高	不等高	等高	不等高	等高	不等高	等高	不等高	等高	不等高		
1	0.137	0.137	0.066	0.066	0.043	0.043	0.032	0.032	0.026	0.026	0.021	0.021	0.015 75	0.015 75
2	0.411	0.342	0.197	0.164	0.129	0.108	0.096	0.080	0.077	0.064	0.064	0.053	0.047 25	0.039 38
3			0.394	0.328	0.259	0.216	0.193	0.161	0.154	0.128	0.128	0.106	0.094 5	0.078 75
4			0.656	0.525	0.432	0.345	0.321	0.253	0.256	0.205	0.213	0.170	0.157 5	0.126 0
5			0.984	0.788	0.647	0.518	0.482	0.380	0.384	0.307	0.319	0.255	0.326 3	0.189 0
6			1.378	1.083	0.906	0.712	0.672	0.530	0.538	0.419	0.447	0.351	0.330 8	0.259 9
7			1.838	1.444	1.208	0.949	0.900	0.707	0.717	0.563	0.596	0.468	0.441 0	0.346 5
8			2.363	1.838	1.553	1.208	1.157	0.900	0.922	0.717	0.766	0.596	0.567 0	0.441 1
9			2.953	2.297	1.942	1.510	1.447	1.125	1.153	0.896	0.958	0.745	0.708 8	0.551 3
10			3.610	2.789	2.372	1.834	1.768	1.366	1.409	1.088	1.171	0.905	0.866 3	0.669 4

④实心砖墙、多孔砖墙、空心砖墙、砌块墙按设计图示尺寸以体积计算。扣除门窗、洞口、嵌入墙内的钢筋混凝土柱、梁、板、圈梁、挑梁、过梁及凹进墙内的壁龛、管槽、暖气槽、消火栓箱所占体积,不扣除梁头、板头、檩头、垫木、木楞头、沿缘木、木砖、门窗走头、砖墙内加固钢筋、木筋、铁件、钢管及单个面积≤0.3 m^2 的孔洞所占的体积。凸出墙面的腰线、挑檐、压顶、窗台线、虎头砖、门窗套的体积亦不增加。凸出墙面的砖垛并入墙体体积内计算。

A.墙长度:外墙按中心线、内墙按净长计算。

B.墙高度:

a.外墙:按设计图 5.52 所示尺寸计算,斜(坡)屋面无檐口天棚者算至屋面板底;有屋架(图 5.53)且室内外均有天棚者算至屋架下弦底另加 200 mm;无天棚者算至屋架下弦底另加 300 mm(图 5.54),出檐宽度超过 600 mm 时按实砌高度计算(图 5.55);有钢筋混凝土楼板隔层者算至板顶。平屋顶算至钢筋混凝土板底。有框架梁时算至梁底(图 5.56)。

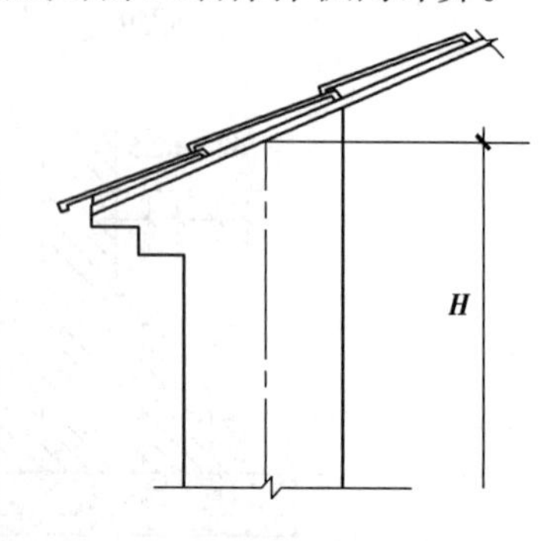

图 5.52 斜(坡)屋面无檐口顶棚者算至屋面板底

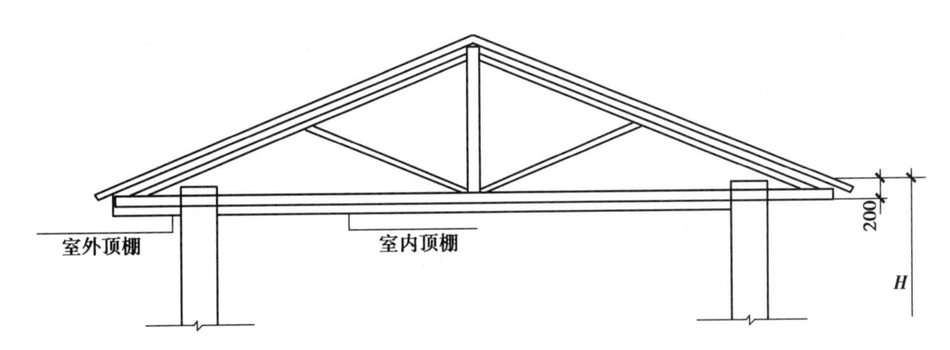

图 5.53 有屋架，且室内外均有顶棚者，其高度算至屋架下弦底另加 200 mm

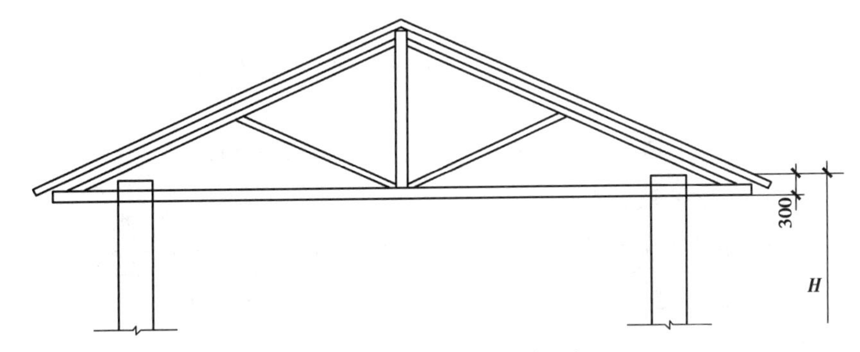

图 5.54 无顶棚者算至屋架下弦底另加 300 mm

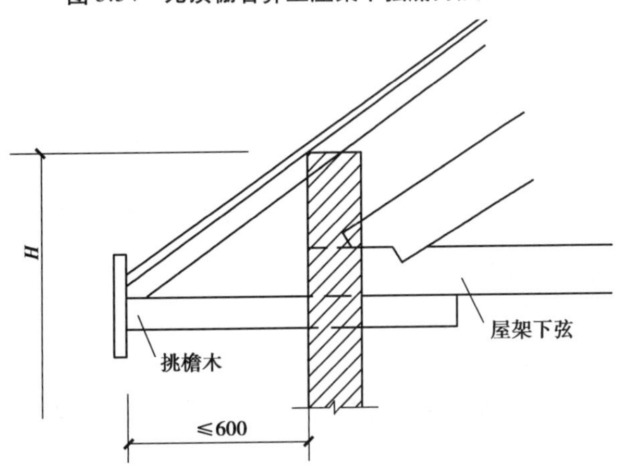

图 5.55 砖砌出檐宽度超过 600 mm 时，按实砌高度计算

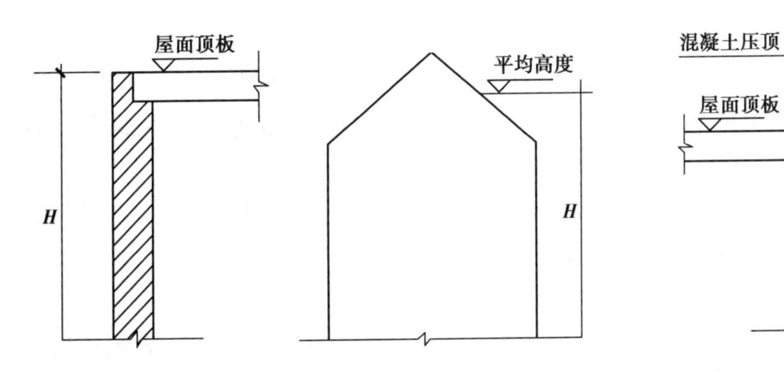

图 5.56 平屋面、山墙、女儿墙高度示意图

b.内墙:位于屋架下弦者,算至屋架下弦底(图 5.57);无屋架者算至天棚底另加 100 mm(图 5.58);有钢筋混凝土楼板隔层者算至楼板顶(图 5.59);有框架梁时算至梁底。

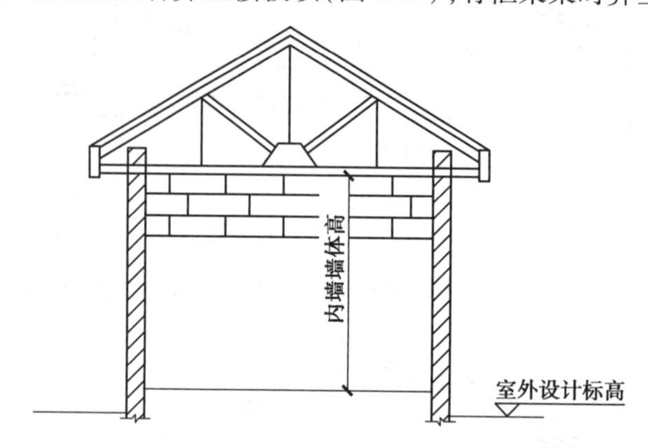

图 5.57　位于屋架下弦者,其高度算至屋架底

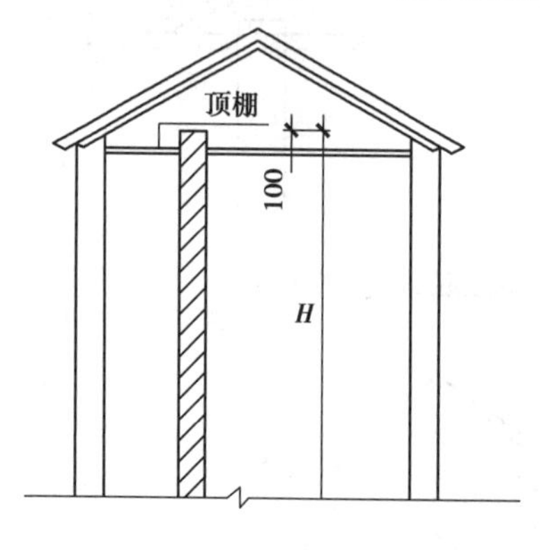

图 5.58　无屋架者

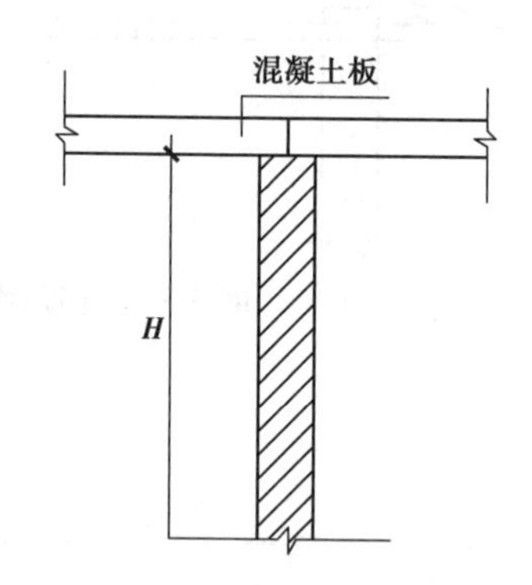

图 5.59　有钢筋混凝土楼板隔层者

c.女儿墙:从屋面板上表面算至女儿墙顶面(如有混凝土压顶时算至压顶下表面)。

d.内、外山墙:按其平均高度计算。

• 框架间墙:不分内外墙按墙体净尺寸以体积计算。

• 围墙:高度算至压顶上表面(如有混凝土压顶时算至压顶下表面),围墙柱并入围墙体积内。

3)其他砌体

①砖砌挖孔桩护壁及砖砌井圈按图示尺寸以体积计算。

②空花墙按设计图示尺寸以空花部分外形体积计算,不扣除空花部分体积。

③砖柱按设计图示尺寸以体积计算,扣除混凝土及钢筋混凝土梁垫,扣除伸入柱内的梁头、板头所占体积。

④砖砌检查井、化粪池、零星砌体、砖地沟、砖烟(风)道按设计图示尺寸以体积计算。不扣除单个面积≤0.3 m^2 的孔洞所占的体积。

⑤砖砌台阶(不包含梯带)按设计图示尺寸水平投影面积计算。

⑥成品烟(气)道按设计图示尺寸以延长米计算,风口、风帽、止回阀按个计算。

⑦砌体加筋按设计图示钢筋长度乘以单位理论质量以吨计算。

⑧墙面勾缝按墙面垂直投影面积以平方米计算，应扣除墙裙的抹灰面积，不扣除门窗洞口面积、抹灰腰线、门窗套所占面积，但附墙垛和门窗洞口侧壁的勾缝面积也不增加。

4）石砌体、预制块砌体

①石基础、石墙的工程量计算规则参照砖（砌块）砌体相应规定执行。

②石勒脚按设计图示尺寸以体积计算，扣除单个面积>0.3 m^2 的孔洞所占面积；石挡土墙、石柱、石护坡、石台阶按设计图示尺寸以体积计算。

③石栏杆按设计图示尺寸以体积计算。

④石坡道按设计图示尺寸以水平投影面积计算。

⑤石踏步、石梯带以延长米计算，石平台以平方米计算，踏步、梯带平台的隐蔽部分以立方米计算，执行本章基础相应子目。

⑥石检查井按设计图示尺寸以体积计算。

⑦砂石滤沟、滤层按设计图示尺寸以体积计算。

⑧条石镶面按设计图示尺寸以体积计算。

⑨石表面加工倒水扁光按设计图示长度以米计算；扁光、钉麻面或打钻路、整石扁光按设计图示面积以平方米计算。

⑩勾缝、挡墙沉降缝按设计图示面积以平方米计算。

⑪泄水孔按设计图示长度以米计算。

⑫预制块砌体按设计图示尺寸以体积计算。

砖基础砌筑工程量计算

墙体砌筑工程量计算规则

5）垫层

垫层按设计图示尺寸以立方米计算，其中原土夯碎石按平方米计算。

5.5.2 工程量计算及计价案例分析

【例5.12】 某建筑物基础平面图及详图如图5.60所示，基础为现拌M5.0的水泥砂浆砌筑标准砖。试计算砌筑砖基础的工程量及工程费用。

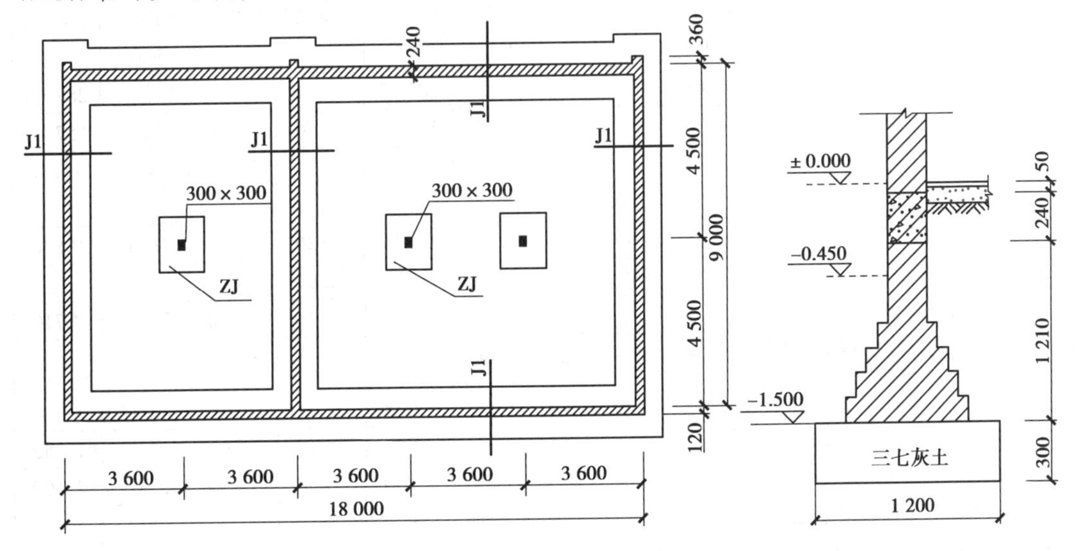

图5.60 基础平面图及剖面图

【解】 (1)外墙砖基础

$L=(9+3.6\times5)\times2+0.24\times2=54.48(\text{m})$

$S_{断面}=0.24\times(1.5-0.24)+0.158=0.460\ 4(\text{m}^2)$

$V_{外}=0.460\ 4\times54.48=25.08(\text{m}^3)$

(2)内墙砖基础

$V_{内}=(9-0.24)\times0.460\ 4=4.03(\text{m}^3)$

圈梁体积在计算高度的时候已经扣除。

$V_{基础}=V_{外}+V_{内}-V_{圈}=25.08+4.03=29.11(\text{m}^3)$

(3)计算工程费用(图 5.61、表 5.11)

定额编码:AD0001

定额计量单位:10 m³

定额综合单价:4 425.96 元

根据题意,该定额无须换算,所以其工程费为:

4 425.96×29.11/10=12 883.97(元)

表 5.11 重庆市建筑工程定额计价表(基础砌筑工程)

D.1.1 砖基础(编码:010401001)

工作内容:1.清理基槽坑、调运砂浆、铺砂浆、运砖、砌砖。

2.清理基槽坑、调运干混商品砂浆、铺砂浆、运砖、砌砖。

3.清理基槽坑、运湿拌商品砂浆、铺砂浆、运砖、砌砖。

计量单位:10 m³

定额编号					AD0001	AD0002	AD0003	AD0004	AD0005	AD0006
项目名称					砖基础					
					240 砖			200 砖		
					水泥砂浆					
					现拌砂浆 M5	干混商品砂浆	湿拌商品砂浆	现拌砂浆 M5	干混商品砂浆	湿拌商品砂浆
费用	综合单价/元				4 425.96	4 747.70	4 418.35	4 619.05	4 940.02	4 609.09
费用	其中	人工费/元			1 175.53	1 070.19	1 014.99	1 292.49	1 186.57	1 131.14
费用	其中	材料费/元			2 665.55	3 162.68	2 989.55	2 691.86	3 190.84	3 016.78
费用	其中	施工机具使用费/元			75.02	55.78	—	76.90	56.01	—
费用	其中	企业管理费/元			317.52	285.88	257.71	347.69	315.49	287.20
费用	其中	利润/元			173.58	156.28	140.88	190.07	172.47	157.00
费用	其中	一般风险费/元			18.76	16.89	15.22	20.54	18.64	16.97
	编码	名称	单位	单价/元	消耗量					
人工	000300100	砌筑综合工	工日	115.00	10.222	9.306	8.826	11.239	10.318	9.836
材料	041300010	标准砖 240×115×53	千块	422.33	5.262	5.262	5.262	—	—	—
材料	041300030	标准砖 200×95×53	千块	291.26	—	—	—	7.710	7.710	7.710
材料	810104010	M5.0 水泥砂浆(特 稠度 70~90 mm)	m³	182.83	2.399	—	—	2.410	—	—
材料	850301010	干混商品砌筑砂浆 M5	t	228.16	—	4.078	—	—	4.097	—
材料	850302010	湿拌商品砌筑砂浆 M5	m³	311.65	—	—	2.447	—	—	2.458
材料	341100100	水	m³	4.42	1.050	2.250	1.050	1.160	2.365	1.160
机械	990610010	灰浆搅拌机 200 L	台班	187.56	0.400	—	—	0.410	—	—
机械	990611010	干混砂浆罐式搅拌机 20 000 L	台班	232.40	—	0.240	—	—	0.241	—

【例 5.13】 某工程平面图如图 5.61 所示，墙体采用标准砖、现拌水泥砂浆 M5 砌筑，厚度为 240 mm，墙体砌筑高度为 3 m，门窗洞口上过梁尺寸为两端伸入墙内共 500 mm，高 120 mm，厚同墙厚，计算墙体砌筑工程量及工程费用。

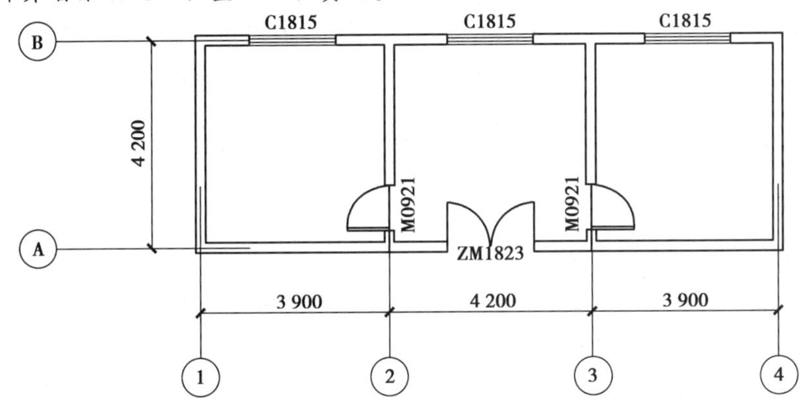

图 5.61 建筑平面示意图

【解】 (1)砖墙工程量计算

$V_{实心砖墙}=[(3.9\times2+4.2+4.2)\times2+(4.2-0.24)\times2]\times0.24\times3-(1.8\times1.5\times3+1.8\times2.3+0.9\times2.1\times2)\times0.24-[(1.8+0.5)\times4+(0.9+0.5)\times2]\times0.12\times0.24$

$=24.84(m^3)$

(2)计算工程费(表 5.12)

定额编码：AD0020

定额计量单位：10 m^3

定额综合单价：4 648.9 元

根据题意，该定额无须换算，所以其工程费为：

4 648.9×24.84/10=11 547.87(元)

表 5.12 重庆市建筑工程定额计价表(墙体砌筑工程)

工作内容：1.调运砂浆、铺砂浆；运砖；砌砖包括窗台虎头砖、腰线、门窗套；安放木砖、铁件等。

2.调运干混商品砂浆、铺砂浆；运砖；砌砖包括窗台虎头砖、腰线、门窗套；安放木砖、铁件等。

3.运湿拌商品砂浆、铺砂浆；运砖；砌砖包括窗台虎头砖、腰线、门窗套；安放木砖、铁件等。

计量单位：10 m^3

定额编号			AD0020	AD0021	AD0022	AD0023
项目名称			240 砖墙			
			水泥砂浆			混合砂浆
			现拌砂浆 M5	干混商品砂浆	湿拌商品砂浆	现拌砂浆 M5
费用	综合单价/元		4 648.90	4 960.72	4 642.97	4 630.69
	其中	人工费/元	1 326.30	1 224.64	1 171.51	1 326.30
		材料费/元	2 681.55	3 160.90	2 993.84	2 663.34
		施工机具使用费/元	71.27	53.92	—	71.27
		企业管理费/元	354.84	324.62	297.45	354.84
		利润/元	193.98	177.46	162.60	193.98
		一般风险费/元	20.96	19.18	17.57	20.96

续表

	编码	名称	单位	单价/元	消耗量			
人工	000300100	砌筑综合工	工日	115.00	11.533	10.649	10.187	11.533
材料	041300010	标准砖 240×115×53	千块	422.33	5.337	5.337	5.337	5.337
	810104010	M5.0 水泥砂浆(特 稠度 70~90 mm)	m^3	182.83	2.313	—	—	—
	810105010	M5.0 混合砂浆	m^3	174.96	—	—	—	2.313
	850301010	干混商品砌筑砂浆 M5	t	228.16	—	3.932	—	—
	850302010	湿拌商品砌筑砂浆 M5	m^3	311.65	—	—	2.359	—
	341100100	水	m^3	4.42	1.060	2.217	1.060	1.060
机械	990610010	灰浆搅拌机 200 L	台班	187.56	0.380	—	—	0.380
	990611010	干混砂浆罐式搅拌机 20 000 L	台班	232.40	—	0.232	—	—

【例 5.14】 某传达室(图 5.62),砖墙体用标准砖、M5 混合砂浆砌筑,M1 为 1 000 mm×2 400 mm,M2 为 900 mm×2 400 mm,C1 为 1 500 mm×1 500 mm,门窗上部均设过梁,断面为 240 mm×180 mm,长度按门窗洞口宽度每边增加 250 mm;外墙均设圈梁(内墙不设),断面为 240 mm×240 mm,计算墙体工程量及工程费用。

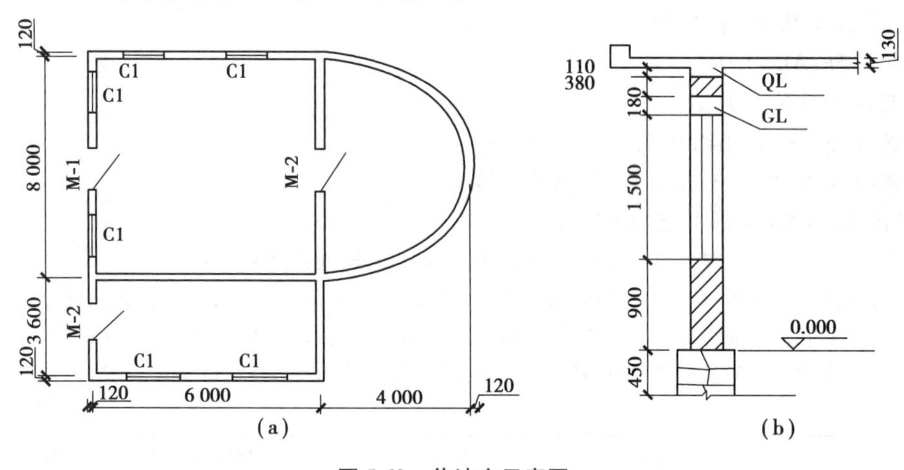

图 5.62 传达室示意图

【解】 1)砖墙工程量计算

(1)直形墙工程量计算

$V_{外墙}=[(6.00+3.60+6.00+3.60+8.00)\times(0.90+1.50+0.18+0.38)-1.50\times1.50\times6-1.00\times2.40-0.90\times2.4]\times0.24-0.24\times0.18\times2.00\times6-0.24\times0.18\times1.50-0.24\times0.18\times1.4=[80.51-13.5-2.4-2.16]\times0.24-0.52-0.06-0.06=14.35(m^3)$

$V_{内墙}=[(6.0-0.24+8.0-0.24)\times(0.9+1.5+0.18+0.38+0.11)-0.9\times2.4]\times0.24-0.24\times0.18\times1.40=[41.51-2.16]\times0.24-0.06=9.38(m^3)$

$V_{直形墙}=14.37+9.38=23.75(m^3)$

(2)弧形墙工程量计算

$V_{弧形墙}=4.00\times3.14\times(0.90+1.50+0.18+0.38)\times0.24=8.92(m^3)$

2)计算工程费

(1)直形墙(图5.62)

定额编码:AD0023

定额计量单位:10 m^3

定额综合单价:4 630.69元

根据题意,该定额无须换算,所以其工程费用为:

4 630.69×23.75/10=10 997.89(元)

(2)弧形墙(图5.62)

定额编码:AD0023

定额计量单位:10 m^3

定额综合单价:4 630.69元

根据题意,定额中的墙体砌筑均按直形砌筑编制,如为弧形时,按相应定额子目人工乘以系数1.2,材料乘以系数1.03,该定额须换算。

换算后定额综合单价为:

新综合单价=4 630.69+1 326.30×(1.2−1)+2 663.34×(1.03−1)=4 975.85(元)

工程费:4 975.85×8.92/10=4 438.46(元)

【例5.15】 计算教材附图工程首层砌筑工程量及工程费。

【解】 (1)砖墙工程量计算

①外墙体积(370墙)。依据图纸和墙体计算规则

$V_{外墙}$=(外墙中心线×外墙高度×外墙厚度)−外墙门窗洞口体积−外墙过梁体积

=[(11.1+6)×2−0.5×4−0.4×4]×(3.6−0.5)×0.365−(2.4×2.7+1.5×1.8×4+1.8×1.8)×0.365−(0.24×2.9+0.18×2×4+0.18×2.3)×0.365=26.20(m^3)

②内墙体积(240墙)。依据图纸和墙体计算规则

$V_{内墙}$=(内墙净长线×内墙高度×内墙厚度)−内墙门窗洞口体积−内墙过梁体积

=[(6−0.4−0.5)×2+(4.5−0.4)]×(3.6−0.5)×0.24−(0.9×2.4×2+0.9×2.1)×0.24−0.12×1.15×0.24×3=9.05(m^3)

(2)计算工程费(请同学们自行完成)

①外墙。

定额编码:____________

定额计量单位:____________

定额综合单价:____________

工程费计算:

____

____

____

____

____

②内墙。

定额编码:____________

定额计量单位:____________

定额综合单价:____________

工程费计算:

____

____

____

____

任务 5.6　混凝土及钢筋混凝土工程

5.6.1　混凝土及模板工程量计算规则与方法

1)一般规则(部分摘录)

混凝土的工程量按设计图示尺寸以立方米计算(楼梯、雨篷、悬挑板、散水、防滑坡道除外)。不扣除构件内钢筋、螺栓、预埋铁件及单个面积 0.3 m^2 以内的孔洞所占体积。

(1)混凝土

①现浇混凝土分为自拌混凝土和商品混凝土。自拌混凝土子目包括:筛砂子、冲洗石子、后台运输、搅拌、前台运输、清理、润湿模板、浇筑、捣固、养护。商品混凝土子目只包含清理、润湿模板、浇筑、捣固、养护。

②自拌混凝土按常用强度等级考虑,强度等级不同时可以换算。

(2)模板

模板按不同构件分别以复合模板、木模板、定型钢模板、长线台钢拉模以及砖地模、混凝土地模、砖胎模编制,实际使用模板材料不同时,不作调整。

(3)现浇构件

①基础混凝土厚度在 300 mm 以内的执行基础垫层定额子目,厚度在 300 mm 以上的按相应的基础定额子目执行。

②混凝土基础与墙或柱的划分,均按基础扩大顶面为界。

基础与柱划分如图 5.63 所示。

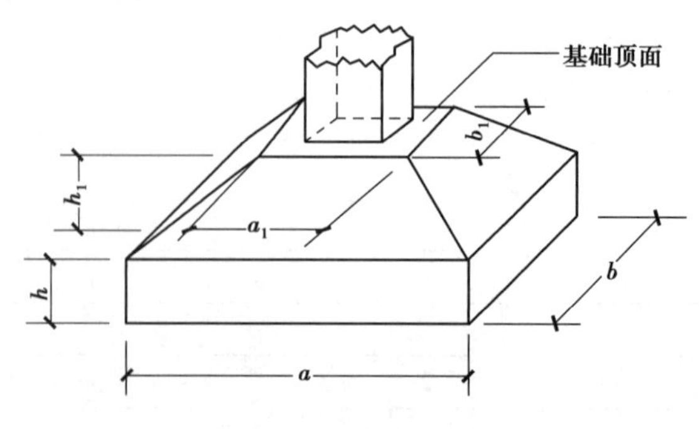

图 5.63　基础与柱划分

③混凝土杯形基础杯颈部分的高度大于其长边的 3 倍者，按高杯基础定额子目执行。

④有肋带形基础(图 5.64)，肋高与肋宽之比在 5∶1以内时，肋和带形基础合并执行带形基础定额子目，在 5∶1以上时，其肋部分按混凝土墙相应定额子目执行。

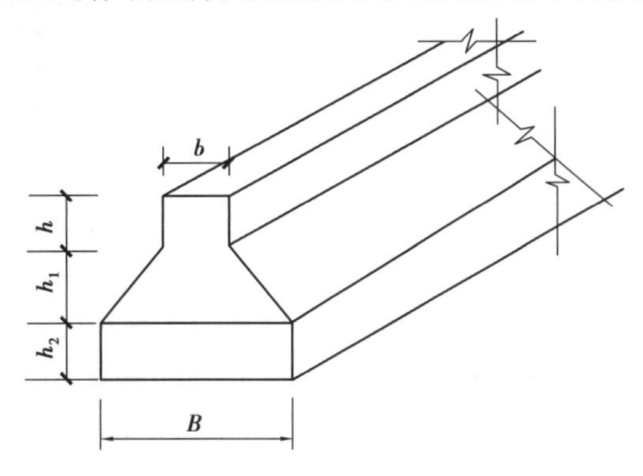

图 5.64　有肋带形基础

⑤现浇混凝土薄壁柱适用于框架结构体系中存在的薄壁结构柱。单肢：肢长小于或者等于肢宽 4 倍的按薄壁柱执行；肢长大于肢宽 4 倍的按墙执行。多肢：肢总长小于或者等于 2.5 m 的按薄壁柱执行；肢总长大于 2.5 m 的按墙执行。肢长按柱和墙配筋的混凝土总长确定。

⑥本定额中的有梁板系指梁(包括主梁、次梁，圈梁除外)、板构成整体的板；无梁板是指不带梁(圈梁除外)直接用柱支撑的板；平板是指无梁(圈梁除外)直接由墙支撑的板。

⑦异形梁子目适用于梁横断面为 T 形、L 形、十字形的梁。

⑧有梁板中的弧形梁按弧形梁定额子目执行。

⑨现浇零星定额子目适用于小型池槽、压顶、垫块、扶手、门框、阳台立柱、栏杆、栏板、挡水线、挑出梁柱、墙外宽度小于 500 mm 的线(角)、板(包含空调板、阳光窗、雨篷)以及单个体积不超过 0.02 m^3 的现浇构件等。

⑩挑出梁柱、墙外宽度大于 500 mm 的线(角)、板(包含空调板、阳光窗、雨篷)执行悬挑板定额子目。

⑪现浇挑檐、天沟与板(包括屋面板、楼板)连接时，以外墙外边线为分界线；与梁(包括圈梁等)连接时，以梁外边线为分界线。外墙外边线以外或梁外边线以外为挑檐、天沟，如图 5.65 所示。

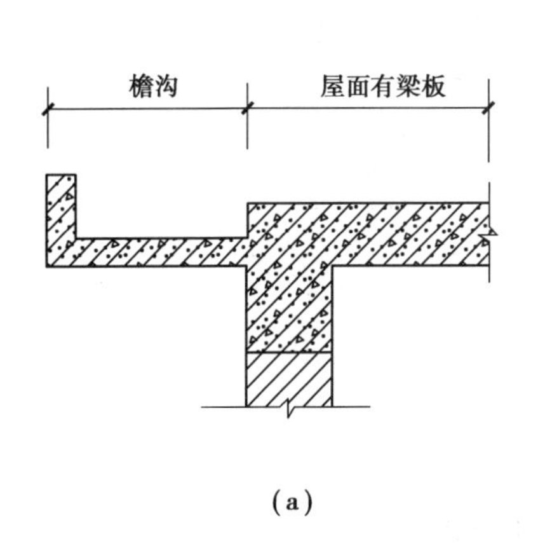

(a)

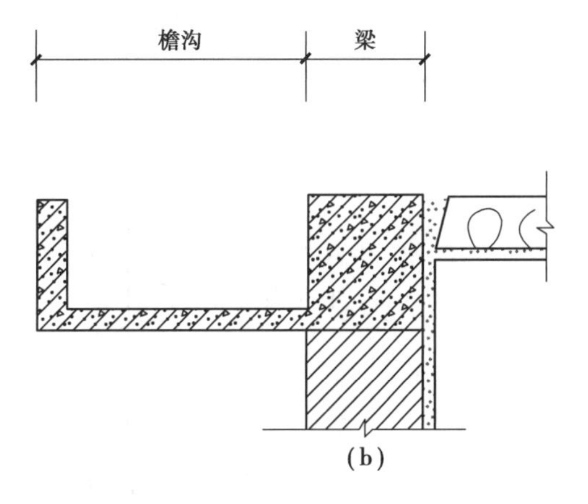

(b)

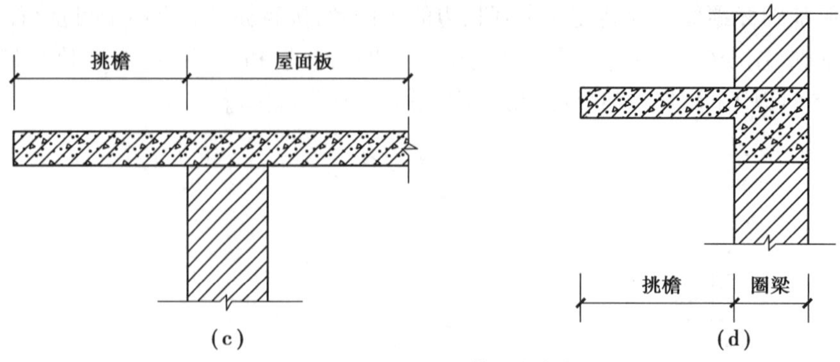

图 5.65　现浇挑檐天沟与板、梁的划分

⑫如图 5.66 所示，现浇有梁板中梁的混凝土强度与现浇板不一致，应分别计算梁、板工程量。现浇梁工程量乘以系数 1.06，现浇板工程量应扣除现浇梁所增加的工程量，执行相应有梁板定额子目。

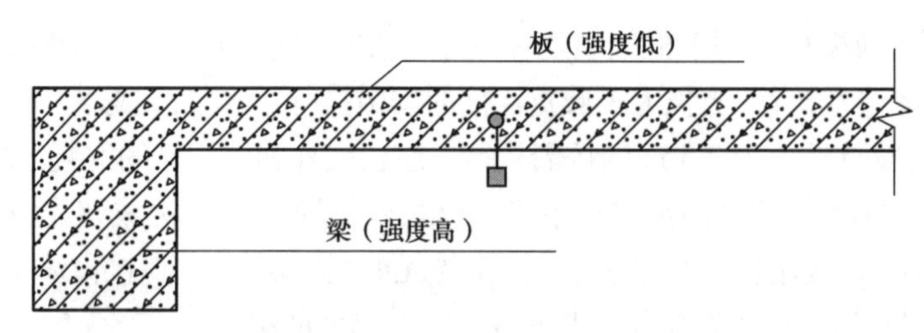

图 5.66　现浇有梁板中梁的混凝土强度与现浇板不一致

⑬凸出混凝土墙的中间柱，凸出部分如大于或等于墙厚的 1.5 倍者，其凸出部分执行现浇柱定额子目，如图 5.67 所示。

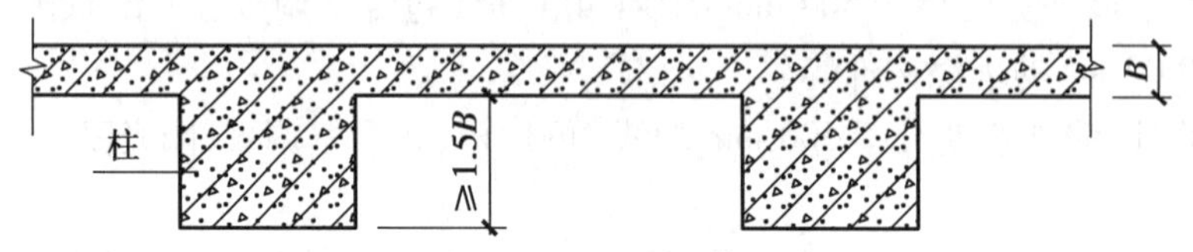

图 5.67　凸出混凝土墙的柱

⑭柱（墙）和梁（板）强度等级不一致时，有设计的按设计计算，无设计的按柱（墙）边 300 mm 距离加 45°角计算。如图 5.68 所示。

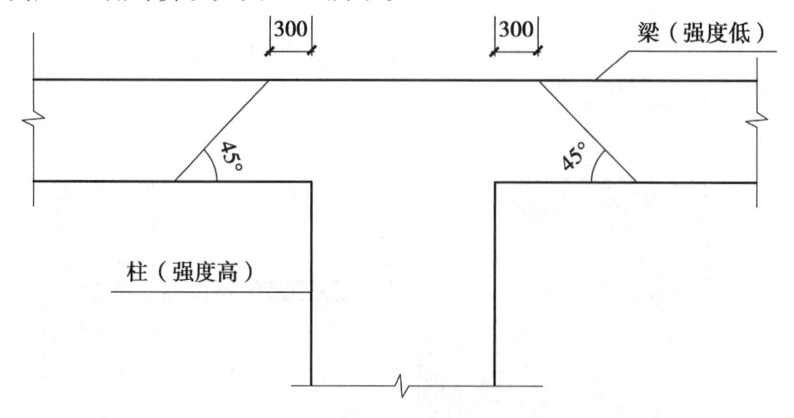

图 5.68　柱（墙）和梁（板）强度等级不一致

⑮散水、台阶、防滑坡道的垫层执行楼地面垫层子目,人工乘以系数1.2。

(4)预制构件

①零星构件定额子目适用于小型池槽、扶手、压顶、漏空花格、垫块和单件体积在0.05 m^3以内未列出子目的构件。

②预制板的现浇板带执行现浇零星构件定额子目。

(5)构件运输和安装

①本分部按构件的类型和外形尺寸划分为3类,分别按表5.13计算相应运输费用。

表5.13 构件分类

构件分类	构件名称
Ⅰ类	天窗架、挡风架、侧板、端壁板、天窗上下档及单体积在0.1 m^3以内的小构件。预制水磨石窗台板、隔断板、池槽、楼梯踏步、花格等
Ⅱ类	空心板、实心板、屋面板、梁、吊车梁、楼梯段、槽板、薄腹梁等
Ⅲ类	6 m以上至14 m梁、板、柱,各类屋架、桁架、托架等

②零星构件安装子目适用于单体小于0.1 m^3的构件安装。

③空心板堵孔的人工、材料已包括在接头灌缝项目内。如不堵孔时,应扣除项目中堵孔材料(预制混凝土块)和堵孔人工每10 m^3空心板2.2工日。

④大于14 m的构件运输、安装费用根据设计和施工组织设计按实计算。

2)柱

柱的工程量按设计断面尺寸乘以柱高以立方米计算。

(1)基础

①无梁式满堂基础,其倒转的柱头(帽)并入基础计算,肋形满堂基础的梁、板合并计算,如图5.69所示。

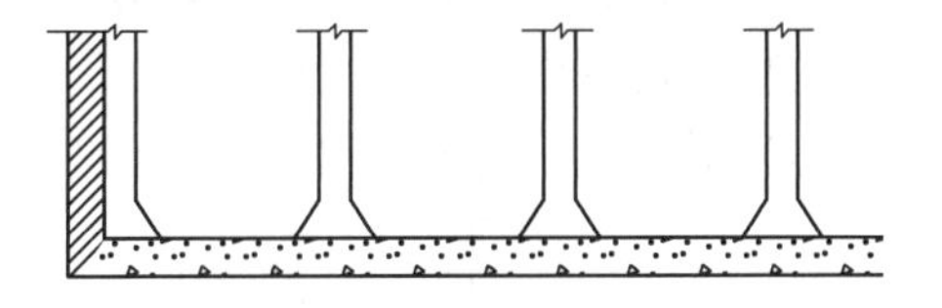

图5.69 无梁式满堂基础

②有肋带形基础,肋高与肋宽之比在5∶1以上时,肋与带形基础应分别计算。

③箱式基础(图5.70)应按满堂基础(底板)、柱、墙、梁、板(顶板)分别计算。

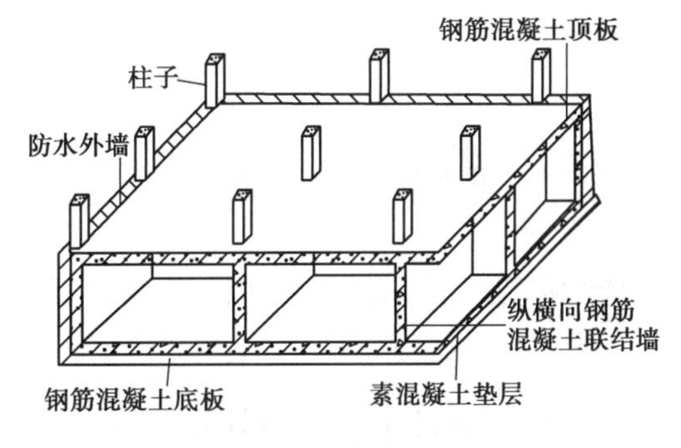

图5.70 箱式基础

④框架式设备基础应按基础、柱、梁、板分别计算。

⑤计算混凝土承台工程量时(图5.71),不扣除伸入承台基础的桩头所占体积。

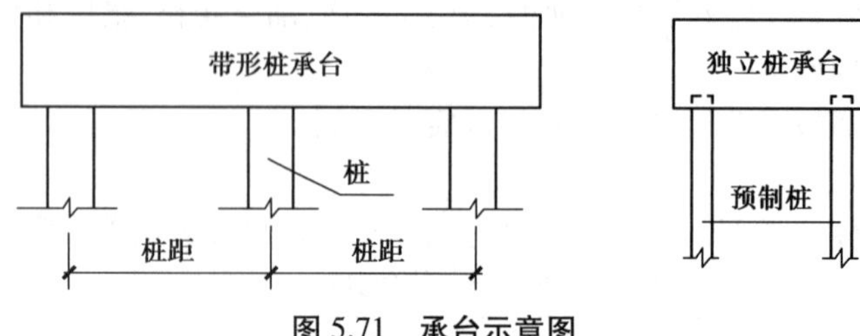

图5.71　承台示意图

(2)柱高的计算规定

①有梁板的柱高(图5.72),应以柱基上表面(或梁板上表面)至上一层楼板上表面高度计算。

②无梁板的柱高(图5.73),应以柱基上表面(或梁板上表面)至柱帽下表面高度计算。

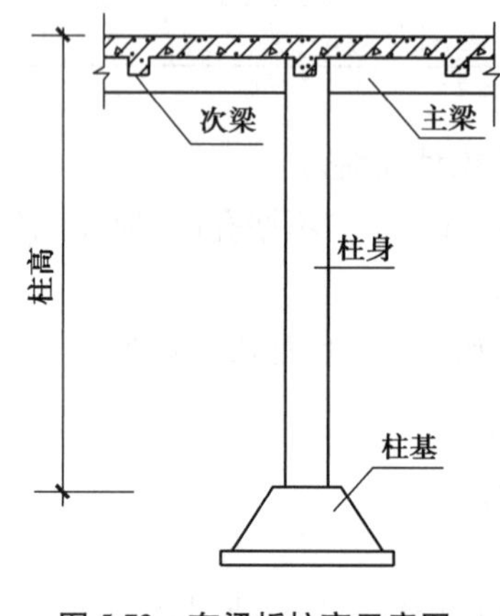

图5.72　有梁板柱高示意图

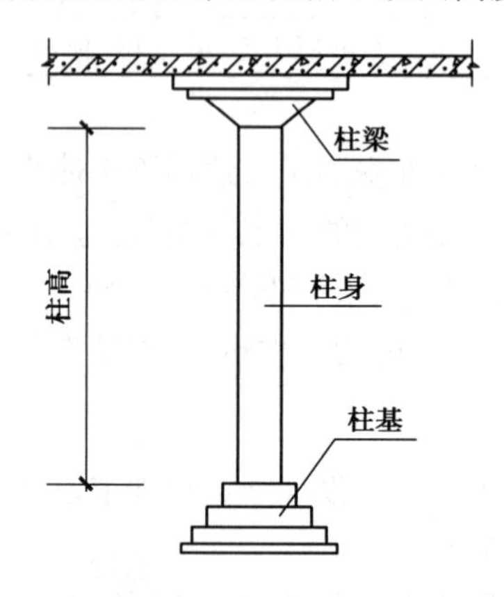

图5.73　无梁板柱高示意图

③有楼隔层的柱高,应以柱基上表面至梁上表面高度计算。

④无楼隔层的柱高,应以柱基上表面至柱顶高度计算。

⑤附属于柱的牛腿(图5.74),并入柱身体积内计算。

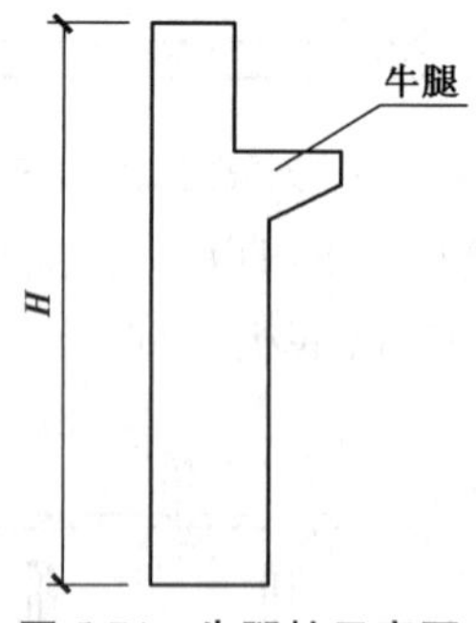

图5.74　牛腿柱示意图

(3)构造柱

构造柱(图5.75)应包括"马牙槎"的体积在内,以立方米计算。

3)梁

梁的工程量按设计断面尺寸乘以梁长以立方米计算。

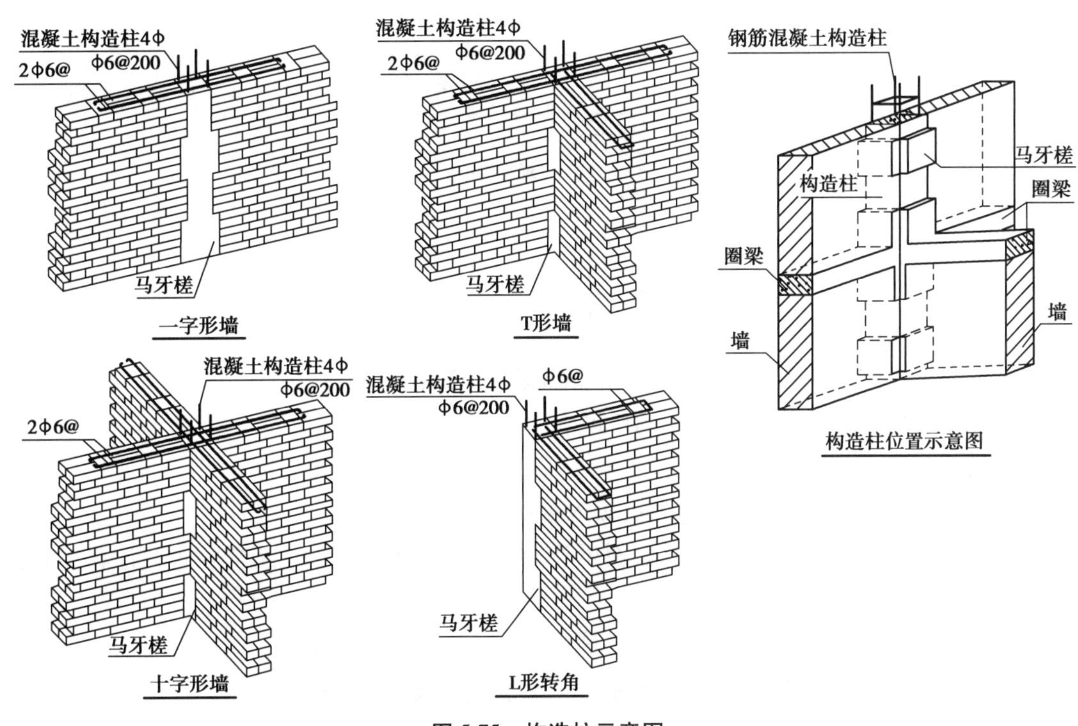

图 5.75 构造柱示意图

①梁与柱(墙)连接时,梁长算至柱侧面。

②次梁与主梁连接时,次梁长算至主梁侧面,如图 5.76、图 5.77 所示。

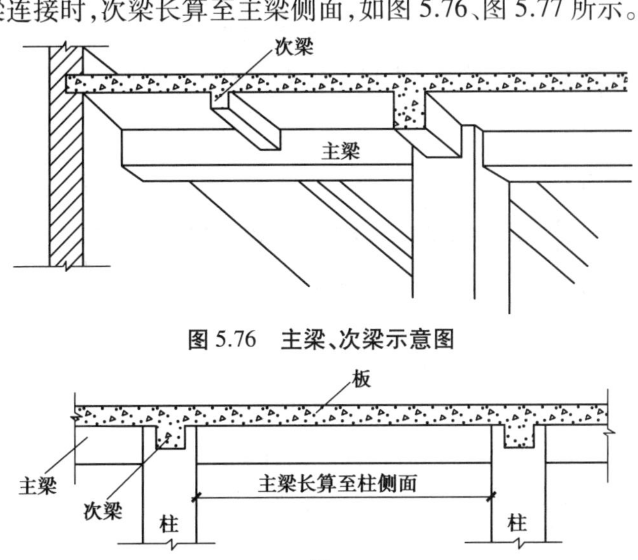

图 5.76 主梁、次梁示意图

图 5.77 主梁、次梁长度计算示意图

③伸入墙内的梁头、梁垫体积并入梁体积内计算,如图 5.78 所示。

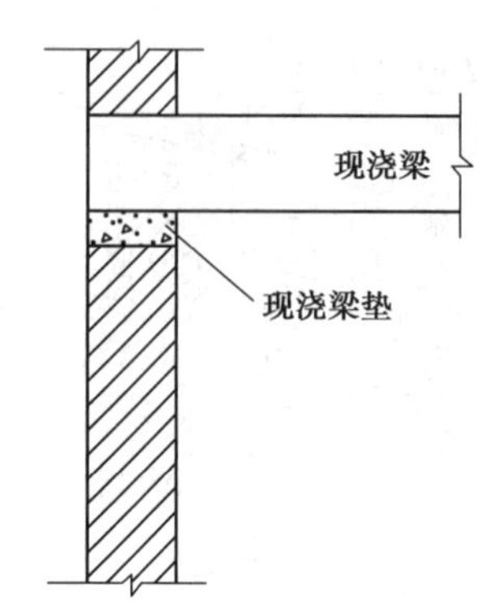

图 5.78　现浇梁垫示意图

④梁的高度算至梁顶,不扣除板的厚度。

4)板

板的工程量按设计面积乘以板厚以立方米计算。

①有梁板是指梁(包括主梁、次梁,圈梁除外)、板构成整体,其梁、板体积合并计算,如图 5.79 所示。

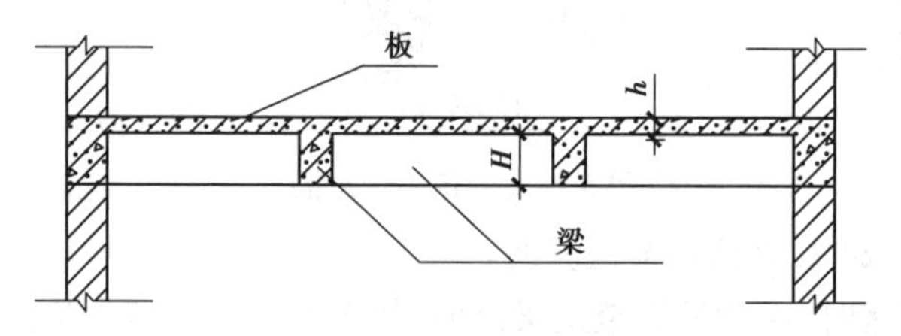

图 5.79　有梁板示意图

②无梁板是指不带梁(圈梁除外)直接用柱支撑的板,其柱头(帽)的体积并入楼板内计算,如图 5.80 所示。

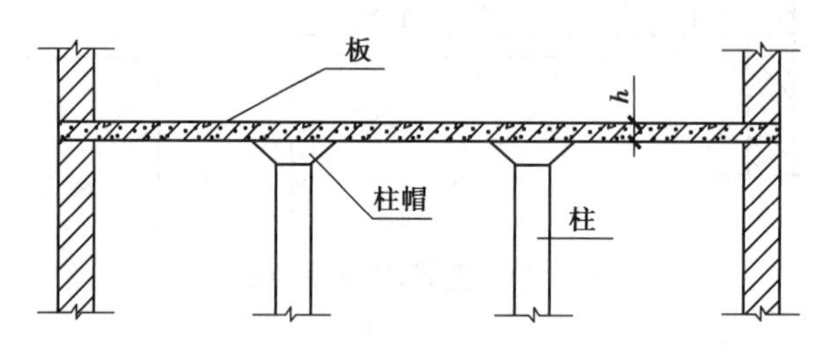

图 5.80　无梁板示意图

③各类板伸入砌体墙内的板头并入板体积内计算。

④复合空心板应扣除空心楼板筒芯、箱体等所占体积。

⑤薄壳板的肋、基梁并入薄壳体积内计算。

5)墙

混凝土墙按设计中心线长度乘以墙高并扣除单个孔洞面积大于 0.3 m^2 以上的体积以立方米计算。

①与混凝土墙同厚的暗柱(梁)并入混凝土墙体积计算。

②墙垛与突出部分并入墙体工程量内计算。

6)其他

①整体楼梯(包括休息平台、平台梁、斜梁及楼梯的连接梁)按水平投影面积计算,不扣除宽度小于500 mm的楼梯井,伸入墙内部分也不增加。当整体楼梯与现浇楼层板无梯梁连接时,以楼梯的最后一个踏步边缘加300 mm为界,如图5.81所示。

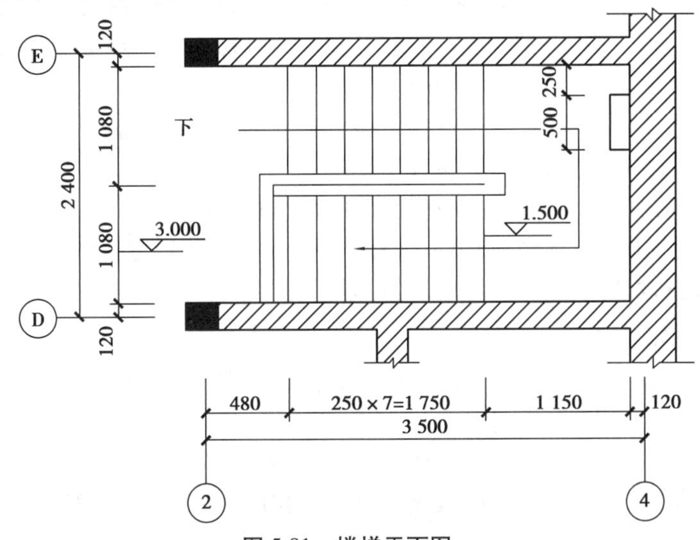

图5.81 楼梯平面图

②弧形楼梯(包括休息平台、平台梁、斜梁及楼梯的连接梁)以水平投影面积计算。

③台阶混凝土按实体体积以立方米计算,台阶与平台连接时,应算至最上层踏步外沿加300 mm。

④栏板、栏杆工程量以立方米计算,伸入砌体墙内部分合并计算。

⑤雨篷(悬挑板)按水平投影面积计算,挑梁、边梁的工程量并入折算体积内。

⑥原槽(坑)浇筑混凝土垫层、满堂(筏板)基础、桩承台基础、基础梁时,混凝土工程量按设计周边(长、宽)尺寸每边增加20 mm计算;原槽(坑)浇筑混凝土带形、独立、杯形、高杯(长颈)基础时,混凝土工程量按设计周边(长、宽)尺寸每边增加50 mm计算。

⑦楼地面垫层按设计图示尺寸以体积计算,应扣除凸出地面的构筑物、设备基础、室外铁道、地沟等所占的体积,但不扣除柱、剁、间壁墙、附墙烟囱及面积≤0.3 m^2孔洞所占的面积,而门洞、空圈、暖气包槽、壁龛的开口部分面积也不增加。

⑧散水、防滑坡道按设计图示尺寸水平投影面积计算。

7)现浇混凝土构件模板

现浇混凝土构件模板工程量的分界规则与现浇混凝土构件工程量分界规则一致,其工程量的计算除本章另有规定者外,均按模板与混凝土的接触面积计算。

①独立基础高度从垫层上表面计算到柱基上表面。

②地下室底板按无梁式满堂基础模板子目计算。

③设备基础地脚螺栓套孔模板以不同长度以数量计算。

④构造柱均应按图示外露部分计算模板面积,构造柱与墙接触面不计算模板面积。带马牙槎构造柱的宽度按设计宽度每边另加150 mm计算。

⑤现浇钢筋混凝土墙、板上单孔面积≤0.3 m^2的孔洞不予扣除,洞侧壁模板也不增加,单孔面积> 0.3 m^2时,应予扣除,洞侧壁模板面积并入墙、板模板工程量内计算。

⑥柱与梁、柱与墙、梁与梁等连接重叠部分以及伸入墙内的梁头、板头与砖接触部分,均

不计算模板面积。

⑦现浇混凝土悬挑板、雨篷、阳台按图示外挑部分尺寸的水平投影面积计算。挑出墙外的悬臂梁及板边不另计算。

⑧现浇混凝土楼梯(包括休息平台、平台梁、斜梁和楼层板的连接的梁),按水平投影面积计算,不扣除宽度小于 500 mm 楼梯井所占面积,楼梯的踏步、踏步板、平台梁等侧面模板不另行计算,伸入墙内部分也不增加。当整体楼梯与现浇楼板无梯梁连接且无楼梯间时,以楼梯的最后一个踏步边缘加 300 mm 为界。

⑨混凝土台阶不包括梯带,按设计图示台阶尺寸的水平投影面积计算,台阶端头两侧不另计算模板面积;架空式混凝土台阶按现浇楼梯计算。

⑩空心楼板筒芯安装和箱体安装按设计图以立方米计算。

⑪后浇带的宽度按设计或经批准的施工组织设计(方案)规定宽度每边另加 150 mm 计算。

⑫零星构件按设计图示尺寸以立方米计算。

8)预制构件混凝土

混凝土的工程量按设计图示尺寸以立方米计算。不扣除构件内钢筋、螺栓、预埋铁件及单个面积小于 0.3 m^2的孔洞所占体积。

①空心板、空心楼梯段应扣除空洞体积,以立方米计算。

②混凝土和钢杆件组合的构件,混凝土按实体积以立方米计算,钢构件按金属工程章节中相应子目计算。

③预制漏空花格以折算体积计算:每 10 m^2 漏空花格折算为 0.5 m^3 混凝土。

④通风道、烟道按设计图示尺寸以立方米计算,不扣除构件内钢筋、螺栓、预埋铁件及单个面积≤300 mm×300 mm 的孔洞所占体积,扣除通风道、烟道的孔洞所占体积。

9)构件运输和安装

①预制混凝土构件制作、运输及安装损耗率,按下列规定计算后并入构件工程量内:制作废品率:0.2%;运输堆放损耗:0.8%;安装损耗:0.5%。其中预制混凝土屋架、桁架、托架及长度在 9 m 以上的梁、板、柱不计算损耗率。

②预制混凝土工字形柱、矩形柱、空腹柱、双肢柱、空心柱、管道支架,均按柱安装计算。

③组合屋架安装以混凝土部分实体体积分别计算安装工程量。

④定额中就位预制构件起吊运输距离,按机械起吊中心回转半径 15 m 以内考虑,超出 15 m 时,按实计算。

⑤构件采用特种机械吊装时,增加费按以下计算:本定额中预制构件安装机械是按现有的施工机械进行综合考虑的,除定额允许调整者外不得变动。经批准的施工组织设计必须采用特种机械吊装构件时,除按规定编制预算外,采用特种机械吊装的混凝土构件综合按 10 m^3另增加特种机械使用费 0.34 台班,列入定额基价。凡因施工平衡使用特种机械和已计算超高人工、机械降效费的工程,不得计算特种机械使用费。

柱混凝土计算

现浇梁混凝土工程量计算

板混凝土工程量计算

5.6.2 混凝土及模板工程量计算案例

【例 5.16】 如图 5.82 所示构造柱采用商品混凝土,已知墙宽均为 240 mm,构造柱图示尺寸为 240 mm×240 mm,柱高为 3.5 m,求构造柱混凝土工程量及工程费。

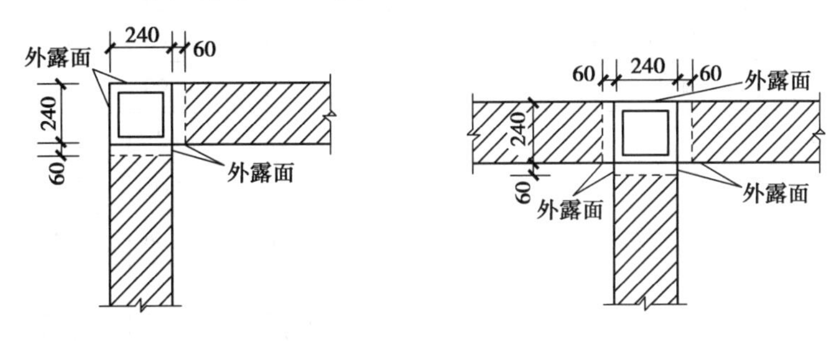

图 5.82 构造柱示意图

【解】 (1)构造柱工程量计算

$V_1=(0.24\times0.24+0.24\times0.03\times2)\times3.5=0.252(\mathrm{m}^3)$

$V_2=(0.24\times0.24+0.24\times0.03\times3)\times3.5=0.277(\mathrm{m}^3)$

$V=0.252+0.277=0.529(\mathrm{m}^3)$

(2)计算工程费(表 5.14)

定额编码:AE0031;

定额计量单位:10 m^3;

定额基价:4 250.74 元;

根据题意,该定额无须换算,所以其工程费为:

4 250.74×0.529/10=224.86(元)

表 5.14 重庆市建筑工程定额计价表

E.1.2.5 构造柱(编码:010502002)

工作内容:1.自拌混凝土:搅拌混凝土、水平运输、浇捣、养护等。

2.商品混凝土:浇捣、养护等。

计量单位:10 m^3

定额编号			AE0030	AE0031
项目名称			构造柱	
			自拌混凝土	商品混凝土
费用	综合单价/元		5 108.01	4 250.74
	其中	人工费/元	1 555.95	1 054.55
		材料费/元	2 745.35	2 766.25
		施工机具使用费/元	122.43	—
		企业管理费/元	426.14	267.75
		利润/元	232.96	146.37
		一般风险费/元	25.18	15.82

续表

	编码	名称	单位	单价/元	消耗量	
人工	000300080	混凝土综合工	工日	115.00	13.530	9.170
材料	800212040	混凝土 C30(塑、特、碎 5-31.5、坍 35-50)	m^3	264.64	9.797	—
	840201140	商品混凝土	m^3	266.99	—	9.847
	341100100	水	m^3	4.42	5.605	2.105
	341100400	电	kW·h	0.70	3.720	3.720
	850201030	预拌水泥砂浆 1∶2	m^3	398.06	0.303	0.303
	002000010	其他材料费	元	—	4.68	4.68
机械	990602020	双锥反转出料混凝土搅拌机 350 L	台班	226.31	0.541	—

【例 5.17】 如图 5.83 所示，计算图示预制 C30 带牛腿柱工程量及工程费。

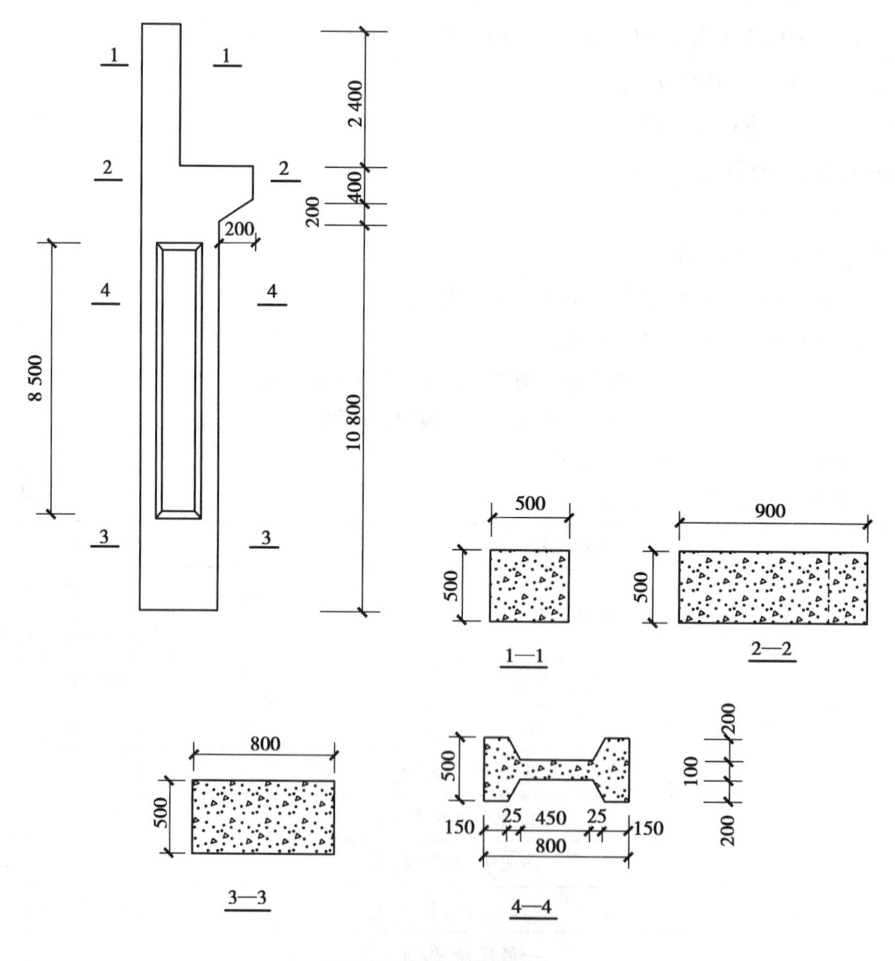

图 5.83　牛腿柱示意图

【解】 (1)牛腿柱工程量计算

$V=0.5\times0.5\times2.4+0.5\times0.9\times0.4+0.5\times0.85\times0.2+0.5\times0.8\times10.8-1/3\times0.2\times(0.45\times8.45+0.5\times8.5+\sqrt{0.45}\times8.45\times0.5\times8.5)\times2=3.57(m^3)$

(2)计算工程费(表5.15)

依据定额规则，附属于柱的牛腿，并入柱身体积内计算，所以应查套矩形柱定额。

定额编码：AE0210；

定额计量单位：10 m^3；

定额基价：4 346.22 元；

根据题意，该定额无须换算，所以其工程费为：

4 346.22×3.57/10=1 551.60(元)

表5.15 重庆市建筑工程定额计价表

E.4.1.1 矩形柱(编码：010509001)

工作内容：1.搅拌混凝土、水平运输、浇捣、养护。

2.起槽、场内运输、水平堆放。

计量单位：10 m^3

定额编号					AE0210
项目名称					矩形柱
费用	综合单价/元				4 346.22
	其中	人工费/元			959.10
		材料费/元			2 686.76
		施工机具使用费/元			219.75
		企业管理费/元			299.31
		利润/元			163.62
		一般风险费/元			17.68
	编码	名称	单位	单价/元	消耗量
人工	000300080	混凝土综合工	工日	115.00	8.340
材料	800206040	混凝土 C30(塑、特、碎5-31.5、坍10-30)	m^3	260.69	10.100
	341100100	水	m^3	4.42	10.210
	002000010	其他材料费	元	—	8.66
机械	990406010	机动翻斗车 1 t	台班	188.07	0.564
	990511020	皮带运输机 15 m×0.5 m	台班	287.06	0.221
	990602020	双锥反转出料混凝土搅拌机 350 L	台班	226.31	0.222

【例5.18】 计算附图首层有梁板(商品混凝土)混凝土工程量及工程费。

【解】 (1)有梁板工程量计算

①梁工程量计算：

$L_{外墙中心线}=(11.6-0.37)\times2+(6.5-0.37)\times2=34.72(m)$

$L_{内墙净长}=(6-0.12\times2)\times2+4.5-0.12\times2=15.78(m)$

$V_{370}=0.37\times0.5\times[(11.1-0.25\times2-0.4\times2)\times2+(6-0.5)\times2]=5.661(m^3)$

$V_{240}=0.24\times0.5\times[(6-0.25\times2-0.4)\times2+4.5-0.2\times2]=1.716(m^3)$

$V_{梁}=5.661+1.716=7.377(m^3)$

②板工程量：

$V_{板}=[(3.3-0.24)\times(6-0.24)\times2+(4.5-0.24)\times(3.9-0.24)]\times0.1=5.08(m^3)$

③有梁板工程量：

根据定额规定：现浇框架梁和现浇板连接在一起时按有梁板计算。

$V_{有梁板}=7.377+5.08=12.46(m^3)$

(2)计算工程费(表5.16)

定额编码：AE0042；

定额计量单位：10 m^3；

定额基价：3 266.89 元；

根据题意，该定额无须换算，所以其工程费为：

3 266.89×12.462/10=4 071.20(元)

表5.16　重庆市建筑工程定额计价表

E.1.5.1　有梁板(编码：010505001)

工作内容：1.自拌混凝土：搅拌混凝土、水平运输、浇捣、养护等。

2.商品混凝土：浇捣、养护等。

计量单位：10 m^3

定额编号					AE0041	AE0042
项目名称					有梁板	
					自拌混凝土	商品混凝土
费用	综合单价/元				4 148.58	3 266.89
	其中	人工费/元			849.85	348.45
		材料费/元			2 770.54	2 772.76
		施工机具使用费/元			129.08	2.57
		企业管理费/元			248.55	89.12
		利润/元			135.88	48.72
		一般风险费/元			14.68	5.27
	编码	名称	单位	单价/元	消耗量	
人工	000300080	混凝土综合工	工日	115.00	7.390	3.030
材料	800211040	混凝土 C30(塑、特、碎5-20、坍35-50)	m^3	266.56	10.100	—
	840201140	商品混凝土	m^3	266.99	—	10.150
	341100100	水	m^3	4.42	6.095	2.595
	341100400	电	kW·h	0.70	3.780	3.780
	002000010	其他材料费	元	—	48.70	48.70
机械	990602020	双锥反转出料混凝土搅拌机 350 L	台班	226.31	0.559	—
	990617010	混凝土抹平机 5.5 kW	台班	23.38	0.110	0.110

【例 5.19】 计算附图首层柱(商品混凝土)混凝土工程量及工程费。

【解】 (1)柱工程量计算

$V=(0.5\times0.5\times4+0.5\times0.4\times4+0.4\times0.4\times2)\times3.6=7.632(\text{m}^3)$

(2)计算工程费(表 5.17)

定额编码:AE0031;

定额计量单位:10 m^3;

定额基价:3 355.25 元;

根据题意,该定额无须换算,所以其工程费为:

$3\ 355.25\times7.632/10=2\ 560.73(元)$

表 5.17 重庆市建筑工程定额计价表

E.1.2.1 矩形柱(编码:010502001)

工作内容:1.自拌混凝土:搅拌混凝土、水平运输、浇捣、养护等。

2.商品混凝土:浇捣、养护等。 计量单位:10 m^3

定额编号					AE0022	AE0023
项目名称					矩形柱	
					自拌混凝土	商品混凝土
费用	综合单价/元				4 212.52	3 355.25
	其中	人工费/元			923.45	422.05
		材料费/元			2 740.23	2 761.13
		施工机具使用费/元			122.43	—
		企业管理费/元			265.55	107.16
		利润/元			145.17	58.58
		一般风险费/元			15.69	6.33
	编码	名称	单位	单价/元	消耗量	
人工	000300080	混凝土综合工	工日	115.00	8.030	3.670
材料	800212040	混凝土 C30(塑、特、碎 5-31.5、坍 35-50)	m^3	264.64	9.797	—
	840201140	商品混凝土	m^3	266.99	—	9.847
	850201030	预拌水泥砂浆 1:2	m^3	398.06	0.303	0.303
	341100100	水	m^3	4.42	4.411	0.911
	341100400	电	kW·h	0.70	3.750	3.750
	002000010	其他材料费	元	—	4.82	4.82
机械	990602020	双锥反转出料混凝土搅拌机 350 L	台班	226.31	0.541	—

【例 5.20】 计算附图构造柱(商品混凝土)混凝土工程量及工程费。

【解】 (1)构造柱工程量计算

$V=(0.24\times0.24+0.24\times0.03\times2)\times0.54\times8=0.311(m^3)$

(2)计算工程费(表 5.14)

定额编码:AE0031;

定额计量单位:10 m^3;

定额基价:4 250.74 元;

根据题意,该定额无须换算,所以其工程费为:

4 250.74×0.311/10=132.20(元)

【例 5.21】 计算教材附图工程压顶(商品混凝土)工程量及工程费。

【解】 (1)压顶工程量计算

____

____

____

____

(2)计算工程费

思考:定额中压顶应查套哪一个定额,为什么?

定额编码:________

定额计量单位:________

定额基价:________

工程直接费计算:

____

____

____

【例 5.22】 计算教材附图工程过梁(预制混凝土)工程量及工程费。

【解】 (1)过梁工程量计算

____

____

____

____

(2)计算工程费

定额编码:________

定额计量单位:________

定额基价:________

工程直接费计算:

____

____

____

5.6.3 钢筋工程量计算规则与方法

1)一般规则

①钢筋子目是按绑扎、电焊(除电渣压力焊和机械连接外)综合编制的,实际施工不同时,不作调整。

②钢筋的施工损耗和钢筋除锈用工,已包括在定额子目内,不另计算。

③现浇构件中固定钢筋位置的支撑钢筋、双(多)层钢筋用的铁马(垫铁)按现浇钢筋子目执行。

④机械连接综合了直螺纹和锥螺纹连接方式,均执行机械连接定额子目。该部分钢筋不再计算搭接损耗。

⑤弧形钢筋按相应定额子目人工乘以系数1.20。

2)计算方法

①钢筋、铁件工程量按设计图示钢筋长度乘以单位理论质量以吨计算。

a.长度:按设计图示长度(钢筋中轴线长度)计算。

b.钢筋的搭接(接头)数量,按设计图示及规范计算,设计图示及规范未标明的,以构件的单根钢筋确定,水平钢筋直径10以内按每12 m长计算一个接头;直径10以上按每9 m长计算一个搭接(接头)。竖向钢筋搭接(接头),当层高在9 m以内时按自然层计算一个接头,当层高大于9 m时,另按直径10以内每12 m或直径100以上每9 m长增加计算一个接头数量。

c.钢筋搭接(接头)长度,按设计图示及规范计算。

d.分布筋、箍筋等设计以间距标注的,钢筋根数以间距数(向上取整)加1计算。

e.箍筋长度按箍筋中轴线周长加23.8d(含平直段10d)弯钩长度计算,设计平直段长度不同时允许调整。

②机械连接、电渣压力焊接头以个计算。

③植筋连接以个计算。

④预制构件的吊钩并入相应钢筋工程量。

⑤现浇构件中同定钢筋位置的支撑钢筋、双(多)层钢筋用的铁马(垫铁),设计或规范有规定的,按设计或规范计算;设计或规范无规定的,按批准的施工组织设计(方案)计算。

⑥钢筋质量计算。

a.钢筋理论质量:

$$钢筋理论质量 = 钢筋长度 \times 每米质量$$

式中 每米质量$=0.006\ 165d^2$;

d——以mm为单位的钢筋直径。

b.钢筋工程量:

钢筋工程量=钢筋分规格长×分规格每米质量

5.6.4 钢筋工程量计算案例

【例 5.23】 某建筑楼层框架梁配筋如图 5.84 所示，柱的截面尺寸为 400 mm×400 mm，柱、梁混凝土标号均为 C25，柱与柱的中心线轴线尺寸均为 3 600 mm，钢筋连接方式为电渣压力焊，一级抗震。计算该框架梁钢筋工程量及工程费用。

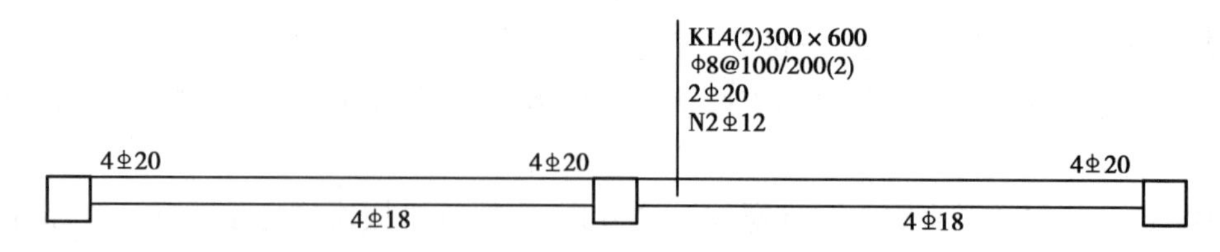

图 5.84 梁钢筋配筋图

【解】 (1)梁钢筋工程量计算

依据平法图集，通常情况下梁的钢筋有：

上：上部通长筋

中：侧面纵向钢筋-构造或抗扭

下：下部钢筋(通长筋或不通长)

左：左支座钢筋

跨中：架立钢筋或跨中钢筋

右：右支座钢筋

箍筋及拉筋

附加钢筋：吊筋、次梁加筋、加腋钢筋

计算方法为：

①上通长筋计算。

公式：长度=净跨长+左支座锚固+右支座锚固

左、右支座锚固长度的取值判断：

当 h_c-保护层(直锚长度)>L_{aE}时，取 Max(L_{aE},$0.5h_c+5d$)；

当 h_c-保护层(直锚长度) ≤L_{aE}时，必须弯锚，弯锚长度：

h_c-保护层+$15d$。

h_c 为柱直径 400 mm，确定 C25 梁的钢筋保护层为 25 mm，h_c-保护层=375 mm，一级抗震结构 C25 钢筋直径小于≤25 时，$L_{aE}=38d=38\times20$ mm=760 mm，由于直锚长度(375 mm)<抗震锚固长度(760 mm)，因此必须弯锚，弯锚长度为：h_c-保护层+$15d=400-25+15\times20=$ 675 mm。

直径 20 的梁上通长筋长度计算：

L =净跨长+左支座锚固+右支座锚固

$=3.6\times2-0.4+0.675\times2$

$=8.15$(m)

$N=2$

②下部通长筋计算。

公式:长度=净跨长+左支座锚固+右支座锚固

左、右支座锚固同上

该框架梁没有下部通长筋

③左、右支座负筋的计算。

第一排长度=左或右支座锚固+净跨长/3

第二排长度=左或右支座锚固+净跨长/4

左、右支座锚固同上

$L=$ ____________________

____

____

____

$N=$ ____________________

参考答案:$L=1.742$ m　$N=4$ 根

④中间支座负筋长度计算。

第一排长度=2×max(第一跨,第二跨)净跨长/3+支座宽

第二排长度=2×max(第一跨,第二跨)净跨长/4+支座宽

请根据图5.84完成梁中间支座负筋的长度计算:

$L=$ ____________________

____

____

____

$N=$ ____________________

参考答案:$L=2.533$ m　$N=2$ 根

⑤侧面纵向构造或抗扭钢筋的计算。

构造筋长度=净跨长+2×15d

抗扭筋长度=净跨长+2×锚固长度

左、右支座锚固同前

请根据图5.84完成梁抗扭钢筋的长度计算:

$L=$ ____________________

____

____

$N=$ ____________________

参考答案:$L=7.91$ m　$N=2$ 根

⑥拉筋的计算。

拉筋直径取值:梁宽≤350取6 mm,>350取8 mm

拉筋长度=梁宽-2×保护+2×1.9d+2×max(10d,75 mm)+2d

$$拉筋根数=\frac{净跨长-50\times2}{非加密间距\times2+1}\times排数$$

请根据图 5.84 完成梁拉筋的长度计算：

$L_{单根长}=$ ______________________________

____

$N=$ ______________________________

$L=L_{单根长}\times N=$ ______________________________

参考答案：$L_{单根长}=0.435$ m　$N=18$ 根

⑦下部钢筋长度计算。

公式：长度=净跨长+左支座锚固+右支座锚固

中间支座下部筋锚固长度=max$(0.5h_c+5d,L_{aE})$

端头锚固同上部通长钢筋锚固值计算

请根据图 5.84 完成梁下部钢筋的长度计算：

$L=$ ______________________________

____

$N=$ ______________________________

参考答案：$L=4.529$ m　$N=8$ 根

⑧箍筋计算。

长度=（梁宽 b−保护层×2+d×2）×2+（梁高 h−保护层×2+d×2）×2+1.9d×2+max（10d，75 mm）×2

$$单跨根数=\frac{左加密区长度-50}{加密间距+1}+\frac{非加密区长度}{非加密间距-1}+\frac{右加密区长度-50}{加密间距+1}$$

请根据图 5.84 完成梁箍筋的长度计算：

$L_{单根长}=$ ______________________________

____

$N=$ ______________________________

$L=L_{单根长}\times N=$ ______________________________

参考答案：$L_{单根长}=1.854$ m　$N=58$ 根

⑨现浇梁钢筋工程量计算。请根据以上计算结果区别不同钢筋直径完成钢筋长度汇总计算：

$L_8=$ ______________________________

$L_{12}=$ ______________________________

$L_{18}=$ ______________________________

$L_{20}=$ ______________________________

钢筋的单位理论质量计算为：

钢筋每米质量=0.006 165d^2（kg/m）；

d——以 mm 为单位的钢筋直径。

请根据以上计算公式完成钢筋单位米重计算：

G_6 = ______________________________

G_8 = ______________________________

G_{12} = ______________________________

G_{18} = ______________________________

G_{20} = ______________________________

最后，根据定额的规定，直径10以内、直径10以上以及箍筋分开计算，完成梁钢筋工程量计算：

直径10以内 $=L_8 \times G_8=$ ______________(t)

直径10以上 $=L_{12} \times G_{12}+L_{18} \times G_{18}+L_{20} \times G_{20}=$ ______________(t)

箍筋 $=L_8 \times G_8=$ ______________(t)

(2)计算工程费用(表5.18)

定额编码：AE0177、AE0178、AE0179；

定额计量单位：t；

定额基价：4 610.25、4 284.61、5 072.41元；

根据题意，该定额无须换算，所以其工程费为：

4 610.25×________+4 284.61×________+5 072.41×________=________(元)

表5.18 重庆市建筑工程定额计价表

E.3.1.1 **现浇构件钢筋(编码：010515001)**

工作内容：钢筋制作、水平运输、绑扎、安装、点焊。　　计量单位：t

定额编号			AE0177	AE0178	AE0179
项目名称			现浇钢筋		
			钢筋直径		箍筋
			φ10 mm以内	φ10 mm以上	
费用	综合单价/元		4 610.25	4 284.61	5 072.41
	其中	人　工　费/元	1 111.20	802.80	1 300.80
		材　料　费/元	3 014.33	3 079.76	3 184.87
		施工机具使用费/元	22.50	53.10	40.07
		企业管理费/元	287.85	217.31	340.45
		利　　润/元	157.36	118.80	186.11
		一般风险费/元	17.01	12.84	20.11

任务 5.7 金属结构工程

5.7.1 金属结构制作工程量计算规则与方法

1) 工程量计算一般规则

①本章钢构件制作项目适用于现场和加工厂制作的构件。

②金属结构的制作工程量按设计图示尺寸计算的理论质量以吨计算。不扣除单个面积≤0.3 m^2 的孔洞质量，焊缝、铆钉、螺栓(高强螺栓、花篮螺栓、剪力栓钉除外)等不另增加质量。钢板按几何图形的外接矩形计算(不扣除孔眼质量)。

③金属构件安装使用的高强螺栓、花篮螺栓和剪力栓钉按设计图示尺寸以数量以“套”为单位计算。

④喷砂除锈按金属结构的制作工程量以吨计算。抛丸除锈按金属结构的面积以平方米计算。工程量按表 5.19 进行换算。

表 5.19 金属面工程量系数表

项目名称	系数	工程量计算方法
钢屋架、天窗架、挡风架、屋架梁、支撑、檩条	38.00	质量/t
墙架(空腹式)	19.00	
墙架(格板式)	31.16	
钢柱、吊车梁、花式梁、柱、空花构件	23.94	
操作台、走台、制动梁、钢梁车挡	26.98	
钢栅栏门、栏杆、窗栅	64.98	
钢爬梯	44.84	
轻型屋架	53.96	
踏步式钢扶梯	39.90	
零星铁件	50.16	

2) 钢网架

钢网架计算工程量时，不扣除孔洞眼的质量，焊缝、铆钉等不另增加质量。焊接空心球网架质量包括链接钢管杆件、连接球、支托和网架支座等零件的质量，螺栓球节点网架质量包括连接钢管杆件(含高强螺栓、销子、套筒、锥头或封板)、螺栓球、支托和网架支座等零件的质量。

3) 钢柱

①钢柱分为实腹钢柱、空腹钢柱、钢管柱 3 类。其中，实腹钢柱是指 H 形、箱形、T 形、L 形、十字形等，空腹钢柱是指格构型等，如图 5.85 所示。

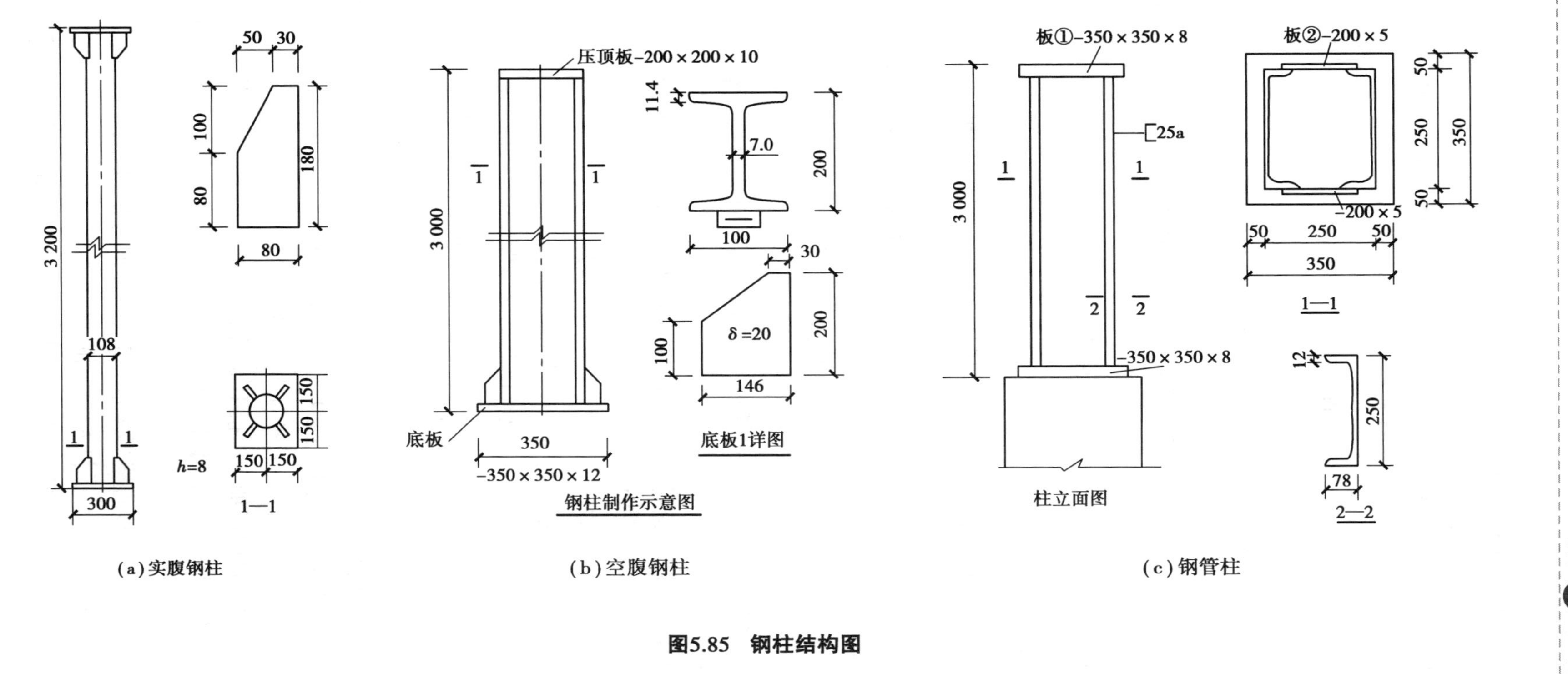

3 200
108
300
1
1
50
30
100
80
180
80
150
150
150
150
h=8
1—1
(a)实腹钢柱
压顶板-200×200×10
3 000
1
1
底板
350
-350×350×12
钢柱制作示意图
11.4
7.0
200
100
30
δ=20
100
200
146
底板1详图
(b)空腹钢柱
板①-350×350×8
[25a
3 000
1
1
2
2
-350×350×8
柱立面图
板②-200×5
50
250
350
50
-200×5
50
250
50
350
1—1
12
250
78
2—2
(c)钢管柱

图5.85 钢柱结构图

②依附在钢柱上的牛腿及悬臂梁的质量并入钢柱的质量内,钢柱上的柱脚板、加劲板、柱顶板、隔板和肋板并入钢柱工程内。

③钢管柱上的节点板、加强环、内衬环、牛腿等并入钢管柱工程量内。

4)钢墙架

计算钢墙架制作工程量时,应包括墙架柱、墙架梁及连系拉杆主材质量。

5)钢楼梯

①钢楼梯的工程量包括楼梯平台、楼梯梁、楼梯踏步等的质量,钢楼梯上的扶手、栏杆另行列项计算。

②钢平台的工程量包括钢平台的柱、梁、板、斜撑的质量,依附于钢平台上的钢扶梯及平台栏杆应按相应构件另行列项计算。

③钢栏杆包括扶手的质量,合并执行钢栏杆子目。

5.7.2 计价说明

①构件制作定额子目已包括加工厂预装配所需的人工、材料、机械台班用量及预拼装平台摊销费用。

②构件制作包括分段制作和整体预装配的人工、材料及机械台班用量,整体预装配用的螺栓,已包括在定额子目内。

③本章除注明外,均包括现场内(工厂内)的材料运输、下料、加工、组装及成品堆放等全部工序。

④构件制作定额子目中钢材的损耗量已包括了切割和制作损耗,对设计有特殊要求的,消耗量可进行调整。

⑤构件制作定额子目中钢材按钢号 Q235 编制,构件制作设计使用的钢材强度等级、型材组成比例与定额不同时,可按设计图纸进行调整,用量不变。

⑥钢筋混凝土组合屋架的钢拉杆,执行屋架钢支撑子目。

⑦钢制动梁、钢制动板、钢车挡套用钢吊车梁相应子目。

⑧加工铁件(自制门闩、门轴等)及其他零星钢构件(单个构件质量在 25 kg 以内)执行零星钢构件子目,混凝土柱与柱、柱与梁、梁与梁之间连接的型钢连接件、U 形踏步等制作安装以及需埋入混凝土中的铁件及螺栓执行"第五章 混凝土及钢筋混凝土工程"相应子目。

⑨本章钢栏杆仅适用于工业厂房平台、操作台、钢楼梯、钢走道板等与金属结构相连的栏杆,民用建筑钢栏杆执行本定额楼地面装饰工程章节中相应子目。

⑩混凝土柱上的钢牛腿制作执行零星钢构件定额子目。

⑪地沟、电缆沟钢盖板执行零星钢构件相应定额子目。

⑫构件制作定额子目中自加工焊接 H 形等钢构件均按钢板加工焊接编制,如实际采用成品 H 型钢的,人工、机械及除钢材外的其他材料乘以系数 0.6,成品 H 型钢按成品价格进行调差。

⑬钢桁架制作定额子目按直线形编制,如设计为曲线形、折线形时,其制作定额子目人工、机械乘以系数 1.3,安装定额子目人工、机械乘以系数 1.2。

⑭整座网架质量<120 t,其相应定额子目人工、机械消耗量乘以系数 1.2。

⑮不锈钢螺栓球网架制作执行焊接不锈钢钢架制作定额子目。

⑯定额中圆(方)钢管构件按成品钢管编制,如实际采用钢板加工而成的,主材价格调整,加工费另计。

⑰型钢混凝土组合结构中的钢构件套用本章相应定额子目,制作定额子目人工、机械乘以系数1.15。

⑱弧形钢构件子目按相应定额子目的人工、机械费乘以系数1.2。

⑲本章构件制作定额子目中,不包括除锈工作内容,发生时执行相应子目。其中喷砂或抛丸除锈定额子目按Sa2.5级除锈等级编制,如设计为Sa3级则定额乘以系数1.1,设计要求按Sa2或Sa1级则定额乘以系数0.75。手工除锈定额子目按St3除锈等级编制,如设计为St2级则定额乘以系数0.75。

⑳本章构件制作定额子目中,不包括油漆、防火涂料的工作内容,如设计有防腐、防火要求时按"第十四章 油漆、涂料、裱糊工程"的相应子目执行。

㉑钢通风气楼、钢风机架制作安装套用钢天窗架相应定额子目。

㉒钢构件制作定额未包含表面镀锌费用,发生时另行计算。

㉓钢支撑包括柱间支撑(图5.86)、屋面支撑、系杆、拉条、撑杆、隅撑等;钢天窗架包括钢天窗架、钢通风气楼、钢风机架。其中钢天窗架及钢通风气楼上C、Z型钢套用钢檩条子目,一次性成型的成品通风架另行计算。

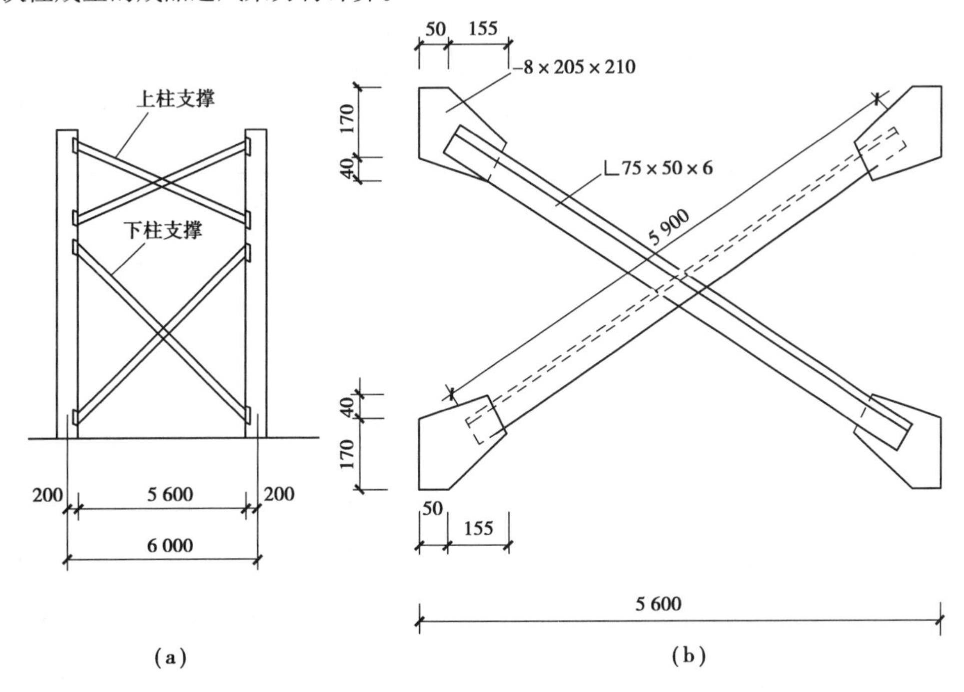

图5.86 钢间支撑结构图

㉔柱间、梁间、屋架间的H形或箱形钢支撑,执行相应的钢柱或钢梁制作定额子目;墙架柱、墙架梁和相配套连接杆件执行钢墙架相应定额子目。

㉕钢支撑(钢拉条)制作不包括花篮螺栓,设计采用时,花篮螺栓按相应定额子目执行。

㉖钢格栅如果采用成品格栅,制作人工、辅材及机械乘以系数0.6。

㉗不锈钢天沟、彩钢板天沟展开宽度为600 mm,如实际展开宽度与定额不同时,板材按

比例调整，其他不变。

㉘构件制作子目中不包括施工企业按质量验收规范要求所需的磁粉探伤、超声探伤等检测费。

㉙天沟支架制作套用钢檩条相应定额子目。

㉚檐口端面封边、包角页适用于雨棚等处的封边、包角。

㉛屋脊盖板封边、包角子目内已包括屋脊托板含量，如屋脊托板使用其他材料，则屋脊盖板含量应做调整。

钢柱计量与计价

㉜金属构件成品价包含金属构件制作工厂底漆及场外运输费用。金属构件成品价中未包括安装现场油漆、防火涂料的工料。

㉝构件制作工作内容包括制作、放样、划线、材料、平直、钻孔、拼装、焊接、成品矫正、成品编号堆放。

5.7.3 工程量计算及计价案例分析

【例 5.24】 有 5 根成品钢梁，单根长 10 m，截面尺寸为 H500×200×10×16，成品已包含防锈漆。请计算钢梁工程量及工程直接费。（提示：工字钢的尺寸含义为：截面高×截面宽×腹板厚×翼缘厚。）

表 5.20 重庆市房屋建筑与装饰工程定额计价表钢梁摘录

F.1.4.1 **钢梁（编码：010604001）**

工作内容：制作：放样、划线、裁料、平直、钻孔、拼装、焊接、成品矫正、成品编号堆放。

安装：放线、卸料、检验、划线、构件拼装、加固、翻身就位、绑扎吊装、校正、焊接、固定、补漆、清理等。

计量单位：t

定额编号					AF0040	AF0041	AF0042	AF0043	AF0044	AF0045
项目名称					自加工焊接H型钢梁	自加工焊接箱形钢梁	钢梁			
							1.5 t以内	3 t以内	8 t以内	15 t以内
					制作		安装			
费用	综合单价/元				6 300.45	5 963.35	940.37	754.50	733.75	892.93
	其中	人工费/元			1 450.80	1 131.60	286.80	251.88	193.56	220.56
		材料费/元			3 549.07	3 508.57	144.99	127.81	110.44	123.65
		施工机具使用费/元			503.72	612.22	278.22	193.31	249.23	325.92
		企业管理费/元			496.25	442.76	143.46	113.03	112.42	138.75
		利润/元			271.29	242.04	78.42	61.79	61.46	75.85
		一般风险费/元			29.32	26.16	8.48	6.68	6.64	8.20
	编码	名称	单位	单价/元	消耗量					
人工	000300160	金属制安综合工	工日	120.00	12.090	9.430	2.390	2.099	1.613	1.838

续表

	编码	名称	单位	单价/元	消耗量					
材料	010000120	钢材	t	2 957.26	1.096	1.080	—	—	—	—
	031350820	低合金钢焊条 E43 系列	kg	5.98	16.950	16.950	3.461	2.163	1.854	2.163
	032130010	铁件 综合	kg	3.68	—	—	7.344	7.344	3.672	5.304
	050303800	木材 锯材	m^3	1 547.01	—	—	0.012	0.012	0.012	0.012
	130102100	环氧富锌 底漆	kg	24.36	—	—	1.060	1.060	1.060	1.060
	002000010	其他材料费	元	—	206.55	213.37	52.88	43.46	41.45	46.81
机械	990309020	门式起重机 10 t	台班	430.32	0.450	—	—	—	—	—
	990309030	门式起重机 20 t	台班	604.77	—	0.340	—	—	—	—
	990304020	汽车式起重机 20 t	台班	968.56	—	—	0.234	0.156	0.221	—
	991302030	轨道平板车 10 t	台班	32.14	0.170	0.140	—	—	—	—
	990728020	摇臂钻床 钻孔直径 50 mm	台班	21.15	0.080	0.070	—	—	—	
	990732050	剪板机 厚度 40 mm×宽度 3 100 mm	台班	601.00	0.070	0.060	—	—	—	—
	990733020	板料校平机 厚度 16 mm×宽度 2 000 mm	台班	1 085.78	0.070	0.060	—	—	—	—
	990736020	刨边机 加工长度 12 000 mm	台班	539.06	0.080	0.070	—	—	—	—
	990749010	型钢剪板机 剪断宽度 500 mm	台班	260.86	0.010	0.010	—	—	—	—
	990751010	型钢矫正机 厚度 60 mm×宽度 800 mm	台班	233.82	0.010	0.010	—	—	—	—
	990901040	交流弧焊机 42 kV·A	台班	118.13	0.370	0.720	—	—	—	—
	990915010	自动埋弧焊机 500 A	台班	104.82	0.780	1.530	—	—	—	—
	990919010	电焊条烘干箱 45×35×45 cm^3	台班	17.13	0.660	0.660	—	—	—	—
	990901020	交流弧焊机 32 kV·A	台班	85.07	—	—	0.308	0.198	0.165	0.195
	990913020	二氧化碳气体保护焊机 500 A	台班	128.14	—	—	0.198	0.198	0.165	0.198
	990304036	汽车式起重机 40 t	台班	1 456.19	—	—	—	—	—	0.195

【解】 由题意可知：

- 钢梁的定额编号：AF0040；
- 钢梁的项目名称：自加工焊接 H 型钢梁制作；

- 钢梁的计量单位:t;
- 钢梁的工程量求解过程如下:

(1)钢梁工程量计算规则

制作工程量按设计图示尺寸计算的理论质量以吨计算。不扣除单个面积≤0.3 m^2 的孔洞质量,焊缝、铆钉、螺栓(高强螺栓、花篮螺栓、剪力栓钉除外)等不另增加质量。

(2)钢梁工程量计算

查H型钢理论重量表,H500×200×10×16的理论质量为89.6 kg/m。

钢梁工程量=89.6×10×5

=896×5

=4.48(t)

(3)钢梁的工程费

根据定额表,其工程费为:

钢梁工程费=6 300.45×4.48=28 226.02(元)

5.7.4 构件运输及安装工程量计算规则与方法,以及计价说明

1)预制混凝土构件

①预制混凝土构件运输及安装,均按构件图示尺寸以实体积计算。其损耗率按下列规定计算后并入构件工程量内:制作废品率0.2%;运输堆放损耗率0.8%;安装损耗0.5%。其中预制混凝土屋架、桁架、托架及长度在9 m以上的梁、板、柱不计算损耗率。

②定额中就位预制构件起吊运输距离,按机械起吊中心回转半径15 m以内考虑,超出15 m时,按实计算。

③预制混凝土构件按构件的类型和外形尺寸分3类(表5.21),分别计算相应运输费用。

表5.21 预制混凝土构件分类表

构件分类	构件名称
Ⅰ	天窗架、挡风架、侧板、端壁板、天窗上下档及单体积在0.1 m^3 以内的小构件; 隔断板、池槽、楼梯踏步、通风道、烟道、花格等
Ⅱ	空心板、实心板、屋面板、梁(含过梁)、吊车梁、楼梯段、薄腹梁等
Ⅲ	6 m以上至14 m梁、板、柱、各类屋架、桁架、托架等

④零星构件安装子目适用于单体小于0.1 m^3 的构件安装。

⑤空心板堵孔的人工、材料,已包括在接头灌缝子目内。如不堵孔时,应扣除子目中堵孔材料(预制混凝土块)和堵孔人工每10 m^3 空心板2.2工日。

⑥大于14 m的构件运输、安装费用根据设计和施工组织设计按实计算。

⑦预制混凝土工字形柱、矩形柱、空腹柱、双支柱、空心柱、管道支架,均按柱安装计算。

⑧组合屋架安装以混凝土部分实体体积分别计算安装工程量。

⑨构件采用特种机械吊装时,增加费按以下计算:本定额中预制构件安装机械是按现有的施工机械进行综合考虑的,除定额允许调整者外不得变动。经批准的施工组织设计必须采用特种机械吊装构件时,除按规定编制预算外,采用特种机械吊装的混凝土构件综合按10 m^3另增加特种机械使用费0.34台班,列入定额基价。凡因施工平衡使用特种机械和已计算超高人工、机械降效的工程,不再计算特种机械使用费。

⑩钢结构构件15 t及以下构件按单机吊装编制,15 t以上钢构件按双机抬吊考虑吊装机械,网架按分块吊装考虑配置相应机械,吊装机械配置不同时不予调整。但因施工条件限制需采用特大型机械吊装时,其施工方案经监理或业主批准后方可进行调整。

⑪预制混凝土构件运输工作内容包括装车绑扎、运输、按规定地点卸车堆放、支垫稳固。

⑫预制混凝土构件安装工作内容包括:

a.构件翻身、就位、加固、安装、校正、垫实节点、焊接或紧固螺栓。

b.混凝土水平运输。

c.混凝土搅拌、捣固、养护。

2)金属结构构件

①钢构件的运输、安装工程量等于制作工程量。

②钢构件现场拼装平台摊销工程量按实施拼装构件的工程量计算。

③构件运输中已考虑一般运输支架的消费,不另计算。

④金属结构构件运输适用于重庆市范围内的构件运输(路桥费按实计算),超出重庆市范围的运输按实计算。

⑤金属结构构件运输按表5.22分类。

表5.22 金属结构构件分类表

构件分类	构件名称
Ⅰ	钢柱、屋架、托架、桁架、吊车梁、网架
Ⅱ	钢梁、型钢檩条、钢支撑、上下挡、钢拉杆、栏杆、盖板、篦子、爬梯、零星构件、平台、操纵台、走道休息台、扶梯、钢吊车梯台、烟囱紧固箍
Ⅲ	墙架、挡风架、天窗架、组合檩条、轻型屋架、滚动支架、悬挂支架、管道支架、其他构件

⑥单构件长度大于14 m的或特殊构件,其运输费用根据设计和施工组织设计按实计算。

⑦金属结构构件运输过程中,如遇路桥限载(限高)而发生的加固、拓宽的费用及有电车线路和公安交通管理部门的保安护送费用,应另行处理。

⑧金属结构构件安装工作内容包括放线、卸料、检验、划线、构件拼装、加固、翻身就位、绑扎吊装、校正、焊接、固定、补漆、清理等。

⑨钢结构安装定额子目中所列的铁件,实际施工用量与定额不同时,不允许调整。

⑩钢柱安装在混凝土柱上时执行钢柱安装相应子目,其中人工费、机械费乘以系数1.2,其余不变。

⑪混凝土柱上的钢牛腿安装执行零星钢构件定额子目。

⑫钢桁架安装定额子目按直线形编制,如设计为曲线、折线形时,其安装定额子目人工、机械乘以系数1.2。

⑬成品钢网架安装是按平面网格结构钢网架进行编制,如设计为筒壳、球壳及其他曲面结构的,其安装定额子目人工、机械乘以系数1.2。

⑭钢网架安装子目是按分体吊装编制的,若使用整体安装时,可另行补充。

⑮现场制作网架时,其安装按成品安装相应网架子目执行,扣除其定额中的成品网架材料费,其余不变。

⑯不锈钢螺栓球网架安装执行螺栓空心球网架安装定额子目,取消其定额中的油漆及稀释剂,同时安装人工减少0.2工日。

⑰钢通风气楼、钢风机架安装套用钢天窗架相应定额子目。

⑱柱间、梁间、屋架间的H型或箱形钢支撑,执行相应的钢柱安装定额子目。

⑲构件安装子目中不包括施工企业按质量验收规范要求所需的磁粉探伤等检测费。

⑳属施工单位承包范围内的金属结构构件由建设单位加工(或委托加工)交施工单位安装时,施工单位按以下规定计算:安装按构件安装定额基价(人工费+机械费)计取所有费用,并以相应制作定额子目的取费基数(人工费+机械费)收取税金和60%的企业管理费、规费。

㉑钢构件安装子目按檐高20 m以内、跨内吊装编制,实际须采用跨外吊装的,应按施工方案进行调整。

㉒钢构件安装子目中已考虑现场拼装费用,但未考虑分块或整体吊装的钢网架、钢桁架地面平台拼装摊销,如发生则执行现场拼装平台摊销定额子目。

㉓天沟支架安装套用钢檩条相应定额子目。

㉔金属构件安装工作内容包括构件拼装、加固、就位、吊装、校正、焊接、安装等全过程。

5.7.5 预制混凝土构件运输、安装定额编制及计价案例分析

1)空心板定额编制方法

预制混凝土构件运输及安装,均按构件图示尺寸,以实体积计算。其损耗率按下列规定计算后并入构件工程量内:制作废品率0.2%;运输堆放损耗率0.8%;安装损耗0.5%。其中预制混凝土屋架、桁架、托架及长度在9 m以上的梁、板、柱不计算损耗率。

空心板堵孔的人工、材料,已包括在接头灌缝子目内。如不堵孔时,应扣除子目中堵孔材料(预制混凝土块)和堵孔人工每10 m^3空心板2.2工日。

【例5.25】 根据施工图计算出的预应力空心板体积为2.78 m^3,计算空心板的运输、安装工程量(费用定额见表5.23、表5.24),并计算它们的工程费用(其中运距1 km)。

表 5.23 重庆市房屋建筑与装饰工程定额计价表构件运输摘录

E.7 构件运输

工作内容:装车绑扎、运输、按规定地点卸车堆放、支垫稳固。　　　　计量单位:10 m^3

					定额编号	AE0317	AE0318	AE0319	AE0320	AE0321	AE0322
		项目名称				Ⅰ类构件 汽车运输		Ⅱ类构件 汽车运输		Ⅲ类构件 汽车运输	
						1 km以内	每增加1 km	1 km以内	每增加1 km	1 km以内	每增加1 km
费用	综合单价/元					1 360.28	97.68	1 157.28	67.96	11 046.79	164.28
费用	其中	人工费/元				250.70	27.60	211.60	18.40	276.00	34.50
费用	其中	材料费/元				21.76	—	26.86	—	9 141.17	—
费用	其中	施工机具使用费/元				700.16	41.79	591.42	29.88	1 077.71	82.20
费用	其中	企业管理费/元				241.42	17.62	203.89	12.26	343.71	29.63
费用	其中	利润/元				131.98	9.63	111.46	6.70	187.89	16.20
费用	其中	一般风险费/元				14.26	1.04	12.05	0.72	20.31	1.75
	编码	名称	单位	单价/元		消耗量					
人工	000300010	建筑综合工	工日	115.00		2.180	0.240	1.840	0.160	2.400	0.300
材料	050303800	木材 锯材	m^3	1 547.01		0.010	—	0.010	—	0.020	—
材料	010502470	加固钢丝绳	kg	5.38		0.310	—	0.320	—	0.250	—
材料	330105700	基座板组成	件	4 273.00		—	—	—	—	2.130	—
材料	002000010	其他材料费	元	—		4.62	—	9.67	—	7.39	—
机械	990304001	汽车式起重机 5 t	台班	473.39		0.664	—	0.522	—	—	—
机械	990304012	汽车式起重机 12 t	台班	797.85		—	—	—	—	0.496	—
机械	990401025	载重汽车 6 t	台班	422.13		0.914	0.099	—	—	—	—
机械	990401030	载重汽车 8 t	台班	474.25		—	—	0.726	0.063	—	—
机械	990403020	平板拖车组 20 t	台班	1 014.84		—	—	—	—	0.672	0.081

表 5.24　重庆市房屋建筑与装饰工程定额计价表板安装摘录

E.6.4　板安装

工作内容:1.构件翻身、就位、加固、安装、校正、垫实结点、焊接或紧固螺栓。

2.混凝土水平运输。

3.混凝土搅拌、捣固、养护。　　　　计量单位:10 m³

定额编号					AE0312	AE0313	AE0314
项目名称					天沟板	空心板	平板
费用	综合单价/元				3 348.33	2 031.65	3 685.75
	其中	人工费/元			1 506.50	1 131.60	1 883.70
		材料费/元			457.29	401.91	900.40
		施工机具使用费/元			547.23	26.13	94.95
		企业管理费/元			521.44	293.95	502.38
		利润/元			285.06	160.69	274.64
		一般风险费/元			30.81	17.37	29.68
	编码	名称	单位	单价/元	消耗量		
人工	000300080	混凝土综合工	工日	115.00	13.100	9.840	16.380
材料	800210040	混凝土 C30(塑、特、碎 5~10,坍 35~50)	m³	270.44	1.030	0.540	0.620
	850201030	预拌水泥砂浆 1:2	m³	398.06	0.010	0.320	0.670
	041503310	混凝土预制块	块	4.98	—	0.230	—
	050303800	木材 锯材	m³	1 547.01	0.029	0.045	0.207
	032130210	垫铁	kg	3.75	16.600	—	19.530
	031350010	低碳钢焊条 综合	kg	4.19	6.530	0.200	6.010
	341100100	水	m³	4.42	1.270	1.930	1.590
	002000010	其他材料费	元	—	34.67	48.36	40.35
机械	990302025	履带式起重机 25 t	台班	764.02	0.335	—	—
	990303030	轮胎式起重机 20 t	台班	923.12	0.169	—	—
	990401025	载重汽车 6 t	台班	422.13	0.009	0.009	0.018
	990602020	双锥反转出料混凝土搅拌机 350 L	台班	226.31	0.169	0.048	0.044
	990610010	灰浆搅拌机 200 L	台班	187.56	0.009	0.027	0.098
	990706010	木工圆锯机 直径 500 mm	台班	25.81	0.221	0.159	0.398
	990901020	交流弧焊机 32 kV·A	台班	85.07	1.009	0.027	0.573

【解】　由题意可得:

①空心板运输、安装的定额编号:AE0319、AE0313;

②空心板运输的项目名称:预应力空心板运输(运距 1 km);

空心板安装的项目名称:预应力空心板安装;

③构件运输、安装的计量单位:10 m³。

求构件运输的工程量的步骤如下：

a.预应力空心板的工程量。

已知工程量=2.78 m^3，查定额知：运输堆放损耗0.8%，安装损耗0.5%。

预应力空心板运输工程量=2.78×(1+0.8%+0.5%)

=2.82(m^3)

b.预应力空心板的工程费。

根据定额表，其工程费为：

预应力空心板运输工程费=基价×工程量(计损耗)

=1 157.28×2.82×0.1

=326.35(元)

2)空心板安装工程量计算及计价

①预应力空心板的工程量。

已知工程量=2.78 m^3；

查定额知：安装损耗率为0.5%；

预应力空心板安装工程量=2.78×(1+0.5%)

=2.79(m^3)。

②预应力空心板的工程费用。

预应力空心板安装工程直接费=基价×工程量(计损耗)

=2 031.65×2.79×0.1

=566.83(元)

5.7.6 金属工程定额编制及计价案例分析

1)钢网架定额编制方法

(1)钢网架适用范围

"钢网架"项目适用于一般钢网架和不锈钢网架。无论节点形式(球形节点、板式节点等)和节点联结方式(焊接、丝结等)均使用该项目。

(2)钢网架运输、安装工程量计算规则及计价说明

①钢网架计算工程量时，不扣除孔洞眼的质量，焊缝、铆钉等不另增加质量。焊接空心球网架质量包括链接钢管杆件、连接球、支托和网架支座等零件的质量，螺栓球节点网架质量包括连接钢管杆件(含高强螺栓、销子、套筒、锥头或封板)、螺栓球、支托和网架支座等零件的质量。

②运输、安装工程量等于制作工程量。

③现场拼装平台摊销工程量按实施拼装构件的工程量计算。

2)钢屋架定额编制方法

(1)钢屋架适用范围

"钢屋架"项目适用于一般钢屋架和轻钢屋架、冷弯薄壁型钢屋架。

(2)钢屋架运输、安装工程量计算规则及计价说明

①以榀计量，按设计图示数量计算。

②以吨计量，按设计图示尺寸以质量计算，不扣除孔眼的质量，焊条、铆钉、螺栓等不另增加质量。单位：榀、t。

③运输、安装工程量等于制作工程量。

④现场拼装平台摊销工程量按实施拼装构件的工程量计算。

3）实腹柱、空腹柱定额编制方法

（1）实腹柱、空腹柱适用范围

“实腹柱”项目适用于实腹钢柱和实腹型钢混凝土柱。

“空腹柱”项目适用于空腹钢柱和空腹型钢混凝土柱。

（2）实腹柱、空腹柱运输、安装工程量计算规则及计价说明

①按设计图示尺寸计算的理论质量以吨计算。不扣除单个面积≤0.3 m^2 的孔洞质量，焊缝、铆钉、螺栓（高强螺栓、花篮螺栓、剪力栓钉除外）等不另增加质量。依附在钢柱上的牛腿及悬臂梁等并入钢柱工程量内，钢柱上的柱脚板、加劲板、柱顶板、隔板和肋板并入钢柱工程内。单位：t。

②运输、安装工程量等于制作工程量。

③现场拼装平台摊销工程量按实施拼装构件的工程量计算。

4）钢梁、钢吊车梁定额编制方法

（1）钢梁、钢吊车梁适用范围

“钢梁”项目适用于钢梁和实腹式型钢混凝土梁、空腹式型钢混凝土梁。

“钢吊车梁”项目适用于钢吊车梁及吊车梁的制动梁、制动板、制动桁架，车挡应包括在报价内。

注：型钢混凝土柱、梁，是指由混凝土包裹型钢组成的柱、梁。

（2）钢梁、钢吊车梁运输、安装的工程量计算规则及计价说明

①按设计图示尺寸计算的理论质量以吨计算。不扣除单个面积≤0.3 m^2 的孔洞质量，焊缝、铆钉、螺栓（高强螺栓、花篮螺栓、剪力栓钉除外）等不另增加质量。单位：t。

②构件制作定额子目中钢材的损耗量已包括了切割和制作损耗，对于设计有特殊要求的，消耗量可进行调整。

③运输、安装工程量等于制作工程量。

5）钢栏杆定额编制方法

（1）钢栏杆适用范围

“钢栏杆”项目仅适用于工业厂房平台、操作台的栏杆，民用建筑钢栏杆执行楼地面工程章节中相应子目。

（2）钢栏杆工程量计算规则及计价说明

①按设计图示尺寸计算的理论质量以吨计算。不扣除单个面积≤0.3 m^2 的孔洞质量，焊缝、铆钉、螺栓（高强螺栓、花篮螺栓、剪力栓钉除外）等不另增加质量。单位：t。

②构件制作定额子目中钢材的损耗量已包括了切割和制作损耗，对于设计有特殊要求的，消耗量可进行调整。

③运输、安装工程量等于制作工程量。

5.7.7 案例分析

【例 5.26】 如图 5.87 所示为空腹柱，求该柱制作、运输(运距为 1 km)、安装的工程量，并计价。

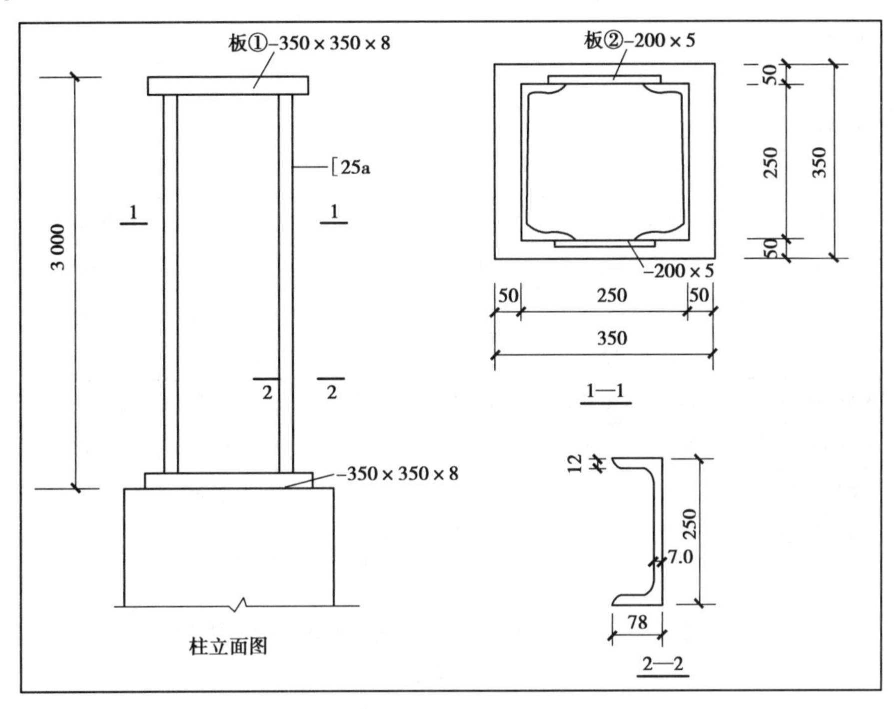

图 5.87 空腹钢柱

费用定额见表 5.25、表 5.26、表 5.27。

表 5.25 重庆市房屋建筑与装饰工程定额计价表空腹钢柱制作摘录

F.1.3.2 空腹钢柱(编码:010603002)

工作内容:制作、放样、划线、裁料、平直、钻孔、拼装、焊接、成品矫正、成品编号堆放。 计量单位:t

定额编号					AF0034
项目名称					空腹钢柱 制作
费用	综合单价/元				6 110.86
	其中	人工费/元			1 213.20
		材料费/元			3 596.28
		施工机具使用费/元			573.11
		企业管理费/元			453.54
		利润/元			247.94
		一般风险费/元			26.79
	编码	名称	单位	单价/元	消耗量
人工	000300160	金属制安综合工	工日	120.00	10.110

续表

	编码	名称	单位	单价/元	消耗量
材料	010000120	钢材	t	2 957.26	1.080
	031350820	低合金钢焊条 E43 系列	kg	5.98	23.000
	030104300	六角螺栓综合	kg	5.40	1.740
	002000010	其他材料费	元	—	255.50
机械	990309030	门式起重机 20 t	台班	604.77	0.340
	991302030	轨道平板车 10 t	台班	32.14	0.200
	990749010	型钢剪板机 剪断宽度 500 mm	台班	260.86	0.020
	990732050	剪板机 厚度 40 mm×宽度 3 100 mm	台班	601.00	0.080
	990736020	刨边机 加工长度 12 000 mm	台班	539.06	0.130
	990901040	交流弧焊机 42 kV·A	台班	118.13	0.600
	990728020	摇臂钻床 钻孔直径 50 mm	台班	21.15	0.100
	990915010	自动埋弧焊机 500 A	台班	104.82	1.280
	990919010	电焊条烘干箱 45×35×45 cm^3	台班	17.13	0.690
	990751010	型钢矫正机 厚度 60 mm×宽度 800 mm	台班	233.82	0.080

表 5.26 重庆市房屋建筑与装饰工程定额计价表金属构件运输摘录

F.2 构件运输

F.2.1 金属构件运输(编码:01060B)

(编码:01060B001)

工作内容:按技术要求装车绑扎、运输、按指定地点卸车、堆放。　　　　计量单位:10 t

		定额编号			AF0120	AF0121	AF0122	AF0123	AF0124	AF0125
		项目名称			Ⅰ类构件 汽车运输		Ⅱ类构件 汽车运输		Ⅲ类构件 汽车运输	
					1 km 以内	每增加 1 km	1 km 以内	每增加 1 km	1 km 以内	每增加 1 km
费用	综合单价/元				7 553.20	84.72	477.39	49.79	708.25	46.33
	其中	人工费/元			75.79	10.81	55.32	5.98	89.01	7.82
		材料费/元			6 804.23	—	63.29	—	34.58	—
		施工机具使用费/元			456.26	49.38	238.85	29.39	389.55	25.09
		企业管理费/元			135.09	15.28	74.69	8.98	121.51	8.36
		利润/元			73.85	8.35	40.83	4.91	66.42	4.57
		一般风险费/元			7.98	0.90	4.41	0.53	7.18	0.49
	编码	名称	单位	单价/元	消耗量					
人工	000300010	建筑综合工	工日	115.00	0.659	0.094	0.481	0.052	0.774	0.068

续表

	编码	名称	单位	单价/元	消耗量					
材料	050303800	木材 锯材	m^3	1 547.01	0.030	—	0.036	—	0.020	—
	330105700	基座板组成	件	4 273.00	1.580	—	—	—	—	—
	002000010	其他材料费	元	—	6.48	—	7.60	—	3.64	—
机械	990304001	汽车式起重机 5 t	台班	473.39	—	—	0.203	0.018	0.327	0.053
	990304016	汽车式起重机 16 t	台班	898.02	0.186	0.003	—	—	—	—
	990401030	载重汽车 8 t	台班	474.25	—	—	0.301	0.044	0.495	—
	990403020	平板拖车组 20 t	台班	1 014.84	0.285	0.046	—	—	—	—

表 5.27 重庆市房屋建筑与装饰工程定额计价表钢柱安装摘录

F.1.3.4 钢柱安装(编码:010603B01)

工作内容:安装:放线、卸料、检验、划线、构件拼装加固、翻身就位、绑扎吊装、校正、焊接、固定、补漆、清理等。

计量单位:t

定额编号					AF0036	AF0037	AF0038	AF0039
项目名称					钢柱			
					3 t 以内	8 t 以内	15 t 以内	25 t 以内
					安装			
费用	综合单价/元				970.23	808.07	977.52	1 160.81
	其中	人工费/元			414.00	336.00	308.40	362.40
		材料费/元			141.73	124.82	110.65	115.39
		施工机具使用费/元			174.55	149.37	307.41	380.24
		企业管理费/元			149.43	123.23	156.35	188.56
		利润/元			81.69	67.37	85.47	103.08
		一般风险费/元			8.83	7.28	9.24	11.14
	编码	名称	单位	单价/元	消耗量			
人工	000300160	金属制安综合工	工日	120.00	3.450	2.800	2.570	3.020
材料	031350820	低合金钢焊条 E43 系列	kg	5.98	1.236	1.236	1.236	1.483
	130102100	环氧富锌 底漆	kg	24.36	1.060	1.060	1.060	1.060
	032130010	铁件 综合	kg	3.68	10.588	7.344	3.570	2.550
	050303800	木材 锯材	m^3	1 547.01	0.019	0.016	0.016	0.019
	002000010	其他材料费	元	—	40.16	39.83	39.55	41.92
机械	990304020	汽车式起重机 20 t	台班	968.56	0.156	0.130	—	—
	990304036	汽车式起重机 40 t	台班	1 456.19	—	—	0.195	—
	990901020	交流弧焊机 32 kV·A	台班	85.07	0.110	0.110	0.110	0.132
	990913020	二氧化碳气体保护焊机 500 A	台班	128.14	0.110	0.110	0.110	0.132
	990302040	履带式起重机 50 t	台班	1 354.21	—	—	—	0.260

【解】 (1)空腹钢柱制作的工程量计算及计价

①空腹钢柱制作的定额编号:AF0034。

②空腹钢柱制作的项目名称:空腹钢柱制作。

③空腹钢柱制作的计量单位:t。

④空腹钢柱制作的工程量计算及计价

a.350×350×8 钢板的工程量:

查表知:8 mm 厚钢板的理论质量是 62.8 kg/m^2

350×350×8 钢板的工程量=62.8×0.35×0.35×2

=0.015(t)

b.200×5 的钢板工程量为:

查表知:5 mm 厚钢板的理论质量是 39.2 kg/m^2

200×5 的钢板工程量=39.2×0.2×(3-0.008×2)×2

=0.047(t)

c.[25a 的工程量为:

查表知:[25a 的理论质量是 27.4 kg/m^2

[25a 的工程量=27.4×(3-0.008×2)×2

=0.164(t)

d.总的工程量为:

总的工程量=0.015+0.047+0.164

=0.226(t)

e.空腹钢柱制作工程费为:

空腹钢柱制作工程费=6110.86×0.226

=1 381.05(元)

(2)空腹钢柱运输、安装的工程量计算及计价

①空腹钢柱运输的定额编号:AF0120。

空腹钢柱安装的定额编号:AF0036。

②空腹钢柱运输的项目名称:空腹钢柱运输(运距 1 km)。

空腹钢柱安装的项目名称:空腹钢柱安装。

③空腹钢柱运输的计量单位:10 t。

空腹钢柱安装的计量单位:t。

④空腹钢柱运输、安装的工程量计算及计价:

a.空腹钢柱运输的工程量为:

空腹钢柱运输工程量=0.226 t

b.空腹钢柱运输工程费为:

空腹钢柱运输工程费=7 553.20×0.226×0.1

=170.70(元)

c.空腹钢柱安装的工程量为:

空腹钢柱安装工程量=0.226 t

d.空腹钢柱安装工程费为:

空腹钢柱安装工程费=970.23×0.226

=219.27(元)

任务 5.8 门窗及木结构工程

5.8.1 门窗工程量计算规则与方法

①各种有框木门窗制作安装工程量按门窗洞口设计图示尺寸以面积计算(图 5.88),各种无框木门窗制作安装工程量按扇外围设计图示尺寸以面积计算。定额列有锯材的子目,其锯材消耗量内已包括干燥损耗,不另计算,且所注明的木材断面或厚度均以毛断面为准。如设计图纸注明的断面或厚度为净料时,应增加刨光损耗:板、枋材一面刨光增加 3 mm,两面刨光增加 5 mm,圆木每立方米体积增加 0.05 m^3。

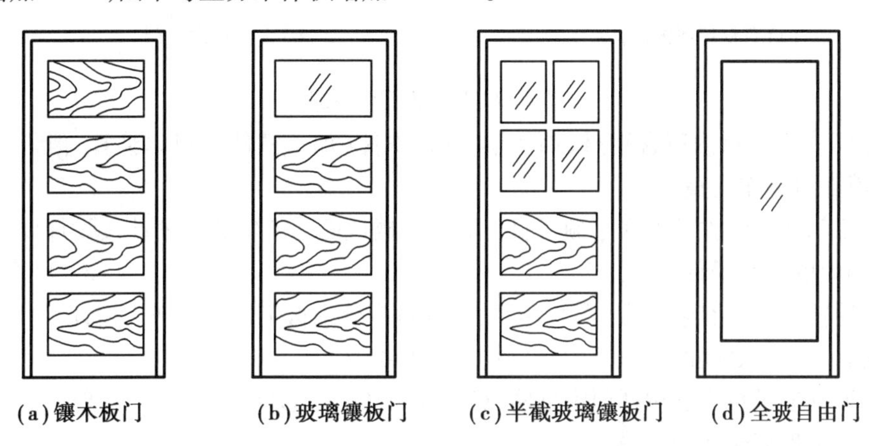

图 5.88 门窗示意图

木门窗项目中所注明的框断面均以边框毛断面为准,框裁口如为钉条者,应加钉条的断面计算。如设计框断面与定额子目断面不同时,以每增加 10 cm^2(不足 10 cm^2 按 10 cm^2 计算)按表 5.28 增减体积。

表 5.28

子目	门	门带窗	窗
锯材(干)	0.3	0.32	0.4

胶合板门、胶合板门带窗制作如设计要求不允许拼接时,胶合板的定额消耗量允许调整,胶合板门定额消耗量每 100 m^2门洞口面积增加 44.11 m^2,胶合板门带窗定额消耗量每 100 m^2门洞口面积增加 53.10 m^2,其他子目胶合板消耗量不得进行调整。

无亮木门安装时,应扣除单层玻璃材料费,人工费不变。

②有框厂库房大门和特种门按洞口设计图示尺寸以面积计算,无框的厂库房大门和特种门按门扇外围设计图示尺寸以面积计算(图 5.89)。冷藏库大门、保温隔音门、变电室门、隔音门、射线防护门按洞口设计图示尺寸按面积计算。

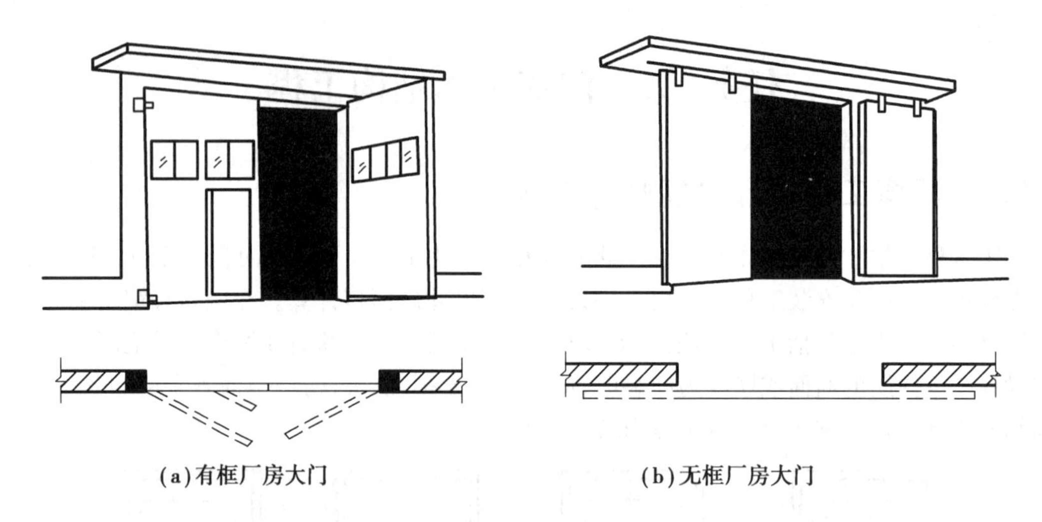

图 5.89　厂房大门示意图

各种厂库房项目内所含钢材、钢骨架、五金铁件(加工铁件),可以换算,但子目中的人工、机械消耗量不作调整。

自加工门所用铁件已列入定额子目。墙、柱、楼地面等部位的预埋件按设计要求另行计算、执行相应的定额子目。

③普通窗上部带有半圆窗(图 5.90)的工程量应分别按半圆窗和普通窗计算。其分界线以普通窗和半圆窗之间的横框上的裁口线为分界线。

木门窗安装子目内已包括门窗框防腐油、安木砖、框边塞缝、装玻璃、钉玻璃压条或嵌油灰以及安装一般五金等的工料。

④门窗贴脸(图 5.91)按设计图示尺寸以外边线延长米计算。原木是按一、二类综合编制的,如采用三、四类木材(硬木)时,人工及机械乘以 1.35。原木加工锯材的出材率为 63%,方木加工成锯材的出材率为 85%。

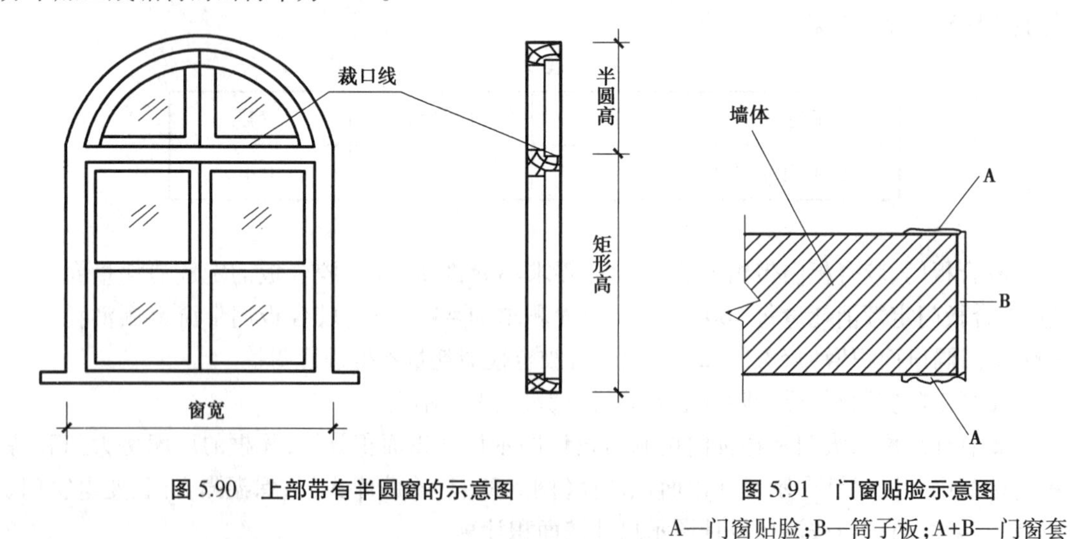

图 5.90　上部带有半圆窗的示意图

图 5.91　门窗贴脸示意图

A—门窗贴脸;B—筒子板;A+B—门窗套

⑤木窗上安装窗栅、钢筋御棍按窗洞口设计图示尺寸以面积计算。

⑥定额工作内容的框边塞缝为安装过程中固定塞缝，框边二次塞缝及收口收边工作未包括，均应按相应定额子目执行。门窗水泥砂浆塞缝按门窗洞口设计图示尺寸以延长米计算。

⑦门锁安装按套计算(图5.92)。木门窗五金包括普通折页、插销、风钩、普通翻窗折页、门板扣和镀铬弓背拉手。使用以上五金不得调整和换算。如采用使用铜质、铝合金、不锈钢等五金时，其材料费用可另行计算，但不增加安装人工工日，同时子目已包括的一般五金材料费也不扣除。

⑧门窗运输按门、窗框框外围设计图示尺寸以面积计算。木门窗运输定额包括框和扇的运输，若单运框时，相应子目乘以系数0.4，单运扇时，相应子目乘以系数0.6。

⑨成品塑钢、钢门窗(飘凸窗、阳台封闭、纱门窗除外)安装按门窗洞口设计图示尺寸以面积计算。成品金属门窗均包括玻璃及五金配件，定额包括安装固定门窗小五金配件材料及安装费用与辅料耗量。

⑩门连窗(图5.93)按设计图示洞口面积分别计算门、窗面积，其中窗的宽度算至门框的外边线。

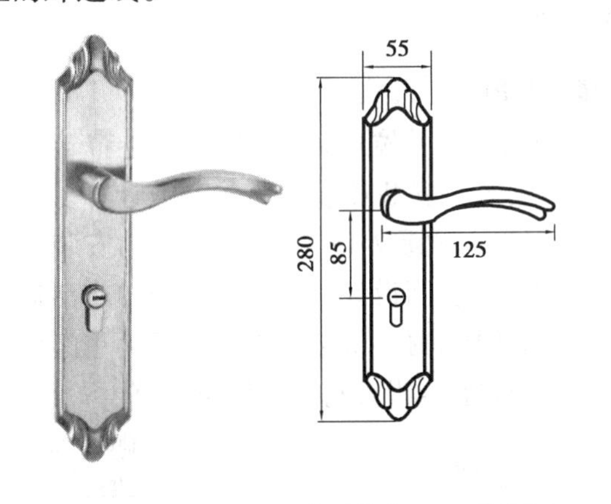

型号	可选表面处理	面板厚度
FG-606A01 SS	钢拉丝	2.0 mm
FG-606A01 PVD	锆金 PVD	

图5.92 门锁示意图

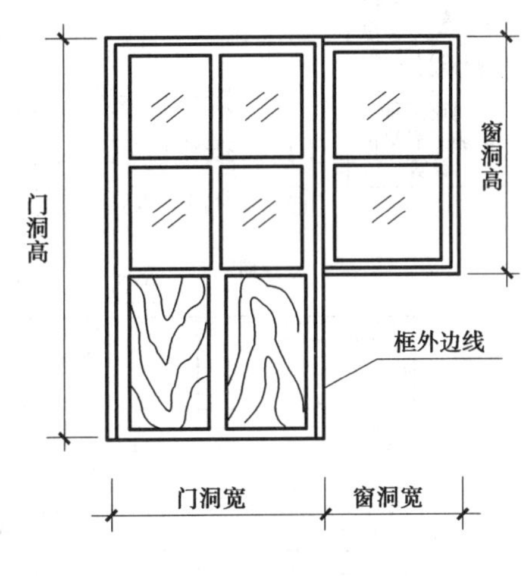

图5.93 门连窗示意图

⑪塑钢飘凸窗(图5.94)、阳台封闭、纱门窗按框型材外围设计图示尺寸以面积计算。

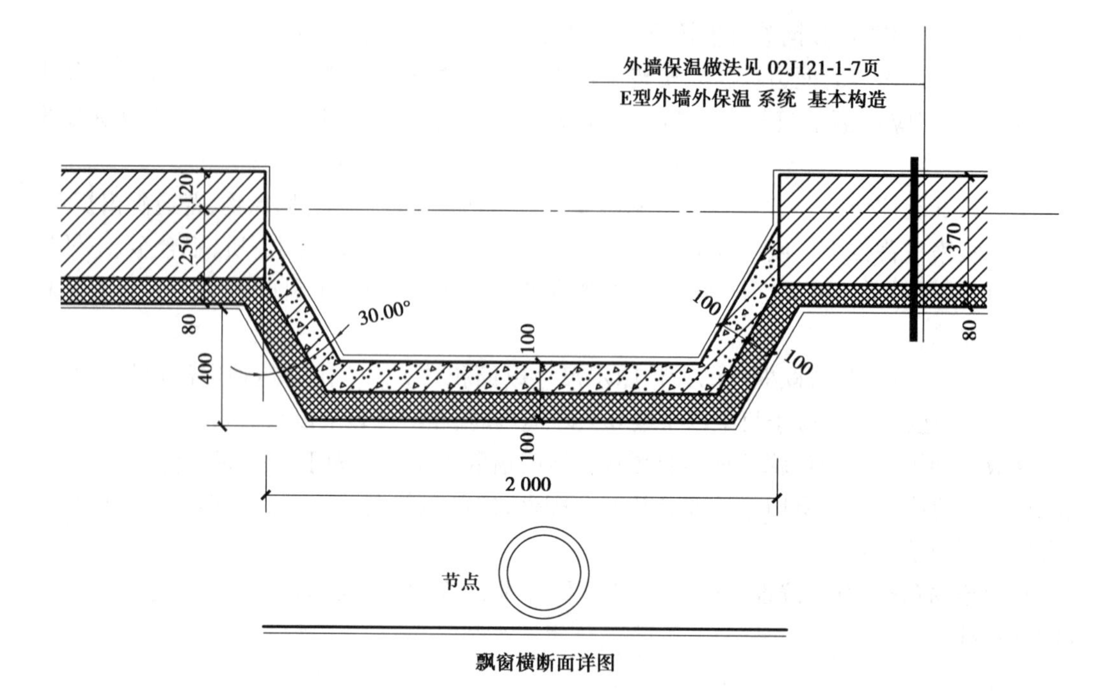

图 5.94 凸窗示意图

⑫金属卷帘(闸)、防火卷帘按设计尺寸宽度乘高度(算至卷帘箱卷轴水平线)以面积计算(图 5.95)。电动装置安装按设计图示套数计算。金属卷帘(闸)门项目是按卷帘安装在洞口内侧或外侧考虑,当设计为安装在洞口中,按相应定额子目人工乘以系数 1.1。当设计为金属卷帘(闸)带活动小门时,按相应定额子目人工乘以系数 1.07,材料价格调整为带活动小门金属卷帘(闸)。防火卷帘材料按无机布编制,如设计材料不同可换算。

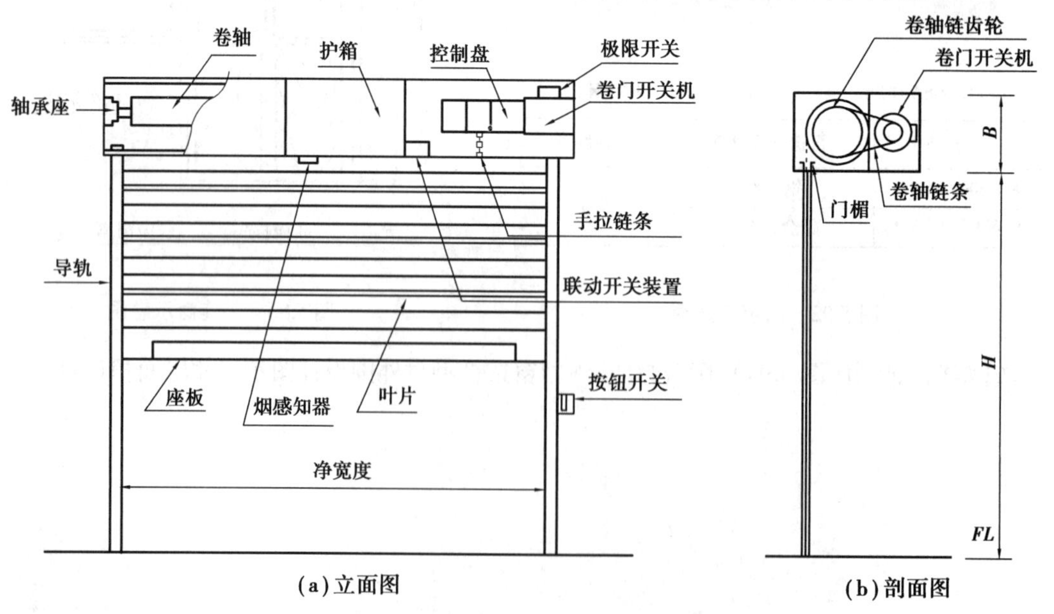

图 5.95 金属卷帘(闸)、防火卷帘示意图

5.8.2 木结构工程量计算规则与方法

①木屋架、檩条(图5.96)工程量按设计图示的规格尺寸计算的体积以立方米计算,附属于其上的木夹板、垫木、风撑、挑檐木、檩条三角条均按木料体积并入屋架、檩条工程量内。单独挑檐木并入檩条工程量内。檩托木、檩垫木已包括在定额子目内,不另计算。屋架、檩木需要刨光者,人工乘以系数1.15。

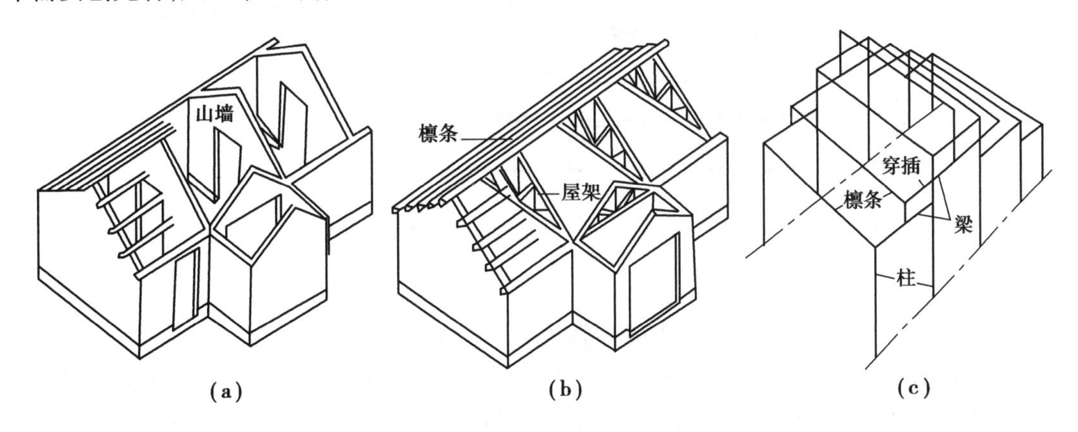

图5.96 木屋架、檩条示意图

说明:屋架(图5.97)的跨度是指屋架两端上下弦中心线交点之间的长度。

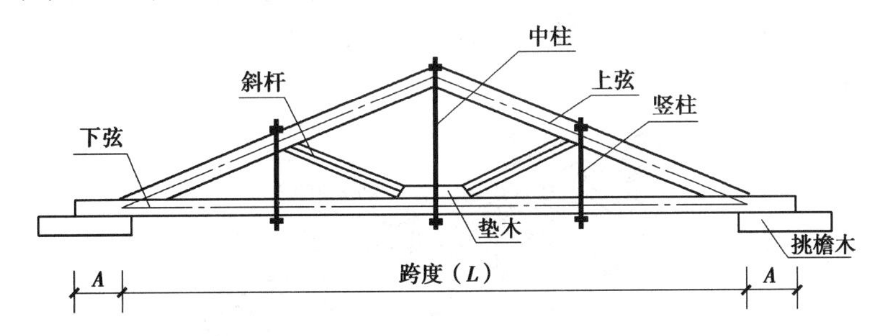

图5.97 屋架示意图

②屋架的马尾、折角和正交部分半屋架,并入相连接屋架的体积内计算,如图5.98所示。

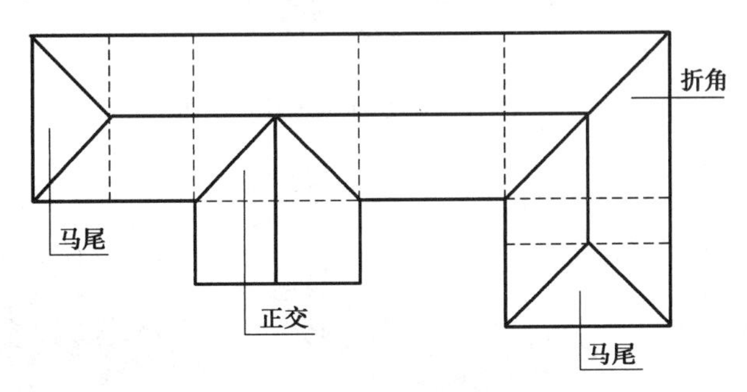

图5.98 屋架构造示意图

③钢木屋架区分圆、方木,按设计断面以立方米计算,圆木屋架连接的挑檐木、支撑等为方木时,其方木木料体积乘以系数1.7折合成圆木并入屋架体积内。单独的方木挑檐,按矩形檩木计算。木屋架、钢木屋架定额子目中的钢板、型钢、圆钢用量与设计不同时,可按设计

数量另加 8%损耗进行换算,其余不变。

④檩木按设计断面以立方米计算。简支檩(图 5.99)长度按设计规定计算,设计无规定者,按屋架或山墙中距增加 200 mm 计算,如两端出土,檩条长度算至博风板;连续檩条的长度按设计长度以米计算,其接头长度按全部连续檩木总体积的 5%计算。檩条托木已计入相应的檩木制作安装项目中,不另计算。

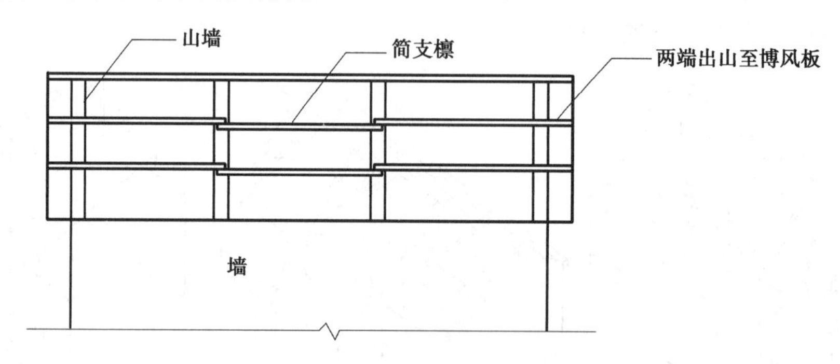

图 5.99　简支檩构造示意图

⑤屋面木基层,按屋面的斜面积以平方米计算。天窗挑檐重叠部分按设计规定计算,屋面烟囱及斜沟部分所占面积不扣除。屋面板厚度按毛料计算的,如厚度不同时,可按比例换算板材用量,其他不变。

⑥屋面椽子、屋面板、挂瓦条、竹帘子(图 5.100)工程量按设计图示尺寸计算的屋面面积以平方米计算,不扣除屋面烟囱、风帽底座、风道、小气窗及斜沟等所占面积。小气窗的出檐部分也不增加面积。

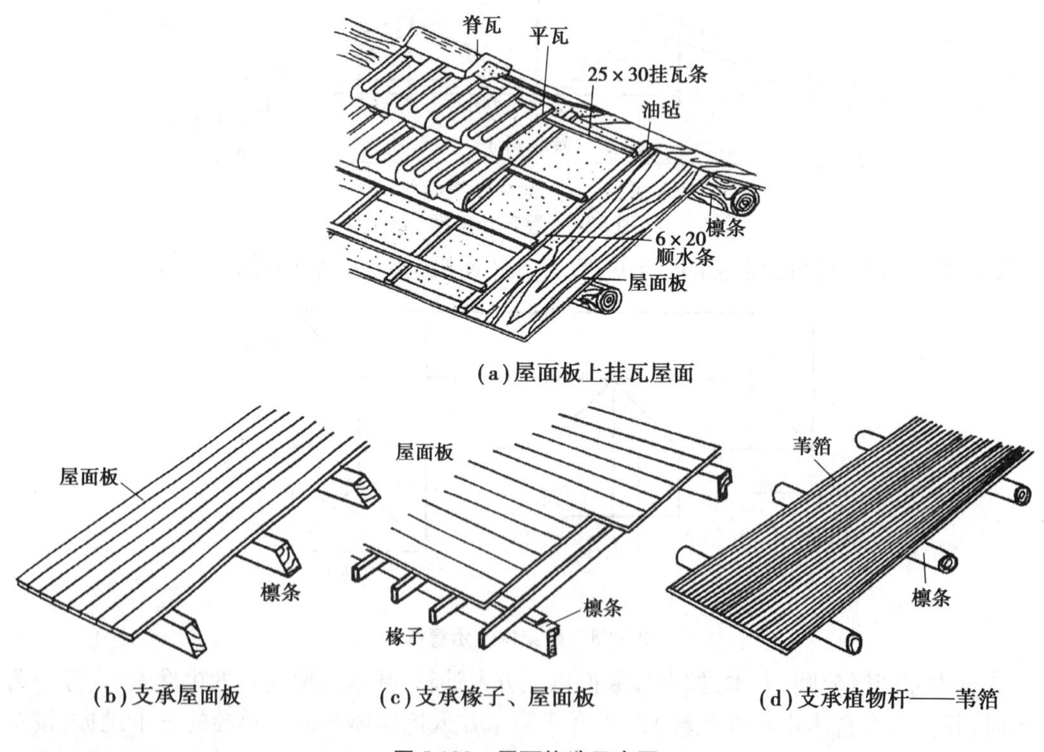

图 5.100　屋面构造示意图

⑦封檐板按图示檐口外围长度以米计算,博风板按斜长度计算,有大刀头者每个大刀头增加长度 500 mm 计算,如图 5.101 所示。

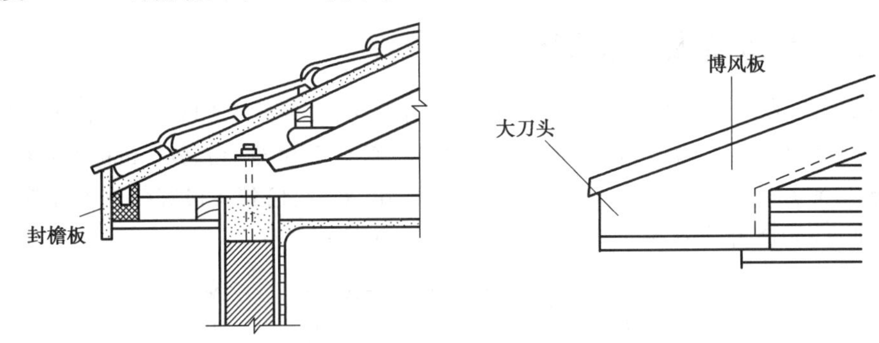

图 5.101 封檐板、博风板等构造示意图

⑧木楼梯(图 5.102)按水平投影面积计算,不扣除宽度小于 300 mm 的楼梯井,其踢脚板、平台和伸入墙内部分不另行计算。定额按机械和手工操作综合编制,不论设计采用何种操作方法,均不作调整。

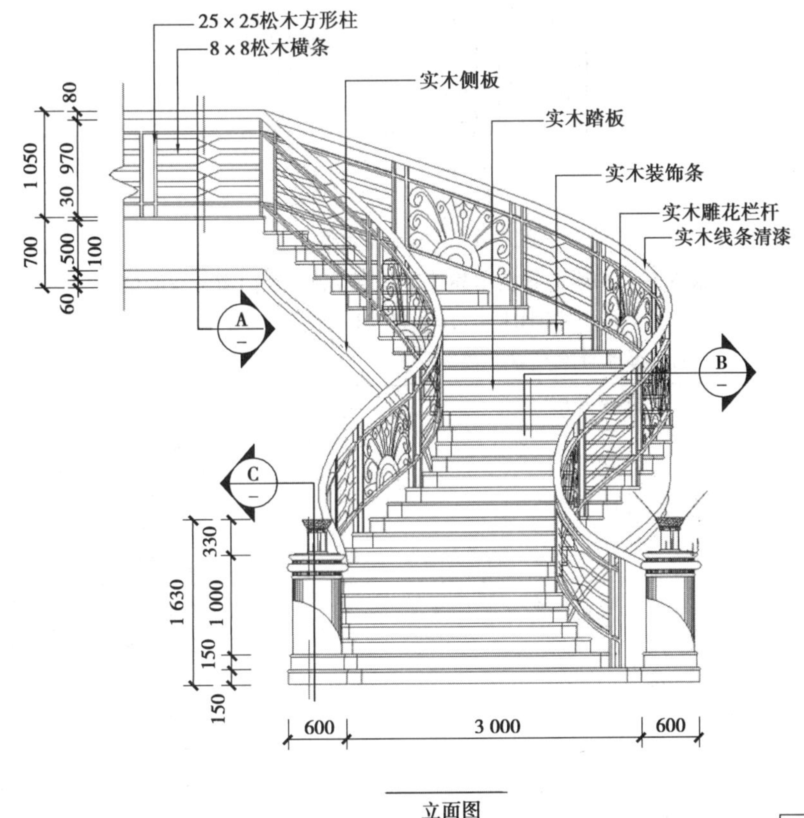

图 5.102 木楼梯示意图

⑨木柱、木梁按设计图示尺寸计算的体积以立方米计算。原木是按一、二类综合编制的,如采用三、四类木材(硬木)时,人工及机械乘以 1.35。原木加工锯材的出材率为 63%,方木加工成锯材的出材率为 85%。

木结构

⑩木地楞按设计图示尺寸计算的体积以立方米计算。定额内已包括平撑、剪刀撑、沿油木的用量,不再另行计算。

5.8.3 工程量计算及计价案例

【例 5.27】 某工程施工图设计有胶合板木制门连窗,如图 5.103 所示,框断面 52 cm^2,共 10 樘,不带纱扇,刷底油一遍,门上安装执手锁,洞口尺寸为:门,900 mm×2 400 mm,窗(单层玻璃),600 mm×1 500 mm。试计算门连窗制作、安装、门锁及门窗配件工程量,确定定额分部分项费(2018 年重庆市定额表见表 5.29—表 5.31)。

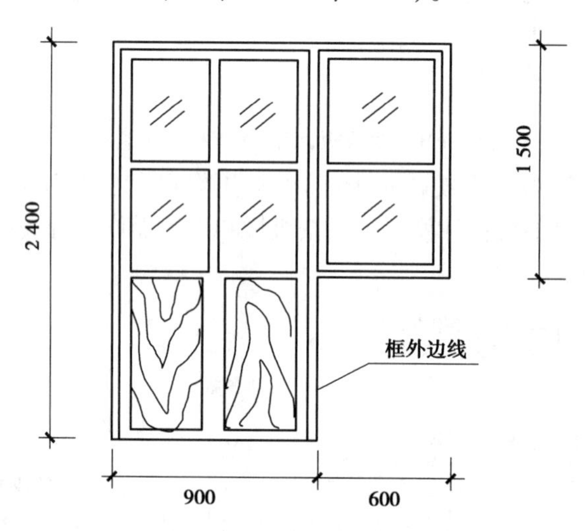

图 5.103 门连窗示意图

表 5.29 2018 年重庆市建筑工程定额计价表门窗工程摘录

H.1 木门(编码:010801)

工作内容:制作门框、扇、钉木拉条等全部操作过程　　计量单位:100 m^2

定额编号					AH0012	AH0024
项目名称					门带窗制作	门带窗安装
					胶合板 52 cm^2 半玻	胶合板 52 cm^2 半玻
费用	综合单价/元				10 891.39	7 149.46
	其中	人工费/元			2 976.00	3 132.00
		材料费/元			6 410.86	2 738.73
		施工机具使用费/元			206.88	1.29
		企业管理费/元			808.13	795.54
		利润/元			441.78	434.90
		一般风险费/元			47.74	47.00
	编码	名称	单位	单价/元	消耗量	
人工	000300050	木工综合工日	工日	125.00	23.808	25.056
材料	⋮	⋮	⋮	⋮	⋮	⋮

表 5.30 2018 年重庆市建筑工程定额计价表门窗工程摘录

H.5 木窗制作、安装(编码:010806001)

工作内容:制作窗框、木拉条
安装窗框、窗扇、幺窗
边框刷防腐油、木砖安放、填麻刀石灰浆… 计量单位:100 m²

<table>
<tr><td colspan="5">定额编号</td><td>AH0072</td><td>AH0081</td></tr>
<tr><td colspan="5" rowspan="2">项目名称</td><td>单层玻璃窗制作</td><td rowspan="2">单层玻璃窗安装</td></tr>
<tr><td>框断面 52 cm²</td></tr>
<tr><td rowspan="7">费用</td><td colspan="4">综合单价/元</td><td>11 700.41</td><td>6 900.30</td></tr>
<tr><td rowspan="6">其中</td><td colspan="3">人工费/元</td><td>2 796.00</td><td>2 587.50</td></tr>
<tr><td colspan="3">材料费/元</td><td>7 475.65</td><td>3 255.84</td></tr>
<tr><td colspan="3">施工机具使用费/元</td><td>205.18</td><td>1.45</td></tr>
<tr><td colspan="3">企业管理费/元</td><td>762.00</td><td>657.33</td></tr>
<tr><td colspan="3">利润/元</td><td>416.56</td><td>359.35</td></tr>
<tr><td colspan="3">一般风险费/元</td><td>45.02</td><td>38.83</td></tr>
<tr><td></td><td>编码</td><td>名 称</td><td>单位</td><td>单价/元</td><td colspan="2">消 耗 量</td></tr>
<tr><td>人工</td><td>000300050</td><td>木工综合工日</td><td>工日</td><td>125.00</td><td>22.368</td><td>20.700</td></tr>
<tr><td>材料</td><td>⋮</td><td>⋮</td><td>⋮</td><td>⋮</td><td>⋮</td><td>⋮</td></tr>
</table>

表 5.31 2018 年重庆市建筑工程定额计价表门窗工程摘录

H.8.1 门锁安装(编码:010809001)

工作内容:制作、安装等全部操作过程 计量单位:10 套

<table>
<tr><td colspan="5">定额编号</td><td>AH0104</td></tr>
<tr><td colspan="5" rowspan="2">项目名称</td><td>门锁安装</td></tr>
<tr><td>执子锁</td></tr>
<tr><td rowspan="7">费用</td><td colspan="4">综合单价/元</td><td>675.49</td></tr>
<tr><td rowspan="6">其中</td><td colspan="3">人工费/元</td><td>161.00</td></tr>
<tr><td colspan="3">材料费/元</td><td>448.84</td></tr>
<tr><td colspan="3">施工机具使用费/元</td><td>—</td></tr>
<tr><td colspan="3">企业管理费/元</td><td>40.88</td></tr>
<tr><td colspan="3">利润/元</td><td>22.35</td></tr>
<tr><td colspan="3">一般风险费/元</td><td>2.42</td></tr>
<tr><td></td><td>编码</td><td>名 称</td><td>单位</td><td>单价/元</td><td>消 耗 量</td></tr>
<tr><td>人工</td><td>000300050</td><td>木工综合工日</td><td>工日</td><td>125.00</td><td>1.288</td></tr>
<tr><td>材料</td><td>030320530</td><td>执子锁</td><td>把</td><td>44.44</td><td>10.100</td></tr>
</table>

【解】 ①计算门连窗的木门工程量

$S=0.9\times2.4\times10=21.6(m^3)$

套用定额 AH0012,木门制作,综合单价= 10 891.39 元/100 m^3。

套用定额 AH0024,木门安装,综合单价= 7 149.46 元/100 m^3。

定额分部分项工程费=[(10 891.39+7 149.46)/100]×21.6=3 896.82(元)

②计算门连窗的木窗工程量

$S=0.6\times1.5\times10=9.0(m^3)$

套用定额 AH0072,木窗制作,综合单价= 11 700.41 元/100m^3。

套用定额 AH0081,木窗安装,综合单价= 6 900.30 元/100m^3。

定额分部分项工程费=[(11 700.41+6 900.3)/100]×9.0=1 674.06(元)

③计算门锁工程量

$S=10$ 套。

套用定额 AH0104,木窗制作,综合单价=675.49 元/10 套。

定额分部分项工程费=(675.49/10)×10=675.49(元)。

【例 5.28】 某工程设计有方木钢屋架一榀,如图 5.104 所示,各部分尺寸如下:下弦 $L=$ 9 000 mm,$A=450$ mm,断面尺寸为 250 mm×250 mm;上弦轴线长 5 148 mm,断面尺寸为 200 mm×200 mm;斜杆轴线长 2 516 mm,断面尺寸为 100 mm×120 mm;垫木尺寸为 350 mm×100 mm×100 mm;挑檐木长 600 mm,断面尺寸为 200 mm×250 mm。试计算该方木钢屋架、挑檐木工程量,确定定额分部分项费。(2018 年重庆市定额见表 5.32、表 5.33)

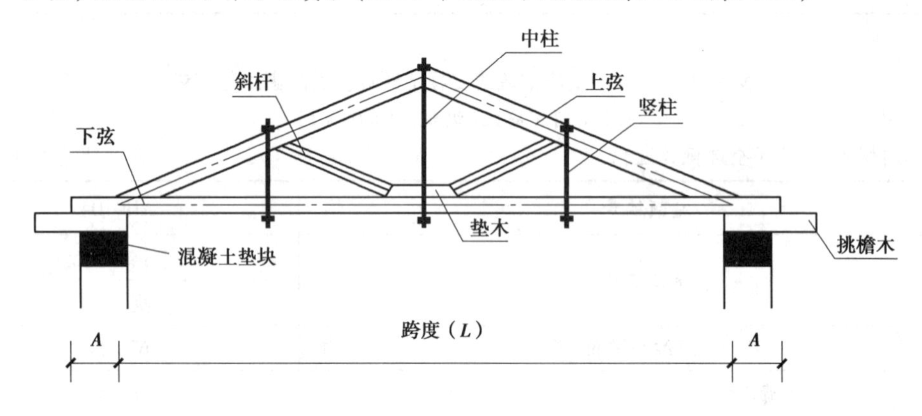

图 5.104 钢屋架示意图

表 5.32 2018 年重庆市建筑工程定额计价表木结构工程摘录

G.1.2 钢木屋架(编码:010701002)

工作内容:屋架制作、拼装、安装、装配铁件、锚定、梁端刷防腐油 计量单位:m^3

定额编号	AG0008
项目名称	方木钢屋架
	跨度 15 m 以内

续表

费用	综合单价/元				4 698.85
	其中	人工费/元			853.75
		材料费/元			3 415.38
		施工机具使用费/元			58.00
		企业管理费/元			231.49
		利润/元			126.55
		一般风险费/元			13.68
	编码	名　称	单位	单价/元	消　耗　量
人工	000300050	木工综合工日	工日	125.00	6.830
材料	⋮	⋮	⋮	⋮	⋮

【解】

①计算方木钢屋架工程量 $V=(9+0.45\times2)\times0.25\times0.25+5.148\times0.2\times0.2\times2+2.516\times0.1\times0.12\times2+0.35\times0.1\times0.1=1.095(m^3)$

套用定额 AG0008,方木钢屋架、跨度 15 m 内

定额费用= 4 698.85(元/m^3)

定额工程费=1.095×4 698.85=5 145.24(元)。

②计算挑檐木工程量 $V=0.6\times0.2\times0.25\times2=0.06(m^3)$

套用定额 AG0017,方木檩条(竣工木料)

定额基价=2 207.5(元/m^3)

定额工程费=0.06×2 207.5=132.45(元)

表 5.33　2018 年重庆市建筑工程定额计价表木结构工程摘录

G.2.3 木檩(编码:010702003)

工作内容:制作、安装檩木、檩托木(或垫木)伸入墙内部分及垫木刷防腐油　　　　计量单位:m^3

定额编号					AG0017
项目名称					木檩
					方木
费用	综合单价/元				2 207.50
	其中	人工费/元			256.13
		材料费/元			1 846.95
		施工机具使用费/元			—
		企业管理费/元			65.03
		利润/元			35.55
		一般风险费/元			3.84
	编码	名　称	单位	单价/元	消　耗　量
人工	000300050	木工综合工日	工日	125.00	2.049
材料	⋮	⋮	⋮	⋮	⋮

任务 5.9　屋面及防水防腐工程

5.9.1　工程量计算规则与方法

1) 瓦屋面、彩钢板及压型板屋面

瓦屋面、彩钢板及压型板屋面均按设计图 5.105 所示尺寸以面积计算(斜屋面按斜面积计算)。

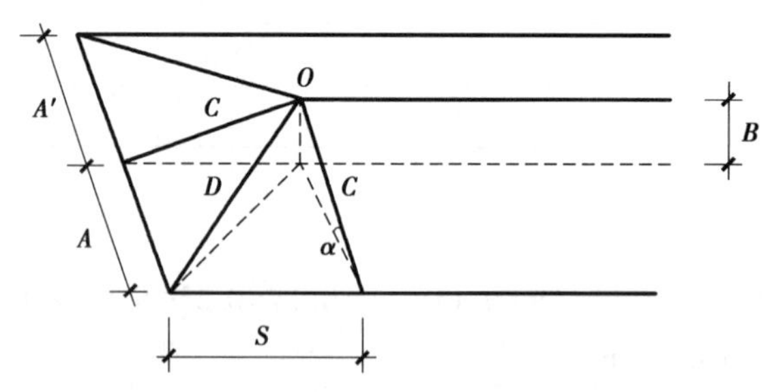

图 5.105　放坡系数各字母含义示意图

注意:①$A=A'$,且 $S=0$ 时,为等两坡屋面;

$A=A'=S$ 时,为等四坡屋面;

②屋面斜铺面积=屋面水平投影面积×延迟系数 C;

C 为延迟系数,$C=1/\cos\alpha$ 直接计算出。

③四坡屋面斜脊长度=$A\times D$(当 $S=A$ 时)。

④沿山墙泛水长度=$A\times C$。

不扣除房上烟囱、风帽底座、风道、屋面小气窗、斜沟等所占面积,屋面小气窗的出檐部分亦不增加面积。

公式:屋面面积=屋面水平投影面积×坡度系数。屋面坡度系数见表 5.34。

表 5.34　屋面坡度系数表

坡度			延迟系数 $C(A=1)$	隅延尺系数 $D(A=1)$
$B(A=1)$	$B/2A$	角度(θ)		
1	1/2	45°	1.414 2	1.732 1
0.75		36°52′	1.250 0	1.600 8
0.70		35°	1.220 7	1.577 9
0.666	1/3	33°40′	1.201 5	1.562 0
0.65		33°01′	1.192 6	1.556 4
0.60		30°58′	1.166 2	1.536 2
0.577		30°	1.154 7	1.527 0
0.55		28°49′	1.141 3	1.517 0

续表

坡度			延迟系数 $C(A=1)$	隅延尺系数 $D(A=1)$
$B(A=1)$	$B/2A$	角度(θ)		
0.50	1/4	26°34′	1.118 0	1.500 0
0.45		24°14′	1.096 6	1.483 9
0.40	1/5	21°48′	1.077 0	1.469 7
0.35		19°17′	1.059 4	1.456 9
0.30		16°42′	1.044 0	1.445 7
0.25		14°02′	1.030 8	1.436 2
0.20	1/10	11°19′	1.019 8	1.428 3
0.15		8°32′	1.011 2	1.422 1
0.125		7°8′	1.007 8	1.419 1
0.100	1/20	5°42′	1.005 0	1.417 7
0.083		4°45′	1.003 5	1.416 6
0.066	1/30	3°49′	1.002 2	1.415 7

2)卷材、涂膜及刚性屋面

①卷材、涂膜屋面按设计面积以平方米计算。不扣除房上烟囱、风帽底座、风道、斜沟、变形缝所占面积,屋面的女儿墙、伸缩缝和天窗等处的弯起部分,按图示尺寸并入屋面工程量计算,如图5.106、图5.107所示。如图纸无规定时,伸缩缝、女儿墙及天窗的弯起部分按防水层至屋面面层厚度另加250 mm计算。

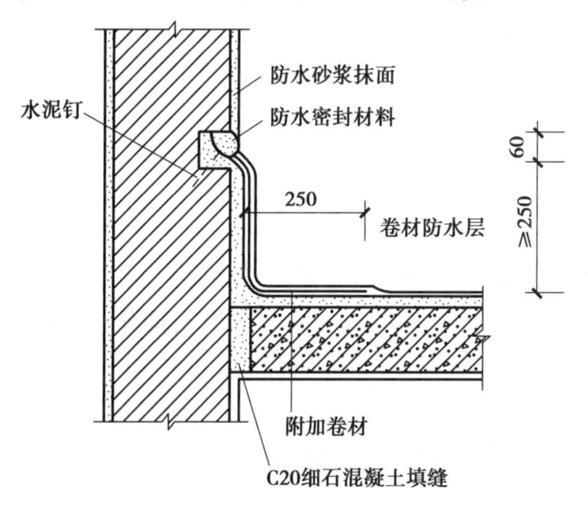

图5.106　屋面女儿墙防水卷材弯起示意图

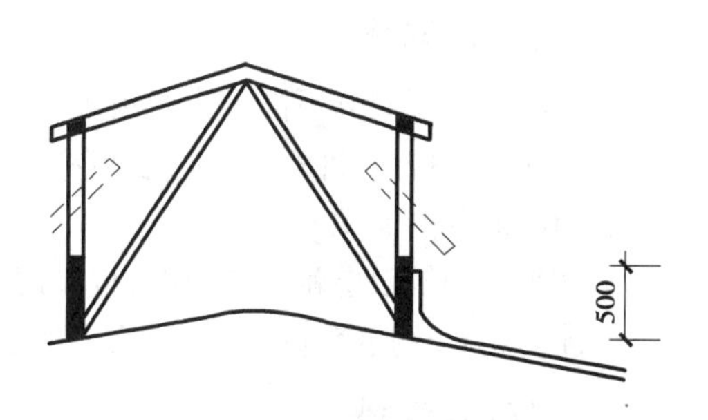

图5.107　卷材屋面天窗弯起部分示意图

②刚性屋面按设计图示尺寸以面积计算(斜屋面按斜面面积计算)。不扣除房上烟道、风帽底座、风道、屋面小气窗等所占面积,屋面泛水、变形缝等弯起部分和加厚部分,已包括在定额子目内。挑出墙外的出檐和屋面天沟,另按相应项目计算。

③分格缝按设计图示尺寸以长度计算,盖缝按设计图示尺寸以面积计算。

3)墙、地面防水(潮)

①建筑物墙基防水、防潮层,外墙长度按中心线,内墙按净长,乘墙宽以平方米计算。

②楼地面防水、防潮层,按墙间净空面积计算,门洞下口防水层工程量并入相应楼地面工程量内。扣除凸出地面的构筑物、设备基础及单个面积大于0.3 m^2 柱、垛、烟囱和孔洞所占面积。门洞、空圈、暖气包槽、壁龛的开口部分不增加面积。与墙面连接处上卷高度在300 mm以内者按展开面积计算,执行楼地面防水定额子目;高度超过300 mm 以上,按展开面积计算,执行墙面防水定额子目。

4)变形缝

变形缝按延长米计算。

5)屋面排水

①铸铁、塑料水落管按图示尺寸以延长米计算,如设计未标注尺寸,以檐口至设计室外散水上表面垂直距离计算。铸铁管中的雨水口、水斗、弯头等管件所占长度不扣除,管件按个计算。

水落管长 = 檐口标高 + 室内外高差 - 0.2 m(规范要求水落管离地0.2 m)

②铁皮排水按图示尺寸以展开面积计算。如图纸没有注明尺寸时可按“铁皮排水单体零件折算表”计算,具体见表5.35。

表5.35 铁皮排水单体零件折算表

单位:m^2/m

项目名称	天沟	斜沟、天窗窗台泛水	天窗侧面泛水	烟囱泛水	通气管泛水	滴水檐头泛水	滴水
折算面积	1.30	0.50	0.70	0.80	0.22	0.24	0.11

③阳台、空调连通水落管按套计算。

6)耐酸、防腐

①防腐工程应分不同防腐材料种类及其厚度,按设计图示尺寸以平方米或立方米计算。

②踢脚板按设计图示尺寸(长度乘以高度)以平方米计算,应扣除门洞所占面积,并相应增加门洞侧壁的面积。

③平面砌筑双层耐酸块料时,按单层面积乘以系数2。

④防腐卷材接缝、附加层、收头等的工料,已包括在项目内,不另计算。

7)保温、隔热

①保温隔热层应分不同保温隔热材料(除另有规定者外),按设计图示尺寸以立方米计算。

②保温隔热层的厚度按隔热材料(不包括胶结材料)以净厚度计算。

③地面隔热层(除另有规定者外)按围护结构墙体间净面积乘以设计厚度以立方米计算,不扣除柱、垛所占的体积。

④墙体隔热层,外墙按隔热层中心线、内墙按隔热层净长乘以设计图示尺寸的高度及厚度以立方米计算。应扣除冷藏门洞和管道穿墙洞口所占的体积。

⑤柱包隔热层(除另有规定者外)按设计图示柱的隔热层中心线的展开长度乘以设计图示尺寸高度及厚度以立方米计算。

⑥屋面聚苯保温板、保温砂浆(胶粉聚苯颗粒)按设计图示尺寸以平方米计算,不扣除单个面积在 0.3 m^2 以内的孔洞所占面积。

⑦外墙面保温层(含界面砂浆、胶粉聚苯颗粒、网格布或钢丝网、抗裂砂浆)按设计图示尺寸以平方米计算,应扣除门窗洞口、空圈和单个面积在 0.3 m^2 以上的孔洞所占面积。门窗洞口、空圈的侧壁、顶(底)面和墙垛设计要求做保温时,并入墙保温工程量内。

⑧其他保温隔热。

屋面防水及防腐，保温，隔热工程

a.池槽隔热按设计图示尺寸以立方米计算。其中池壁按墙体相应子目计算,池底按地面相应子目计算。

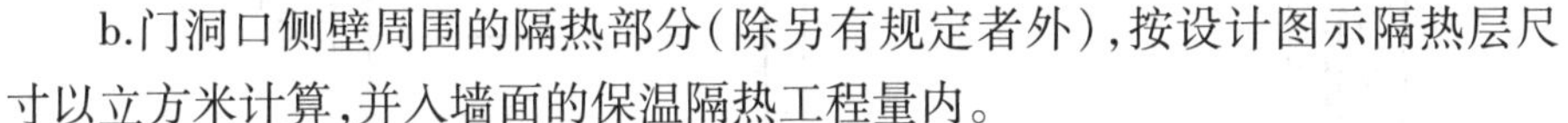

b.门洞口侧壁周围的隔热部分(除另有规定者外),按设计图示隔热层尺寸以立方米计算,并入墙面的保温隔热工程量内。

c.柱帽保温隔热层按设计图示保温隔热层体积并入天棚保温隔热层工程量内。

5.9.2 工程量计算及计价案例

【例 5.29】 等四坡水屋面平面如图 5.108 所示,设计屋面坡度 0.5,计算斜面积、斜脊长、正脊长。

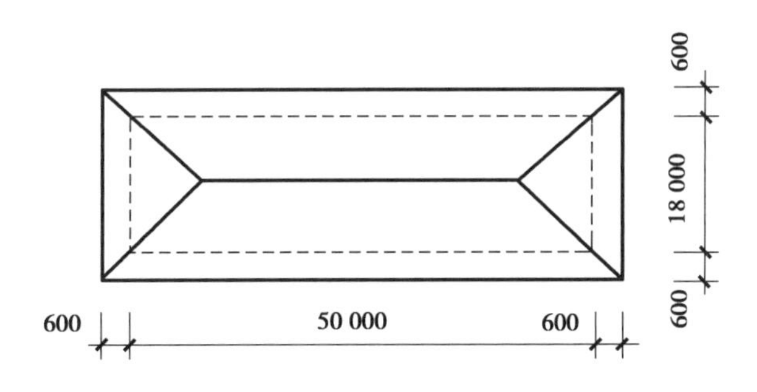

图 5.108 四坡水屋面示意图

【解】 屋面坡度 $=B/A=0.5$,查屋面坡度系数表得 $C=1.118$。

屋面斜面积 $=(50+0.6\times2)\times(18+0.6\times2)\times1.118=1\ 099.04(m^2)$。

查屋面坡度系数表得 $D=1.5$,单面斜脊长 $=A\times D=9.6\times1.5=14.4(m)$。

斜脊总长:$4\times14.4=57.6(m)$。

正脊长度 $=(50+0.6\times2)-9.6\times2=32(m)$。

【例 5.30】 设图 5.109 为 $\phi100$ 铸铁水落管,檐口标高 10.40 m,室内外高差 0.8 m,试计

算此排水工程的工程量。

【解】

①ϕ100 铸铁水落管=10.4+0.8−0.2=11(m)。

②ϕ100 铸铁弯头:1 个。

③ϕ100 铸铁水斗:1 个。

④ϕ100 铸铁雨水口:1 个。

【例 5.31】 某办公楼屋面 24 女儿墙轴线尺寸为 12 m×50 m,平屋面构造如图 5.110 所示,试计算屋面工程量及工程费用。

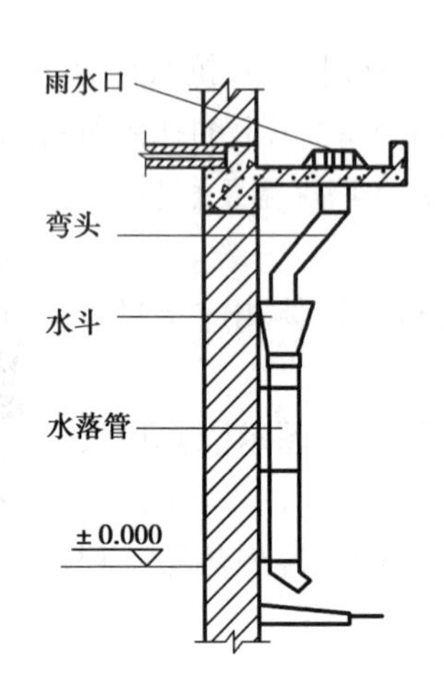

图 5.109 某工程屋面排水示意图

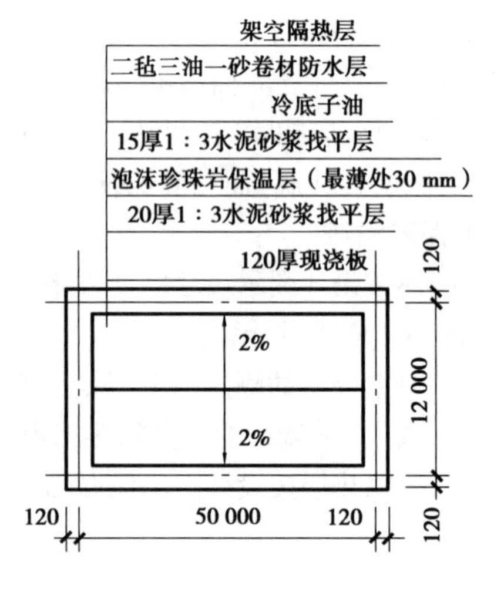

图 5.110 某屋面工程示意图

【解】 屋面坡度系数

$k=\sqrt{1+0.02^2}=1.000\ 2$

屋面水平投影面积:

$S=(50-0.24)\times(12-0.24)$

$=49.76\times11.76$

$=585.18(\text{m}^2)$

(1)工程量的计算:

①20 厚 1:3水泥砂浆找平层

$S=585.18\times1.000\ 2=585.30(\text{m}^2)$

②泡沫珍珠岩保温层

$V=585.18\times(0.03+2\%\times11.76\div2\div2)=51.96(\text{m}^3)$

③15 厚 1:3水泥砂浆找平层

$S=585.29(\text{m}^2)$

④二毡三油一砂卷材屋面

$S=585.29+(49.76+11.76)\times2\times0.25=616.05(\text{m}^2)$

⑤架空隔热层

$S=(49.76-0.24\times2)\times(11.76-0.24\times2)=555.88(\text{m}^2)$

(2)工程费用计算:

①计算20 mm厚1∶3水泥砂浆找平层工程费用(见表5.36)

表5.36 重庆市建筑工程定额计价表砌筑工程摘录

找平层

L.1.1 水泥砂浆找平层(编码:011101006)

工作内容:1.现拌水泥砂浆、干混商品地面砂浆:清理基层、刷素水泥浆、调运砂浆、找平、压实。

2.湿拌商品地面砂浆:清理基层、刷素水泥浆、运砂浆、找平、压实。 计量单位:100 m^2

定额编号					AL0001	AL0002	AL0003	AL0004	AL0005	AL0006
项目名称					水泥砂浆找平层					
					厚度20 mm					
					在混凝土或硬基层上			在填充材料上		
					现拌	干混商品砂浆	湿拌商品砂浆	现拌	干混商品砂浆	湿拌商品砂浆
费用	综合单价/元				1 770.64	2 120.39	1 743.24	1 889.52	2 353.00	1 896.82
	其中	人工费/元			833.63	750.25	708.63	855.00	769.50	726.75
		材料费/元			520.04	953.03	745.70	590.62	1 132.37	873.78
		施工机具使用费/元			54.77	79.02	—	67.71	97.61	—
		企业管理费/元			225.56	210.55	179.92	234.28	220.16	184.52
		利润/元			123.31	115.10	98.36	128.07	120.35	100.87
		一般风险费/元			13.33	12.44	10.63	13.84	13.01	10.90
	编码	名称	单位	单价/元	消耗量					
人工	000300110	抹灰综合工	工日	125.00	6.669	6.002	5.669	6.840	6.156	5.814
材料	810201040	水泥砂浆 1∶2.5(特)	m^3	232.40	2.020	—	—	2.530	—	—
	850301050	干混商品地面砂浆M15	t	262.14	—	3.434	—	—	4.301	—
	850302030	湿拌商品地面砂浆M15	m^3	337.86	—	—	2.060	—	—	2.581
	810425010	素水泥浆	m^3	479.39	0.100	0.100	0.100	—	—	—
	341100100	水	m^3	4.42	0.600	1.110	0.400	0.600	1.110	0.400
机械	990610010	灰浆搅拌机200 L	台班	187.56	0.292	—	—	0.361	—	—
	990611010	干混砂浆罐式搅拌机20 000 L	台班	232.40	—	0.340	—	—	0.420	—

定额编码:AL0001。

定额计量单位:100 m^2。

定额基价:1 770.64 元 。

根据题意,水泥砂浆标号不一致,该定额需换算(见表 5.37):

表 5.37 混凝土及砂浆配合比表摘录

计量单位:m^3

定额编号				810201040	810201050
项目名称				水泥砂浆(特细砂)	
				1∶2.5	1∶3
综合单价/元				232.40	213.87
编号	名称	单位	单价	消耗量	
01010101	水泥 32.5	kg	0.25	479.00	411.000
05010101	特细砂	t	25.00	1.305	1.344
36290101	水	m^3	2.00	0.350	0.370

根据表 5.37 所示,换算后定额基价为:

新基价=1 770.64+2.02×(213.87−232.40)= 1 733.21(元)

工程费用:1 733.21×585.29/100=10 144(元)

②计算泡沫珍珠岩保温层工程费用,见 2018 年重庆市定额(表 5.38)

定额编码:AK0128

定额计量单位:10 m^3

定额基价:1 356.47 元

根据题意,该定额无须换算,所以保温层工程费用为:

51.96×1 356.47/10=7 048.22(元)

表 5.38 重庆市建筑工程定额计价表砌筑工程摘录

混凝土排水坡

工作内容:略

计量单位:10 m^3

定额编号	项目名称	单位	单价/元	人工费/元	材料费/元	机械费/元
				单价	单价	单价
AK0128	屋面保温 现浇水泥珍珠岩	10 m^3	1 356.47	179.75	1 176.72	

③计算架空隔热层工程直接费,见 2018 年重庆市定额(表 5.39)

定额编码:AK0128。

定额计量单位:100 m^2。

定额基价:1 356.47 元。

根据题意,该定额无须换算,所以保温层工程费用为:

555.88×2 273.70/100=12 639.04(元)

表 5.39 重庆市建筑工程定额计价表砌筑工程摘录

混凝土排水坡

工作内容:略　　　　计量单位:100 m^2

定额编号	项目名称	单位	单价/元	人工费/元	材料费/元	机械费/元
				单价	单价	单价
AK0157	楼地面隔热 聚苯乙烯泡沫塑料板	100 m^2	2 273.70	572.00	1 701.70	

④其他:15 mm 厚 1∶3水泥砂浆找平层、二毡三油一砂卷材屋面请自行计算。

【例 5.32】 建筑平面图如图 5.111 所示,计算墙基水泥砂浆防潮层工程量及工程费用(墙厚 240 mm,M1:宽 900 mm;M2:宽 1000 mm)。

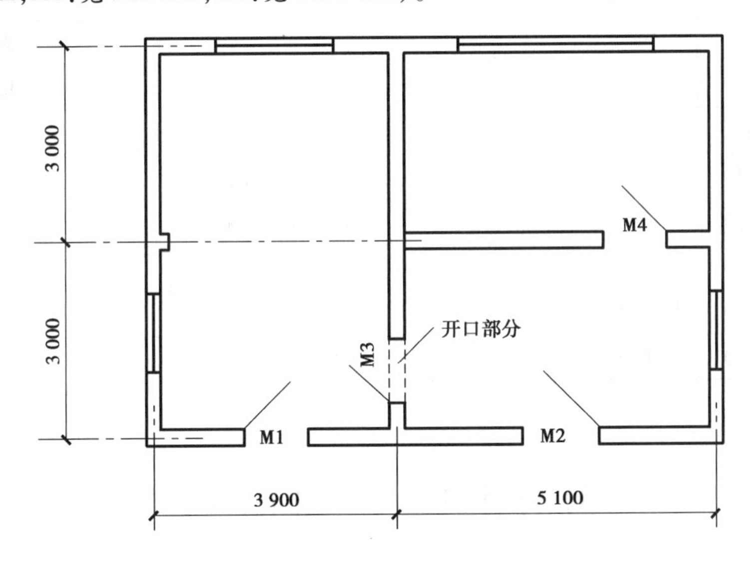

图 5.111 某建筑平面示意图

【解】 (1)墙基水泥砂浆防潮层工程量

S =(外墙中线长+内墙净长)×墙厚

$=[(3.9+5.1+3+3)\times2+6.0-0.24+5.1-0.24]\times0.24$

$=40.62\times0.24=9.75(m^2)$

(2)计算水泥砂浆防潮层工程费用(表 5.40)

定额编码:AJ0064。

定额计量单位:100 m^2。

定额基价:2 301.82 元。

根据题意,该定额无须换算,所以其工程费用为:

$9.75\times2\ 301.82/100=224.42$(元)

表 5.40　重庆市建筑工程定额计价表砌筑工程摘录

水泥砂浆防潮层

J.3.3　砂浆防水(编码:010903003)

工作内容:清理基层、调运砂浆、抹水泥砂浆。　　计量单位:100 m²

定额编号					AJ0068
项目名称					防水砂浆
费用	综合单价/元				2 301.82
	其中	人工费/元			1 156.25
		材料费/元			594.95
		施工机具使用费/元			56.27
		企业管理费/元			307.86
		利润/元			168.30
		一般风险费/元			18.19
	编码	名称	单位	单价/元	消耗量
人工	000300110	抹灰综合工	工日	125.00	9.250
材料	810201030	水泥砂浆 1∶2 (特)	m³	256.68	2.142
	133500200	防水粉	kg	0.68	57.750
	002000010	其他材料费	元	—	5.87
机械	990610010	灰浆搅拌机 200 L	台班	187.56	0.300

任务 5.10　楼地面工程

5.10.1　工程量计算规则与方法

1)一般规则

(1)楼地面的概念

楼地面是楼面和地面的总称,其主要构造层一般为基层、垫层和面层,必要时可增设填充层、隔离层、找平层、结合层等,图 5.112 所示为楼地面组成。

(2)垫层、找平层、整体面层

地面垫层按室内主墙间净空面积乘以设计厚度以立方米计算;找平层、整体面层按主墙间净空面积以平方米计算。均应扣除凸出地面的构筑物、设备基础、室内铁道、地沟等所占的体积(面积),但不扣除柱、垛、间壁墙、附墙烟囱及面积在 0.3 m²以内孔洞所占的体积(面积),而门洞、空圈、暖气包槽、壁龛的开口部分的体积(面积)也不增加。

(3)块料面层

按图示尺寸实铺面积以平方米计算,门洞、空圈、暖气包槽、壁龛等的开口部分的工程量并入相应的面层内计算。

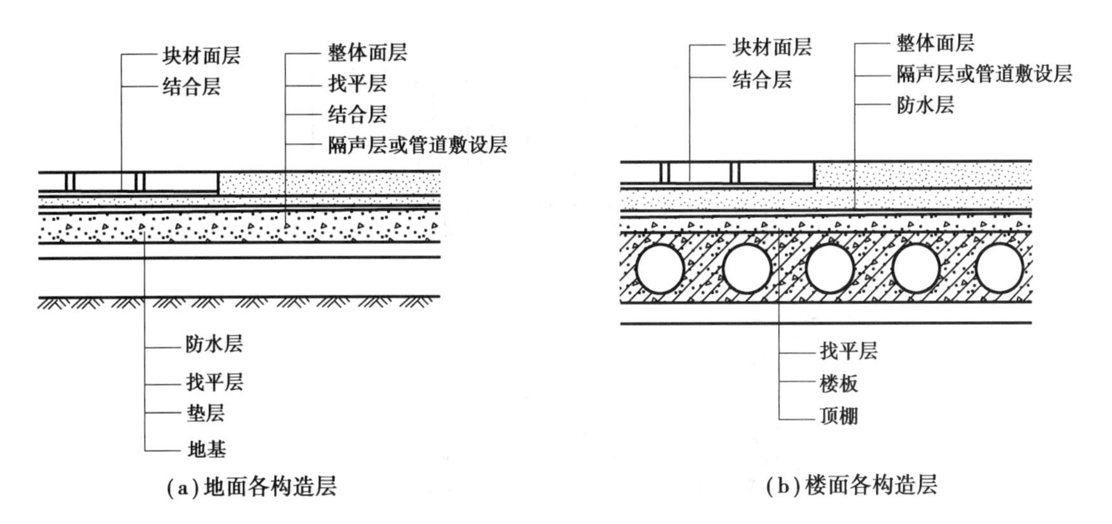

图 5.112 楼地面构造层示意图

【例 5.33】 根据图 5.113 计算该建筑物的室内地面面层工程量。

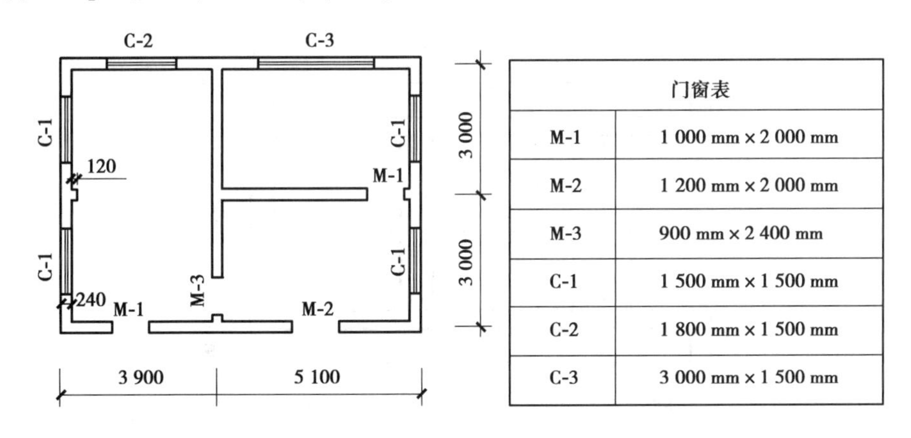

门窗表	
M-1	1 000 mm×2 000 mm
M-2	1 200 mm×2 000 mm
M-3	900 mm×2 400 mm
C-1	1 500 mm×1 500 mm
C-2	1 800 mm×1 500 mm
C-3	3 000 mm×1 500 mm

图 5.113 建筑平面示意图

【解】 室内地面面积=建筑面积−墙结构面积

$$=(3.9-0.24)\times(3+3-0.24)+(5.1-0.24)\times(3-0.24)\times2$$

$$=21.082+26.827=47.91(\text{m}^2)$$

【例 5.34】 根据图 5.113 的数据,地面设计用水泥砂浆铺贴花岗石面层,计算花岗岩地面工程量。

【解】 花岗岩地面面积=室内地面面积+门洞开口部分面积

$$=47.91+(1.0+1.2+0.9+1.0)\times0.24$$

$$=47.91+0.98=48.89(\text{m}^2)$$

(4)楼梯面层

①楼梯面层按设计图示尺寸以楼梯(包括踏步、休息平台及≤500 的楼梯井)水平投影面积计算。楼梯与楼地面相连时,算至梯口梁内侧边沿;无梯口梁者,算至最上一层踏步边沿加 300 mm。

②单跑楼梯面层水平投影面积计算如图 5.114 所示。

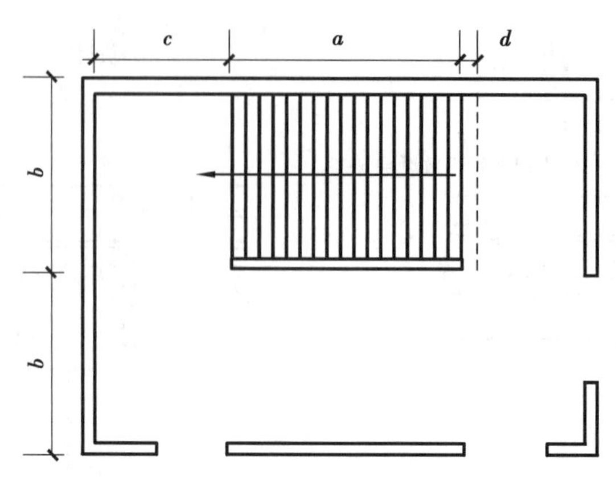

图 5.114　单跑楼梯平面示意图

【例 5.35】　某 5 层房屋楼梯平面如图 5.115 所示，设计为普通水磨石面层，计算工程量。

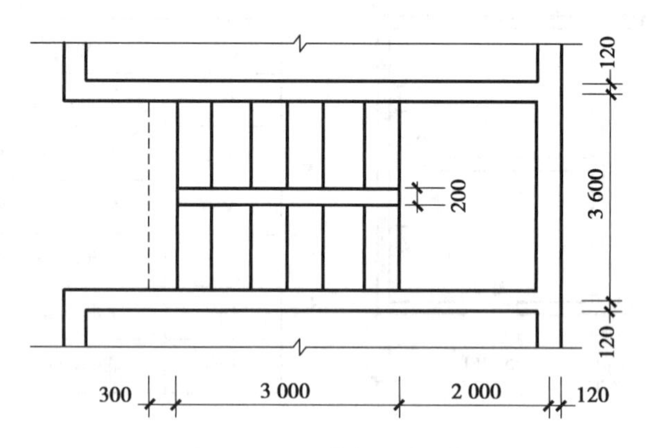

图 5.115　楼梯平面示意图

【解】　楼梯面层工程量=(0.30+3.00+2.00−0.12)×(3.60−0.24)×4=69.62(m^2)

(5)踢脚线

按主墙间净长以延长米计算，洞口及空圈长度不予扣除，但洞口、空圈、垛、附墙烟囱等侧壁长度也不增加。

(6)防滑条

按楼梯踏步两端距离减 300 mm 以延长米计算。

(7)台阶

按水平投影面积计算，包括最上层踏步沿 300 mm。

【例 5.36】　某学院办公楼入口台阶如图 5.116 所示，花岗石贴面，试计算其台阶工程量。

【解】　工程量=(4+0.3×2)×(0.3×2+0.3)+(3.0−0.3)×(0.3×2+0.3)

=4.6×0.9+2.7×0.9=6.57(m^2)

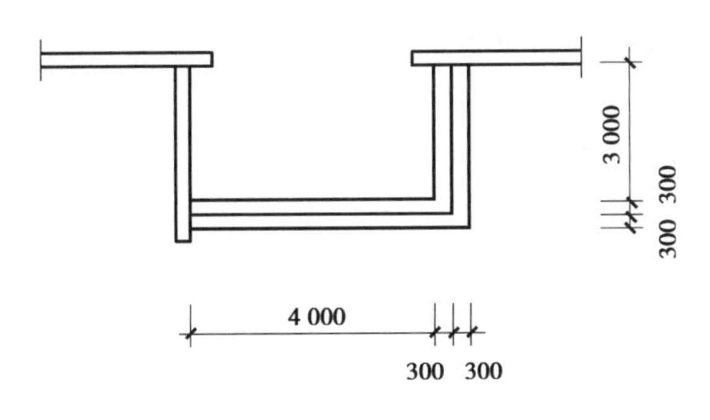

图 5.116 台阶平面示意图

2)其他

楼地面工程量垫层、整体面层、踢脚线

①散水、防滑坡道面层按水平投影面积计算。

散水面积计算公式:

S=(外墙外边周长+散水宽×4)×散水宽-坡道、台阶所占面积

②明沟及排水沟安装成品篦子按图 5.116 所示尺寸以延长米计算。

③栏杆、扶手包括弯头长度按延长米计算。

④弯头按个计算。

5.10.2 工程量计算及计价案例

楼地面工程量计算规则与方法

【例 5.37】 计算如图 5.117 所示办公室、会客室的水泥砂浆整体面层(厚 20 mm)及找平层工程量(厚 20 mm)(墙厚 240 mm,M1:宽 900 mm;M2:宽 1 000 mm)。并计算工程费用。

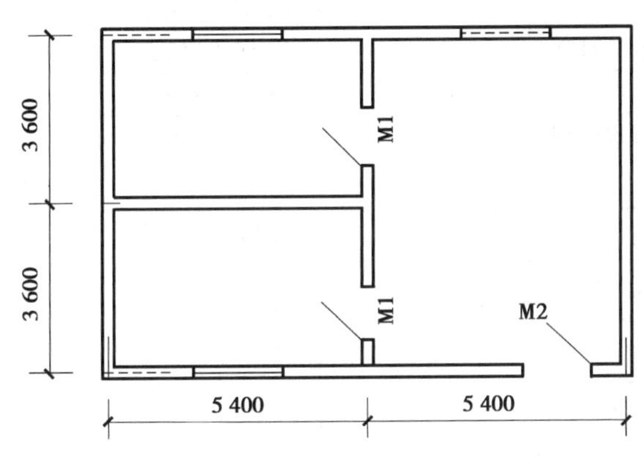

图 5.117 建筑平面示意图

【解】 ①整体面层工程量=建筑面积-墙结构面积=(5.4-0.24)×(3.6-0.24)×2+(5.4-0.24)×(7.2-0.24)= 70.59(m^2)

找平层工程量=整体面层工程量=70.59(m^2)

②计算找平层工程费用(表 5.41)

定额编码:AL0001

定额计量单位:100 m^2

定额基价:1 770.64 元

根据题意,该定额无须换算,所以其工程费用为:

70.59×1 770.64/100=1 249.89(元)

计算整体面层工程费用(表 5.42)

定额编码:AL0014

定额计量单位:100 m^2

定额基价:2 202.74 元

根据题意,该定额无须换算,所以其工程费用为:

70.59×2 202.74/100=1 554.91(元)

表 5.41　重庆市建筑工程定额计价表砌筑工程摘录

找平层

L.1.1　水泥砂浆找平层(编码:011101006)

工作内容:1.现拌水泥砂浆、干混商品地面砂浆:清理基层、刷素水泥浆、调运砂浆、找平、压实。

2.湿拌商品地面砂浆:清理基层、刷素水泥浆、运砂浆、找平、压实。　　计量单位:100 m^2

定额编号					AL0001	AL0002	AL0003	AL0004	AL0005	AL0006
项目名称					水泥砂浆找平层					
					厚度 20 mm					
					在混凝土或硬基层上			在填充材料上		
					现拌	干混商品砂浆	湿拌商品砂浆	现拌	干混商品砂浆	湿拌商品砂浆
费用	综合单价/元				1 770.64	2 120.39	1 743.24	1 889.52	2 353.00	1 896.82
	其中	人工费/元			833.63	750.25	708.63	855.00	769.50	726.75
		材料费/元			520.04	953.03	745.70	590.62	1 132.37	873.78
		施工机具使用费/元			54.77	79.02	—	67.71	97.61	—
		企业管理费/元			225.56	210.55	179.92	234.28	220.16	184.52
		利润/元			123.31	115.10	98.36	128.07	120.35	100.87
		一般风险费/元			13.33	12.44	10.63	13.84	13.01	10.90
	编码	名称	单位	单价/元	消耗量					
人工	000300110	抹灰综合工	工日	125.00	6.669	6.002	5.669	6.840	6.156	5.814
材料	810201040	水泥砂浆 1:2.5(特)	m^3	232.40	2.020	—	—	2.530	—	—
	850301050	干混商品地面砂浆 M15	t	262.14	—	3.434	—	—	4.301	—
	850302030	湿拌商品地面砂浆 M15	m^3	337.86	—	—	2.060	—	—	2.581
	810425010	素水泥浆	m^3	479.39	0.100	0.100	0.100	—	—	—
	341100100	水	m^3	4.42	0.600	1.110	0.400	0.600	1.110	0.400
机械	990610010	灰浆搅拌机 200 L	台班	187.56	0.292	—	—	0.361	—	—
	990611010	干混砂浆罐式搅拌机 20 000 L	台班	232.40	—	0.340	—	—	0.420	—

表 5.42 重庆市建筑工程定额计价表砌筑工程摘录

整体地面 水泥砂浆

工作内容:1.现拌水泥砂浆、干混商品地面砂浆:清理基层、刷素水泥浆、调运砂浆、抹面、压光、养护。

2.湿拌商品地面砂浆:清理基层、刷素水泥浆、运砂浆、抹面、压光、养护。 计量单位:100 m^2

定额编号					AL0014	AL0015	AL0016	AL0017	AL0018	AL0019
项目名称					楼地面面层					
					水泥砂浆					
					厚度 20 mm			每增减 5 mm		
					现拌	干混商品砂浆	湿拌商品砂浆	现拌	干混商品砂浆	湿拌商品砂浆
费用	综合单价/元				2 202.74	2 469.04	2 073.23	343.66	443.73	354.36
	其中	人工费/元			1 099.25	987.88	933.00	146.13	135.63	128.13
		材料费/元			559.48	967.18	759.84	117.36	227.28	174.00
		施工机具使用费/元			68.08	79.02	—	14.63	18.13	—
		企业管理费/元			296.39	270.88	236.89	40.82	39.04	32.53
		利润/元			162.03	148.08	129.50	22.31	21.34	17.78
		一般风险费/元			17.51	16.00	14.00	2.41	2.31	1.92
	编码	名称	单位	单价/元	消耗量					
人工	000300110	抹灰综合工	工日	125.00	8.794	7.903	7.464	1.169	1.085	1.025
材料	810201040	水泥砂浆 1∶2.5(特)	m^3	232.40	2.020	—	—	0.505	—	—
	850301050	干混商品地面砂浆 M15	t	262.14	—	3.434	—	—	0.867	—
	850302030	湿拌商品地面砂浆 M15	m^3	337.86	—	—	2.060	—	—	0.515
	810425010	素水泥浆	m^3	479.39	0.100	0.100	0.100	—	—	—
	341100100	水	m^3	4.42	3.800	4.310	3.600	—	—	—
	002000010	其他材料费	元	—	25.30	—	—	—	—	—
机械	990610010	灰浆搅拌机 200 L	台班	187.56	0.363	—	—	0.078	—	—
	990611010	干混砂浆罐式搅拌机 20 000 L	台班	232.40	—	0.340	—	—	0.078	—

【例 5.38】 某建筑平面如图 5.118 所示,若地面为水泥砂浆面层,水泥砂浆踢脚线,试求其工程量并计算工程费用(墙厚 240 mm,M1:宽 1.00 m;M2:宽 1.20 m; M3:宽 0.9 m;M4:宽 1.00 m)。

【解】 (1)水泥砂浆踢脚线。

按按延长米计算,门洞、空圈开口部分长度不予扣除,但洞口、空圈、柱、垛、附墙烟囱等侧壁长度也不增加。

$$L=(5.1-0.24+3.0-0.24)\times2\times2+(3.0\times2-0.24+3.9-0.24)\times2=49.32(\text{m})$$

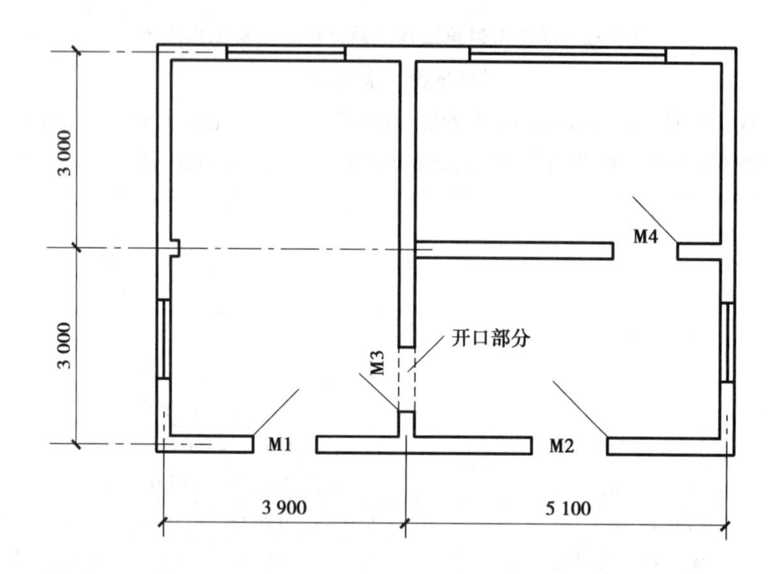

图 5.118 建筑平面示意图

(2)计算水泥砂浆踢脚线工程费用(表 5.43)

定额编码:AL0043

定额计量单位:100 m

定额基价:802.69 元

根据题意,该定额无须换算,所以其工程费用为:

49.32×802.69/100=395.89(元)

表 5.43 重庆市建筑工程定额计价表砌筑工程摘录

踢脚板

L.2.1 水泥砂浆踢脚线(编码:011105001)

工作内容:1.清理基层、调运砂浆、水泥砂浆抹面、压光、养护。 计量单位:100 m

定额编号			AL0043
项目名称			踢脚板
			水泥砂浆 1∶2.5
			厚度 20 mm
费用	综合单价/元		802.69
	其中	人工费/元	508.25
		材料费/元	75.88
		施工机具使用费/元	8.07
		企业管理费/元	131.09
		利润/元	71.66
		一般风险费/元	7.74

续表

	编码	名称	单位	单价/元	消耗量
人工	000300110	抹灰综合工	工日	125.00	4.066
材料	810201050	水泥砂浆 1∶3（特）	m^3	213.87	0.180
	810201040	水泥砂浆 1∶2.5（特）	m^3	232.40	0.150
	341100100	水	m^3	4.42	0.570
机械	990610010	灰浆搅拌机 200 L	台班	187.56	0.043

【例 5.39】 某建筑平面如图 5.119 所示，商品混凝土散水宽 800 mm，厚度为 75 mm，试求散水工程量并计算工程费用。

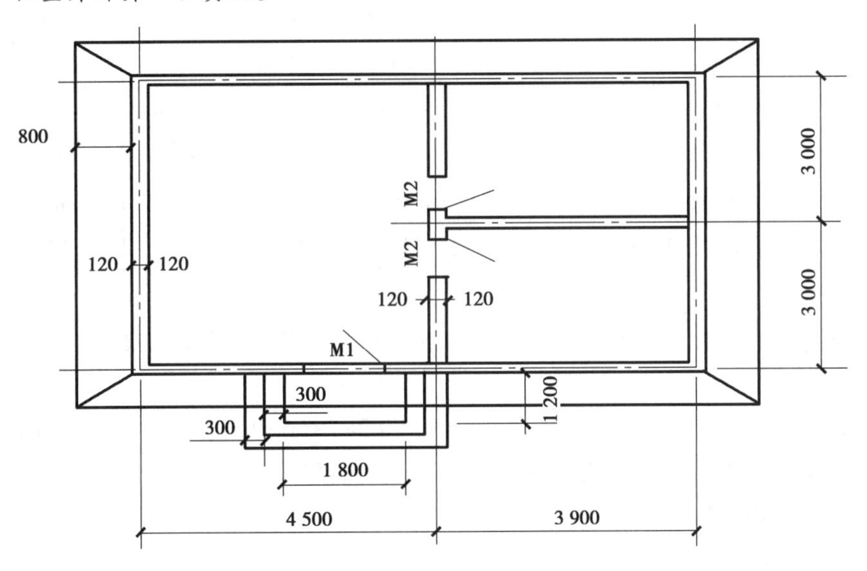

图 5.119 建筑平面示意图

【解】 (1)散水工程量

[(8.4+0.12×2+6+0.12×2)×2+0.8×4]×0.8−(1.8+0.3×4)×0.8=28.77(m^2)

(2)计算商品混凝土散水工程费用(表 5.44)

定额编码:AE0102

定额计量单位:100 m^2

定额基价:3 657.46 元

根据题意，该定额无须换算，但是散水厚度为 75 mm，需另加定额 AE0103。

所以其工程费用为：

28.77×3 657.46/100=1 052.25(元)

28.77×379.73/100=109.24(元)

故 75 mm 厚商品混凝土散水工程费用=1 052.25+109.24×1.5=1 216.11(元)

表 5.44　重庆市建筑工程定额计价表砌筑工程摘录

混凝土排水坡

工作内容：1.自拌混凝土：清理基层、搅拌混凝土、水平运输、浇捣、养护、面层抹灰压实等。

2.商品混凝土：清理基层、浇捣、养护、面层抹灰压实等。

3.防滑坡道：清理基层、砂浆铺设、压实等。　　计量单位：100 m^2

定额编号			AE0100	AE0101	AE0102	AE0103	AE0104
项目名称			混凝土排水坡				防滑坡道
			自拌混凝土		商品混凝土		
			厚度 60 mm	每增减 10 mm	厚度 60 mm	每增减 10 mm	
费用	综合单价/元		4 606.20	493.15	3 657.46	379.73	2 955.75
	其中	人工费/元	1 784.80	140.30	1 238.55	78.20	1 239.70
		材料费/元	1 868.62	267.29	1 889.54	269.66	1 110.03
		施工机具使用费/元	159.92	20.14	17.34	—	71.46
		企业管理费/元	493.76	40.74	318.87	19.85	332.90
		利润/元	269.93	22.27	174.32	10.85	181.99
		一般风险费/元	29.17	2.41	18.84	1.17	19.67

【例 5.40】 计算教材附图工程首层图形培训室地面砖工程量及工程费用。

【解】 ①地面砖工程量

S=室内地面面积+门洞开口部分面积=(3.3−0.24)×(6−0.24)+0.24×0.9=17.84(m^2)

②计算工程直接费，见第二册装饰工程定额(表 5.45)

定额编码：LA0008

定额计量单位：10 m^2

定额基价：727.81 元

工程费用计算：

17.84×727.81/100=1 298.41(元)

表 5.45　重庆市建筑工程定额计价表砌筑工程摘录

地面砖

A.1.3　地面砖地面(编号：011102003)

工作内容：清理基层、试排弹线、锯板修边、刷素水泥浆、铺贴饰面、清理净面。　　计量单位：10 m^2

定额编号	LA0008	LA0009	LA0010	LA0011	LA0012
项目名称	地面砖楼地面				
	周长(mm 以内)			周长(mm 以外)	斜拼
	1 600	2 400	3 200		现场

续表

定额编号					LA0008	LA0009	LA0010	LA0011	LA0012
费用	综合单价/元				727.81	732.40	747.49	764.55	804.93
	其中	人工费/元			260.00	262.34	271.70	283.92	306.80
		材料费/元			399.63	401.28	404.55	406.19	417.68
		施工机具使用费/元			5.20	5.25	5.43	5.68	6.14
		企业管理费/元			35.39	35.70	36.98	38.64	41.76
		利润/元			24.99	25.21	26.11	27.28	29.48
		一般风险费/元			2.60	2.62	2.72	2.84	3.07
	编码	名称	单位	单价/元	消耗量				
人工	000300120	镶贴综合工	工日	130.00	2.000	2.018	2.090	2.184	2.360
材料	070502000	地面砖	m^2	32.48	10.250	10.300	10.400	10.450	10.800
	810201030	水泥砂浆 1:2（特）	m^3	256.68	0.202	0.202	0.202	0.202	0.202
	810425010	素水泥浆	m^3	479.39	0.010	0.010	0.010	0.010	0.010
	040100120	普通硅酸盐水泥 P.O 32.5	kg	0.30	19.890	19.890	19.890	19.890	19.890
	040100520	白色硅酸盐水泥	kg	0.75	1.030	1.030	1.030	1.030	1.030
	002000010	其他材料费	元	—	3.33	3.35	3.38	3.39	3.51
机械	002000045	其他机械费	元	—	5.20	5.25	5.43	5.68	6.14

任务 5.11　墙、柱面一般抹灰工程

5.11.1　墙、柱面一般抹灰工程的定额分项

按照部位的不同,《重庆市建筑工程计价定额(CQJZZSDE—2018)》将墙、柱面一般抹灰工程分为:墙面抹灰;柱(梁)面抹灰;零星抹灰 3 个子项。

5.11.2　定额说明和计价要点

1)一般说明

①本章中的砂浆种类、配合比,如设计或经批准的施工组织设计与定额规定不同时,允许调整,人工、机械不变。

②本章中的抹灰厚度如设计与定额规定不同时,允许调整。

③本章中的抹灰子目中已包括按图集要求的刷素水泥浆和建筑胶浆,不含界面剂处理,如设计要求时,按相应子目执行。

④抹灰中"零星项目"适用于:各种壁柜、碗柜、池槽、阳台栏板(栏杆)、雨篷线、天沟、扶

手、花台、梯帮侧面、遮阳板、飘窗板、空调隔板以及凸出墙面宽度在 500 mm 以内的挑板、展开宽度在 500 mm 以上的线条及单个面积在 0.5 m^2 以内的抹灰。

⑤抹灰中“线条”适用于:挑檐线、腰线、窗台线、门窗套、压顶、宣传栏的边框及展开宽度在 500 mm 以内的线条等抹灰。定额子目线条是按展开宽度 300 mm 以内编制的,当设计展开宽度小于 400 mm 时,定额子目乘以系数 1.33;当设计展开宽度小于 500 mm 时,定额子目乘以系数 1.67。

⑥抹灰子目中已包括护角工料,不另计算。

⑦外墙抹灰已包括分格起线工料,不另计算。

⑧砌体墙中的混凝土框架柱(薄壁柱)、梁抹灰并入混凝土抹灰相应定额子目。砌体墙中的圈梁、过梁、构造柱抹灰并入相应墙面抹灰项目中。

⑨页岩空心砖、页岩多孔砖墙面抹灰执行砖墙抹灰定额子目。

⑩女儿墙内侧抹灰按内墙面抹灰相应定额子目执行,无泛水挑砖者人工及机械费乘以系数 1.10,带泛水挑砖者人工及机械费乘以系数 1.30;女儿墙外侧抹灰按外墙面抹灰相应定额子目执行。

⑪弧形、锯齿形等不规则墙面抹灰按相应定额子目人工乘以系数 1.15,材料乘以系数 1.05。

⑫如设计要求混凝土面需凿毛时其费用另行计算。

⑬阳光窗侧壁及上下抹灰工程量并入内墙面抹灰计算。

2)工程量计算规则

①内墙面、墙裙抹灰工程量均按设计结构尺寸(有保温、隔热、防潮层者按其外表面尺寸)以面积计算。应扣除门窗洞口和单个面积>0.3 m^2以上的空圈所占的面积,不扣除踢脚板、挂镜线及单个面积在 0.3 m^2以内的孔洞和墙与构件交接处的面积,但门窗洞口、空圈、孔洞的侧壁和顶面(底面)面积也不增加。附墙柱(含附墙烟囱)的侧面抹灰应并入墙面、墙裙抹灰工程量内计算,如图 5.120、图 5.121 所示。

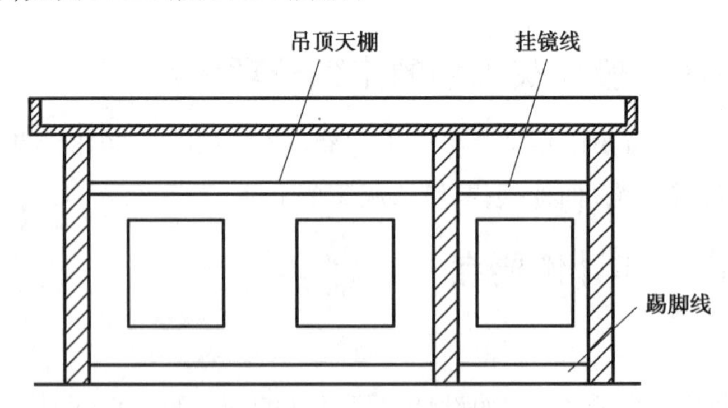

图 5.120 踢脚板、挂镜线示意图

②内墙面、墙裙的抹灰长度以墙与墙间的图示净长计算。其高度按下列规定计算:

a.无墙裙的,其高度按室内地面或楼面至天棚底面之间距离计算。

b.有墙裙的,其高度按墙裙顶至天棚底面之间距离计算。

c.有吊顶天棚的内墙抹灰,其高度按室内地面或楼面至天棚底面另加 100 mm 计算(有

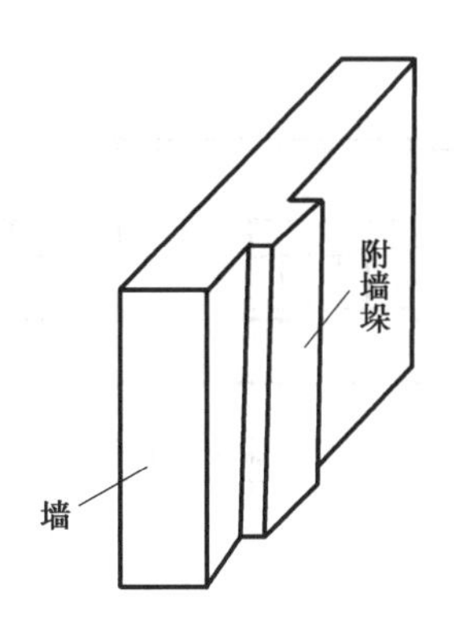

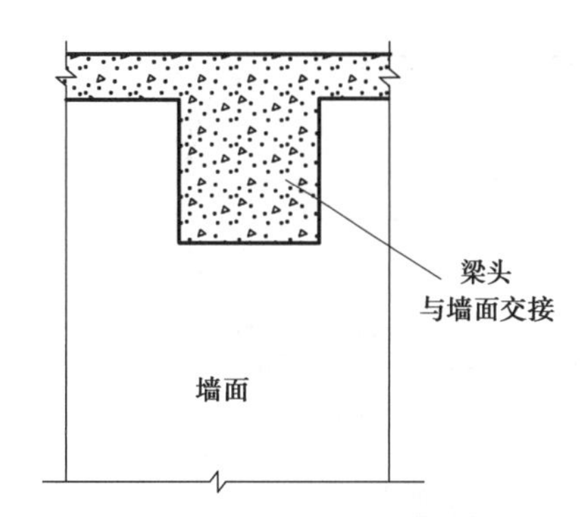

图 5.121 附墙垛及墙与梁头交接处示意图

设计要求的除外)。

③外墙抹灰工程量按设计结构尺寸(有保温、隔热、防潮层者按其外表面尺寸)以面积计算。应扣除门窗洞口、外墙裙(墙面与墙裙抹灰种类相同者应合并计算)和单个面积>0.3 m^2以上的孔洞所占面积,不扣除单个面积在 0.3 m^2以内的孔洞所占面积,门窗洞口及孔洞的侧壁、顶面(底面)面积也不增加。附墙柱(含附墙烟囱)侧面抹灰面积应并入外墙面抹灰工程量内,如图 5.122 所示。

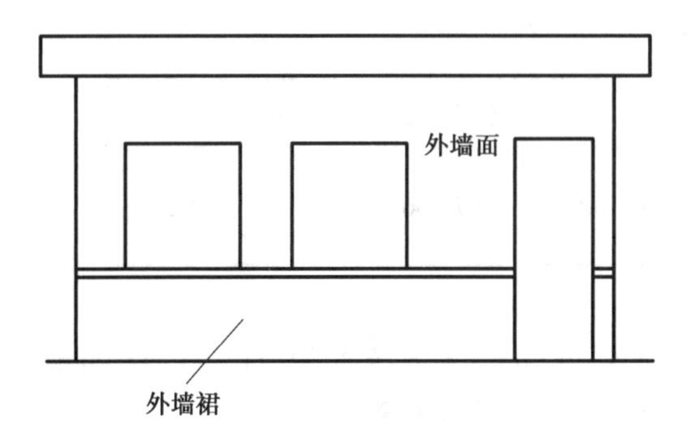

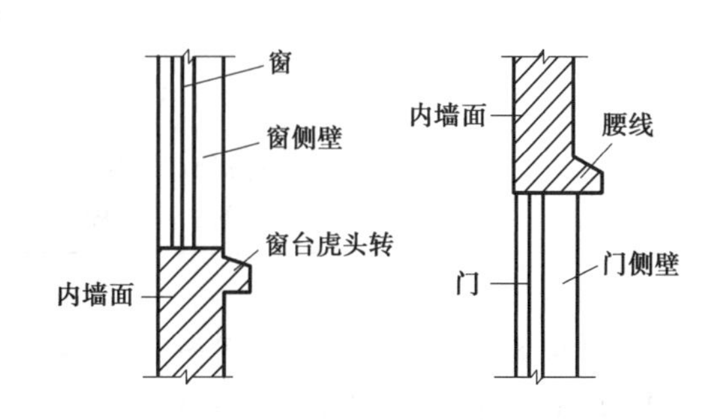

图 5.122 外墙裙及墙与门窗洞口侧壁示意图

④柱抹灰按结构断面周长乘以抹灰高度以面积计算。

⑤“装饰线条”的抹灰按设计图示尺寸以延长米计算。

⑥“零星项目”的抹灰按设计图示尺寸按展开面积计算。

⑦单独的外窗台抹灰长度,如设计图纸无规定时,按窗洞口宽两边共加 200 mm 计算。

⑧钢丝(板)网铺贴按设计图示尺寸或实铺面积计算。

墙面抹灰工程计算

5.11.3 工程量计算及计价案例

【例 5.41】 如图 5.123 所示,该工程为砖混结构,外墙面采用现拌水泥砂浆抹灰,门窗尺寸分别为:M-1:900 mm×2 000 mm;M-2:1 200 mm×2 000 mm;M-3:1 000 mm×2 000 mm;C-1:1 500 mm×1 500 mm;C-2:1 800 mm×1 500 mm;C-3:3 000 mm×1 500 mm。试计算外墙面抹灰工程量及定额计价。

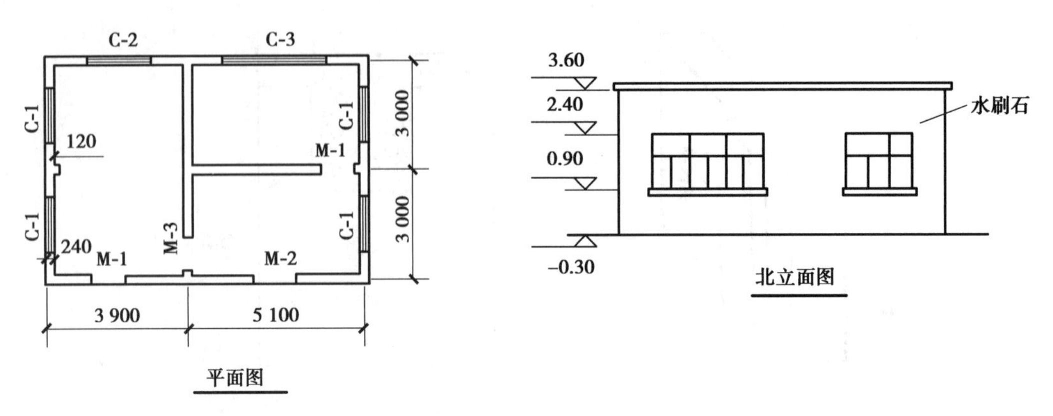

图 5.123　示意图

【解】　(1)工程量计算

外墙抹灰工程量=墙面工程量-门洞口工程量

=(3.9+5.1+0.24+3×2+0.24)×2×(3.6+0.3)-(1.5×1.5×4+1.8×1.5+3×1.5+0.9×2+1.2×2)

= 15.48×2×3.9-(9+2.7+4.5+1.8+2.4)

= 100.34(m^2)

(2)定额计价(表 5.46)

表 5.46

定额编码	项目名称	计量单位	基价/元	工程量	合价/元
AM0004	墙面、墙裙水泥砂浆抹灰 砖墙 外墙 现拌砂浆	100 m^2	2 973.36	1.00	2 973.36

【例 5.42】　某建筑平面图如图 5.124 所示,砖墙厚 240 mm,室内净高 3.9 m,门1 500 mm×2 700 mm,内墙采用现拌水泥砂浆抹灰。试计算南立面内墙抹灰工程量及定额计价。

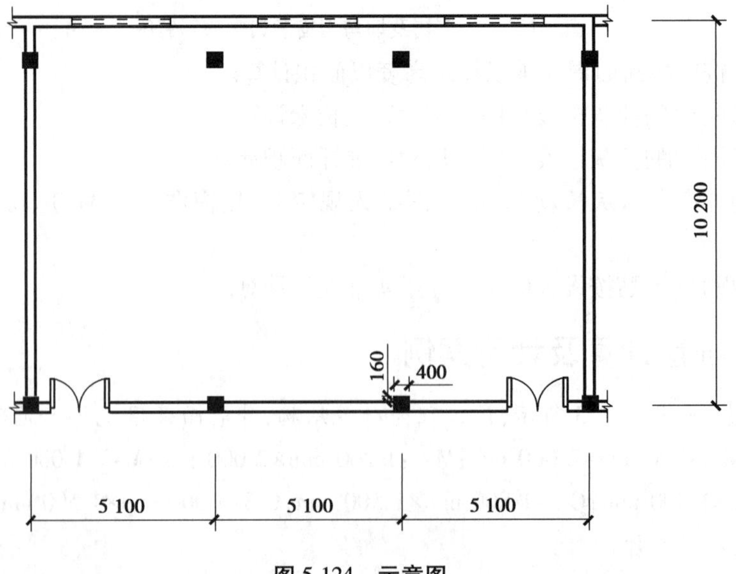

图 5.124　示意图

【解】 (1)工程量计算

南立面内墙面抹灰工程量=墙面工程量+柱侧面工程量-门洞口工程量

内墙面净长=5.1×3-0.24=15.06(m)

柱侧面工程量=0.16×3.9×6=3.744(m^2)

门洞口工程量=1.5×2.7×2=8.1(m^2)

墙面抹灰工程量=15.06×3.9+3.744-8.1

=58.734+3.744-8.1

=54.38(m^2)

(2)定额计价(表5.47)

表5.47

定额编码	项目名称	计量单位	基价/元	工程量	合价/元
AM0001	墙面、墙裙水泥砂浆抹灰 砖墙 内墙 现拌砂浆	100 m^2	2 137.89	0.54	1 154.46

【例5.43】 某建筑物钢筋混凝土柱的构造如图5.125所示,柱面采用现拌水泥砂浆抹灰,试计算工程量及定额计价。

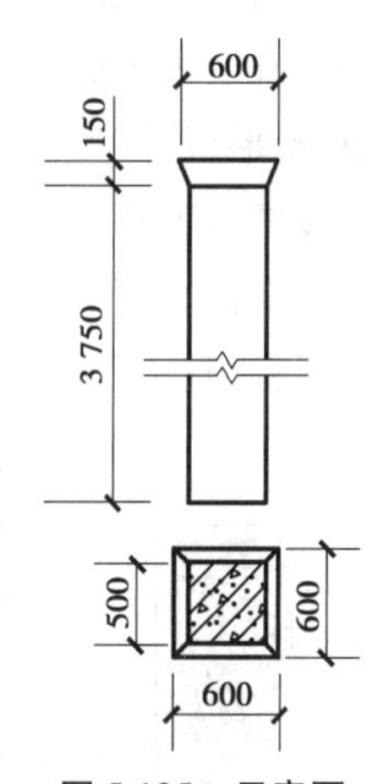

图5.125 示意图

【解】 (1)工程量计算

柱面抹灰工程量=柱身抹灰工程量+柱帽抹灰工程量

柱身抹灰工程量=0.5×4×3.75=7.50(m^2)

柱帽抹灰工程量按图示展开面积计算,四棱台斜表面积的计算公式为:1/2×斜高×(上周边长+下周边长)。

柱帽抹灰工程量=$1/2\times\sqrt{0.15^2+0.05^2}\times(0.5\times4+0.6\times4)\approx0.35$($m^2$)

柱面抹灰工程量=7.50+0.35=7.85(m^2)

(2)定额计价(表5.48)

表5.48

定额编码	项目名称	计量单位	基价/元	工程量	合价/元
AM0043	柱面抹水泥砂浆 方形柱 混凝土柱 现拌砂浆	100 m^2	2 839.73	0.08	227.18

任务5.12 天棚面一般抹灰工程

5.12.1 定额说明

①本章中的砂浆种类、配合比,如设计或经批准的施工组织设计与定额规定不同时,允

许调整,人工、机械不变。

②楼梯底板抹灰执行天棚抹灰相应定额子目,其中锯齿形楼梯按相应定额子目人工乘以系数1.35。

③天棚抹灰定额子目不包含基层打(钉)毛,如设计需要打毛时应另行计算。

④天棚抹灰装饰线定额子目是指天棚抹灰凸起线、凸出棱角线,装饰线道数以凸出的一个棱角为一道线。

⑤天棚和墙面交角抹灰呈圆弧形已综合考虑在定额子目中,不得另行计算。

⑥天棚装饰线抹灰定额子目中只包括凸出部分的工料,不包括底层抹灰的工料;底层抹灰的工料包含在天棚抹灰定额子目中,计算天棚抹灰工程量时不扣除装饰线条所占抹灰面积。

⑦天棚抹灰定额子目中已包括建筑胶浆人工、材料、机械费用,不再另行计算。

5.12.2 工程量计算规则

①天棚抹灰的工程量按墙与墙间的净面积以平方米计算,不扣除柱、附墙烟囱、垛、管道孔、检查口、单个面积在0.3 m^2以内的孔洞及窗帘盒所占的面积。有梁板(含密肋梁板、井字梁板、槽形板等)底的抹灰按展开面积以平方米计算,并入天棚抹灰工程量内。

②檐口天棚宽度在500 mm以上的挑板抹灰应并入相应的天棚抹灰工程量内计算。

③阳台底面抹灰按水平投影面积以平方米计算,并入相应天棚抹灰工程量内。阳台带悬臂梁者,其工程量乘以系数1.30。

④雨篷底面或顶面抹灰分别按水平投影面积(拱形雨篷按展开面积)以平方米计算,并入相应天棚抹灰工程量内。雨篷顶面带反沿或反梁者,其顶面工程量乘系数1.20;底面带悬臂梁者,其底面工程量乘以系数1.20。

天棚面一般抹灰工程计算

⑤板式楼梯底面抹灰面积(包括踏步、休息平台以及小于500 mm宽的楼梯井)按水平投影面积乘以系数1.3计算,锯齿楼梯底板抹灰面积(包括踏步、休息平台以及小于500 mm宽的楼梯井)按水平投影面积乘以系数1.5计算。

⑥计算天棚装饰线时,分别按三道线以内或五道线以内以延长米计算。

5.12.3 工程量计算及计价案例

【例5.44】 某建筑平面图如图5.126所示,墙厚240 mm,天棚基层类型为混凝土现浇板,方柱尺寸:400 mm×400 mm,天棚采用现拌水泥砂浆抹灰。试计算天棚抹灰工程量及定额计价。

【解】 (1)工程量计算

根据工程量计算规则,天棚抹灰的工程量按墙与墙间的净面积以平方米计算,不扣除柱、附墙烟囱、垛、管道孔、检查口、单个面积在0.3 m^2以内的孔洞及窗帘盒所占的面积。则:

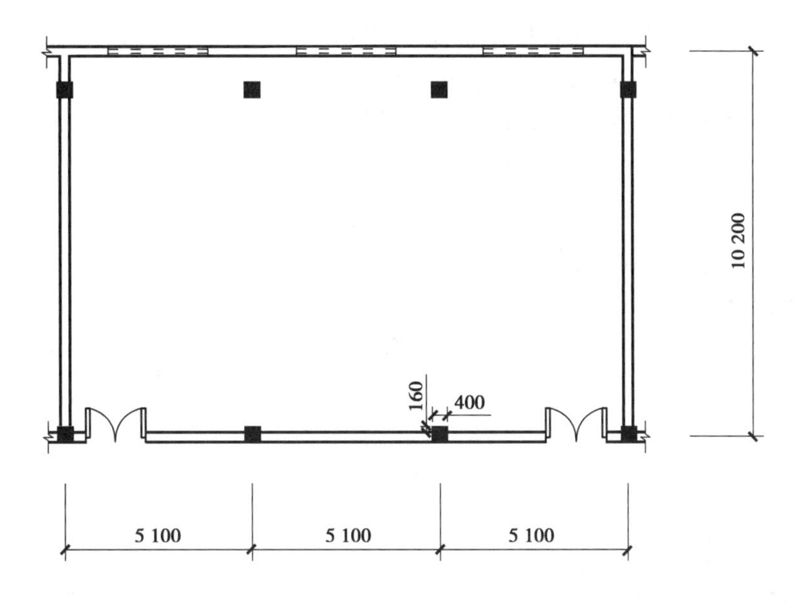

图 5.126 示意图

天棚抹灰工程量 = (5.1×3−0.24)×(10.2−0.24) = 150.00(m^2)

(2)定额计价(表 5.49)

表 5.49

定额编码	项目名称	计量单位	基价/元	工程量	合价/元
AN0001	天棚抹灰 混凝土面 现拌水泥砂浆	10 m^2	208.52	15	3 127.80

任务 5.13 措施项目

5.13.1 措施项目简介

措施项目是指设计图中没有的,不构成工程实体的,但却有助于工程实体建设的那部分工程。这部分工程的费用通常从措施费中支出。根据《重庆市建筑工程计价定额 CQJZZS-DE—2018》,措施项目包括:脚手架工程、垂直运输、超高施工增加、大型机械设备进出场及安拆 4 节。

5.13.2 定额说明和计价要点

1)一般说明

①建筑物檐高是以设计室外地坪至檐口滴水的高度(平屋顶系指屋面板底高度,斜屋面系指外墙外边线与斜屋面板底的交点)为准。突出主体建筑物屋顶的楼梯间、电梯间、水箱间、屋面天窗、构架、女儿墙等不计入檐口高度之内。

②同一建筑物有不同檐高时,按建筑物的不同檐高纵向分割,分别计算建筑面积,并按各自的檐高执行相应子目,檐口高度示意图如图 5.127 所示。

③同一建筑物有几个室外地坪标高或檐口标高时,应按纵向分割的原则分别确定檐高;室外地坪标高以同一室内地坪标高面相应的最低室外地坪标高为准。

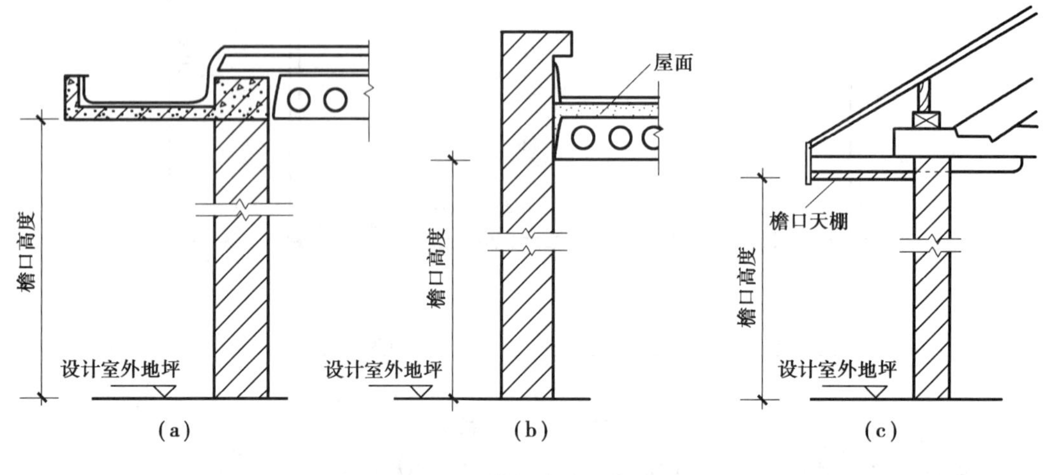

图 5.127　檐口高度示意图

2)脚手架工程

①本章脚手架是按钢管式脚手架编制,施工中实际采用竹、木或其他脚手架时,不允许调整。

②综合脚手架和单项脚手架已综合考虑了斜道、上料平台、防护栏杆和水平安全网。

③本章定额未考虑地下室架料拆除后超过 30 m 的人工水平转运,发生时按实计算。

④各项脚手架消耗量中未包括脚手架基础加固。基础加固是指脚手架立杆下端以下或脚手架底座以下的一切做法(如混凝土基础、垫层等)。

⑤综合脚手架。

a.凡能够按“建筑面积计算规则”计算建筑面积的建筑工程均按综合脚手架定额项目计算脚手架摊销费。

b.综合脚手架已综合考虑了砌筑、浇筑、吊装、一般装饰等脚手架费用,除满堂基础和 3.6 m 以上的天棚吊顶、幕墙脚手架及单独二次设计的装饰工程按规定单独计算外,不再计算其他脚手架摊销费。

c.综合脚手架已包含外脚手架摊销费,其外脚手架按悬挑式脚手架、提升式脚手架综合考虑,外脚手架高度在 20 m 以上,外立面按有关要求或批准的施工组织设计采用落地式等双排脚手架进行全封闭的,另执行相应高度的双排脚手架子目,人工乘以 0.3、材料乘以 0.4。

d.多层建筑综合脚手架按层高 3.6 m 以内进行编制,层高超过 3.6 m 时,该层综合脚手架按每增加 1.0 m(超高不足 1 m 按 1 m 计算)增加系数 10%计算。

e.执行综合脚手架的建筑物,有下列情况时,另执行单项脚手架子目:

- 砌筑高度在 1.2 m 以外的管沟墙及砖基础,按设计图示砌筑长度乘以高度以面积计算,执行里脚手架子目。
- 建筑物内的混凝土贮水(油)池、设备基础等构筑物,按相应单项脚手架计算。

• 建筑装饰造型及其他功能需要在屋面上施工现浇混凝土排架按双排脚手架计算。

• 按照建筑面积计算规范的有关规定未计入建筑面积，但施工过程中需搭设脚手架的部位（连梁）可另外执行单项脚手架项目。

⑥单项脚手架。

a.凡不能按“建筑面积计算规则”计算建筑面积的建筑工程，确需搭设脚手架时，按单项脚手架项目计算脚手架摊销费。

b.单项脚手架按施工工艺分项工程编制，不同分项工程应分别计算单项脚手架。

c.悬空脚手架是指通过特设的支承点用钢丝绳沿对墙面拉起，工作台在上面滑移施工，适用于悬挑宽度在 1.2 m 以上的有露出屋架的屋面板勾缝、油漆或喷浆等部位。

d.挑脚手架是指悬挑宽度在 1.2 m 以内的采用悬挑形式搭设的脚手架。

e.满堂式钢管支撑架是指在纵、横方向，由不小于三排立杆并与水平杆、水平剪刀撑、竖向剪刀撑、扣件等构成的，为钢结构安装或浇筑混凝土构件等搭设的承力支架。

f.满堂脚手架是指在纵、横方向，由不小于三排立杆并与水平杆、水平剪刀撑、竖向剪刀撑、扣件等构成的操作脚手架。

g.水平防护架和垂直防护架，均指在脚手架以外，单独搭设的用于车马通道、人行通道、临街防护和施工与其他物体隔离的水平及垂直防护架。

h.安全过道是指在脚手架以外，单独搭设的用于车马通行、人行通行的封闭通道。不含两侧封闭防护，发生时另行计算。

i.建筑物垂直封闭是在利用脚手架的基础上挂网的工序，不包含脚手架搭拆。

j.采用单排脚手架搭设时，按双排脚手架子目乘以系数 0.7。

k.水平防护架子目中的脚手板是按单层编制的，实际按双层或多层铺设时按实铺层数增加脚手板耗料，支撑架料耗量增加 20%，其他不变。

l.砌砖工程高度为 1.35~3.6 m，执行里脚手架子目；高度在 3.6 m 以上者执行双排脚手架子目。砌石工程（包括砌块）、混凝土挡墙高度超过 1.2 m 时，执行双排脚手架子目。

m.建筑物水平防护架、垂直防护架、安全通道、垂直封闭子目是按 8 个月施工期（自搭设之日起至拆除日期）编制的。超过 8 个月施工期的工程，子目中的材料应乘表 5.50 系数，其他不变。

表 5.50

施工期	10 个月	12 个月	14 个月	16 个月	18 个月	20 个月	22 个月	24 个月	26 个月	28 个月	30 个月
系数	1.18	1.39	1.64	1.94	2.29	2.70	3.19	3.76	4.44	5.23	6.18

n.双排脚手架高度超过 110 m 时，高度每增加 50 m，人工增加 5%，材料、机械增加 10%。

o.装饰工程脚手架按本章相应单项脚手架子目执行；采用高度 50 m 以上的双排脚手架子目，人工、机械不变，材料乘以 0.4；采用高度 50 m 以下的双排脚手架子目，人工、机械不变，材料乘以 0.6。

⑦其他脚手架。

电梯井架每一电梯台数为一孔,即为一座。

3)垂直运输

①本章施工机械是按常规施工机械编制的,实际施工不同时不允许调整,特殊建筑经建设、监理单位及专家论证审批后允许调整。

②垂直运输工作内容,包括单位工程在合理工期内完成全部工程项目所需要的垂直运输机械台班,除本定额已编制的大型机械进出场及安拆子目外,其他垂直运输机械的进出场费、安拆费用已包括在台班单价中。

③本章垂直运输子目不包含基础施工所需的垂直运输费用,基础施工时按批准的施工组织设计按实计算。

④本定额多、高层垂直运输按层高 3.6 m 以内进行编制,层高超过 3.6 m 时,该层垂直运输按每增加 1.0 m(超高不足 1 m 按 1 m 计算)增加系数 10%计算。

⑤檐高 3.6 m 以内的单层建筑,不计算垂直运输机械。

⑥单层建筑物按不同结构类型及檐口高度 20 m 综合编制,多层、高层建筑物按不同檐口高度编制。

⑦地下室/半地下室垂直运输的规定。

a.地下室无地面建筑物(或无地面建筑物的部分),地下室结构顶面至底板结构上表面高差(以下简称“地下室深度”)作为檐口高度。

b.地下室有地面建筑的部分,“地下室深度”大于其上的地面建筑檐高时,“地下室深度”作为计算垂直运输的檐高。“地下室深度”小于其上的地面建筑檐高时,按地面建筑相应檐高计算。

c.垂直运输机械布置于地下室底层时,檐口高度应以布置点的地下室底板顶标高至檐口的高度计算,执行相应檐口高度的垂直运输子目。

4)建筑物超高施工增加

①建筑物超高施工增加费是指单层建筑物檐高>20 m、多层建筑物大于 6 层的人工、机械降效、通信联络、高层加压水泵的台班费。

②单层建筑物檐高>20 m,按全部脚手架面积计算超高施工降效费,执行相应檐高定额子目乘以系数 0.2;多层建筑物大于 6 层或檐高>20 m,均应按超高部分的脚手架面积计算超高施工降效费,超过 20 m 时不足一层按一层计算。

5)大型机械设备进出场及安拆

(1)固定式基础

①塔式起重机基础混凝土体积是按 30 m^3以内综合编制的,施工电梯基础混凝土体积是按 8 m^3以内综合编制的,实际基础混凝土体积超过规定值时,超过部分执行混凝土及钢筋混凝土工程章节中相应子目。

②固定式基础包含基础土石方开挖,不包含余渣运输等工作内容,发生时按相应项目另行计算。基础如需增设桩基础时,其桩基础项目另执行基础工程章节中相应子目。按施工组织设计或方案施工的固定式基础实际钢筋用量不同时,其超过定额消耗量部分执行现浇钢筋制作安装定额子目。

③自升式塔式起重机是按固定式基础、带配重确定的。不带配重的自升式塔式起重机固定式基础,按施工组织设计或方案另行计算。

④自升式塔式起重机行走轨道按施工组织设计或方案另行计算。

⑤混凝土搅拌站的基础按基础工程章节相应项目另行计算。

(2)特、大型机械安装及拆卸

①自升式塔式起重机是以塔高 45 m 确定的,如塔高超过 45 m 时,每增高 10 m(不足 10 m 按10 m 计算),安拆项目增加 20%。

②塔机安拆高度按建筑物塔机布置点地面至建筑物结构最高点加 6 m 计算。

③安拆台班中已包括机械安装完毕后的试运转台班。

(3)特、大型机械场外运输

①机械场外运输是按运距 30 km 考虑的。

②机械场外运输综合考虑了机械施工完毕后回程的台班。

③自升式塔机是以塔高 45 m 确定的,如塔高超过 45 m 时,每增高 10 m,场外运输项目增加 10%。

④本定额特大型机械缺项时,其安装、拆卸、场外运输费发生时按实计算。

5.13.3 工程量计算规则

1)综合脚手架

综合脚手架面积按建筑面积及附加面积之和计算。建筑面积按“建筑面积计算规则”以平方米计算;不能计算建筑面积的屋面架构、空调间、封闭空间等的附加面积,按以下规则计算。

①屋面现浇混凝土水平构架的综合脚手架面积应按以下规则计算。

建筑装饰造型及其他功能需要在屋面上施工现浇混凝土构架,高度在 2.20 m 以上时,其面积大于或等于整个屋面面积 1/2 者,按其排架构架外边柱外围水平投影面积的 70%计算;其面积大于或等于整个屋面面积 1/3 者,按其排架构架外边柱外围水平投影面积的 50%计算;其面积小于整个屋面面积 1/3 者,按其排架构架外边柱外围水平投影面积的 25%计算。

②结构内的空调间按全面积计算。

③高层建筑设计室外不加以利用的板或有梁板,按水平投影面积的 1/2 计算。

④结构内的封闭空间净高 $1.2<h<2.1$ m 按 1/2 计算,净高>2.1 m 按全面积计算。

2)单项脚手架

①双排脚手架、里脚手架均按其服务面的垂直投影面积计算,其中:

a.不扣除门窗洞口和空圈所占面积。

b.独立砖柱高度在 3.6 m 以内者,按柱外围周长乘以实砌高度按里脚手架计算;高度在 3.6 m 以上者,按柱外围周长加 3.6 m 乘以实砌高度按单排脚手架计算;独立混凝土柱按柱外围周长加 3.6 m 乘以浇筑高度并按双排脚手架计算。

c.独立石柱高度在 3.6 m 以内者,按柱外围周长乘以实砌高度计算工程量;高度在 3.6 m

以上者,按柱外围周长加 3.6 m 乘以实砌高度计算工程量。

d.围墙高度从自然地坪至围墙顶计算,长度按墙中心线计算,不扣除门所占的面积,但门柱和独立门柱的砌筑脚手架不增加。

②悬空脚手架按搭设的水平投影面积计算。

③挑脚手架按搭设长度乘以搭设层数以延长米计算。

④满堂脚手架按搭设的水平投影面积计算,不扣除垛、柱所占的面积。满堂基础脚手架工程量按其底板面积计算。高度为 3.6~5.2 m 时,按满堂脚手架基本层计算;高度超过 5.2 m 时,每增加 1.2 m,按增加一层计算,增加层的高度若在 0.6 m 内时,舍去不计。

⑤满堂式钢管支架工程量按搭设的水平投影面积乘以支撑高度以立方米计算,不扣除墙、柱所占的体积。

⑥水平防护架按脚手板实铺的水平投影面积计算。

⑦垂直防护架以两侧立杆之间距离乘以高度(从自然地坪算至最上层横杆)以面积计算。

⑧安全过道按搭设的水平投影面积计算。

⑨建筑物垂直封闭工程量按封闭面的垂直投影面积计算。

⑩电梯井字架按搭设高度以座计算。

3)建筑物垂直运输

建筑物垂直运输面积,应分单层、多层和檐高,按综合脚手架面积以平方米计算。

4)建筑物超高施工增加

超高人工、机械降效面积应分不同檐高,按建筑物超高(单层建筑物檐高>20 m,多层建筑物大于 6 层或檐高>20 m)部分的综合脚手架面积以平方米计算。

5)大型机械设备安拆及场外运输

①大型机械设备安拆及场外运输按使用机械设备的台次计算。

②起重机固定式、施工电梯基础按座计算。

垂直运输计算

大型机械设备进出场及安拆

单项脚手架计算

综合脚手架计算

5.13.4 工程量计算及计价案例

【例 5.45】 某建筑工程图如图 5.128 所示,①—②轴间各层建筑面积均为 300 m^2,②—③轴间各层建筑面积均为 600 m^2,③—④轴间各层建筑面积均为 700 m^2,计算该建筑综合脚手架工程量并套用定额计价。

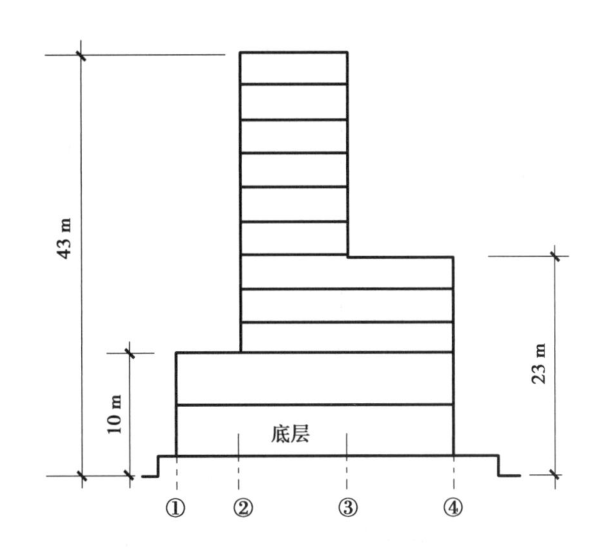

图 5.128 某建筑工程示意图

【解】 (1)综合脚手工程量计算

①—②轴间按 20 m 以内多层建筑综合脚手架计算:工程量为 300 m^2×2=600 m^2;

②—③轴间按 50 m 以内多层建筑综合脚手架计算:工程量为 600 m^2×11=6 600 m^2;

③—④轴间按 30 m 以内多层建筑综合脚手架计算:工程量为 700 m^2×5=3 500 m^2。

(2)定额计价

查《重庆建筑工程计价定额》(CQJZZSDE—2018)中多层建筑综合脚手架,套用相应综合脚手架项目,计算过程见表 5.51。

表 5.51 多层建筑综合脚手架定额套用

定额编码	项目名称	计量单位	基价/元	工程量	合价/元
AP0007	多层建筑综合脚手架(20 m 内)	100 m^2	2 675.45	6	16 052.70
AP0008	多层建筑综合脚手架(30 m 内)	100 m^2	3 205.86	35	112 205.10
AP0009	多层建筑综合脚手架(50 m 内)	100 m^2	3 935.29	66	259 729.14
合计		387 986.94 元			

【例 5.46】 根据如图 5.129 所示尺寸计算建筑物外墙脚手架工程量并套用定额计价。

【解】 (1)外墙脚手工程量计算

单排脚手架(15 m 高)=(26+12×2+8)×15 m^2=870(m^2)

双排脚手架(21 m 高)=32×(45−24)=672(m^2)

双排脚手架(24 m 高)=(18×2+32)×24=1 632(m^2)

双排脚手架(30 m 高)=(26−8)×(45−15)=540(m^2)

双排脚手架(45 m 高)=(18+24×2+4)×45=3 150(m^2)

根据定额划分规定,外脚手架分 12 m、24 m、36 m、48 m,故

30 m 以内双排脚手架工程量为:672+1 632+540=2 844(m^2)

50 m 以内双排脚手架工程量为:3 150 m^2

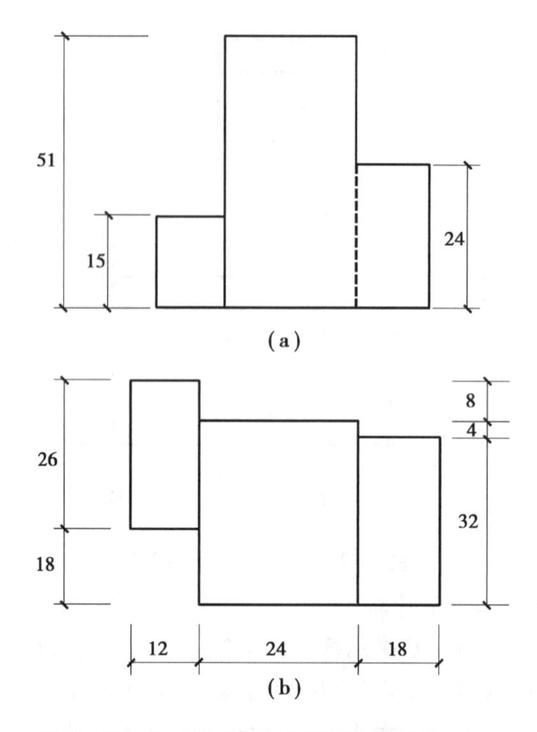

图 5.129　某建筑外墙工程示意图(单位:m)

15 m 以内单排脚手架工程量为:870 m^2

(2)套用定额计价

查《重庆建筑工程计价定额》(CQJZZSDE—2018)中外脚手架,套用相应外脚手架项目,计算过程见表 5.52。

表 5.52　外脚手架定额套用

定额编码	项目名称	计量单位	基价/元	工程量	合价/元
换 AP0017	单排脚手架(15 m 内)	100 m^2	1 456.81	8.7	12 674.25
AP0019	双排脚手架(30 m 内)	100 m^2	2 538.55	28.44	72 196.36
AP0020	双排脚手架(50 m 内)	100 m^2	3 571.94	31.5	112 516.11
合　计		197 386.72 元			

【例 5.47】　某多层建筑檐口高度如图 5.130 所示,按“建筑面积计算规则就计算确定的建筑面积分别是:①—②轴为 1 200 m^2,②—③轴为7 000 m^2,③—④轴为 6 000 m^2。试计算该工程垂直运输及超高降效费。

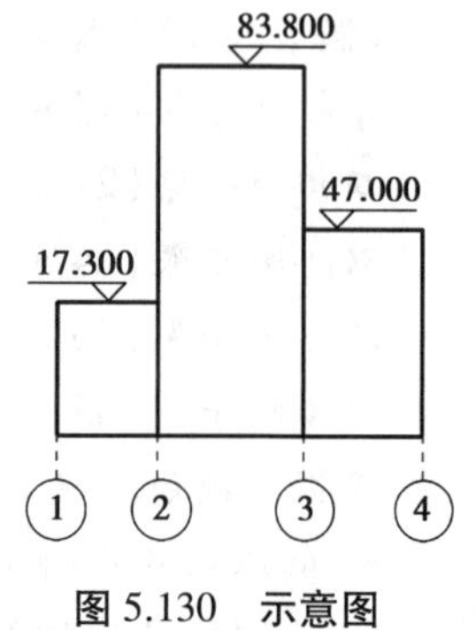

图 5.130　示意图

【解】　垂直运输费:

①—②轴,建筑面积为 1 200 m^2,檐口高度为 17.3 (≤30 m);

②—③轴,建筑面积为 7 000 m^2,檐口高度为 83.8 (≤100 m);

③—④轴,建筑面积为 6 000 m^2,檐口高度为 47 (≤70 m)。

套用《重庆市建筑工程计价定额》中相应子项，计算结果见表 5.53。

表 5.53

定额编码	项目名称	计量单位	基价/元	工程量	合价/元
AP0045	建筑物垂直运输多、高层檐口高度(30 m 以内)	100 m^2	2 749.91	12	32 998.92
AP0047	建筑物垂直运输多、高层檐口高度(70 m 以内)	100 m^2	4 076.99	70	285 389.30
AP0048	建筑物垂直运输多、高层檐口高度(100 m 以内)	100 m^2	4 569.83	60	274 189.80
垂直运输费合计					592 578.02
定额编码	项目名称	计量单位	基价/元	工程量	合价/元
AP0057	建筑物超高人工、机械降效檐口高度(60 m 以内)	100 m^2	4 237.14	60	254 228.40
AP0059	建筑物超高人工、机械降效檐口高度(100 m 以内)	100 m^2	5 642.81	70	394 996.70
超高降效费合计					649 225.10

【例 5.48】 某宿舍楼工程用塔式起重机两台，两台塔式起重机的公称起重力矩为 400 kN · m 和600 kN · m，计算工程量并确定定额项目。

套用《重庆市建筑工程计价定额》中相应子项，计算结果见表 5.54。

表 5.54

定额编码	项目名称	计量单位	基价/元	工程量	合价/元
AP0071	自升式塔式起重机安拆(400 kN · m 以内)	台次	14 426.19	1	14 426.19
AP0072	自升式塔式起重机安拆(600 kN · m 以内)	台次	16 500.27	1	16 500.27
起重机安拆费合计					30 926.46

项目 6
建筑安装工程费用定额

学习目标

- **知识目标** (1)取费程序。
  (2)根据工程类别确定费率。
- **能力目标** (1)熟悉建筑安装工程费用定额中的相关术语。
  (2)掌握建筑安装工程取费程序。
  (3)熟悉根据工程类别确定费率。
  (4)掌握工程类别划分依据。

任务 6.1 建筑安装工程费用项目组成及内容

6.1.1 建筑安装工程费用项目组成

建筑安装工程费由分部分项工程费、措施项目费、其他项目费、规费、税金组成,如图 6.1 所示。

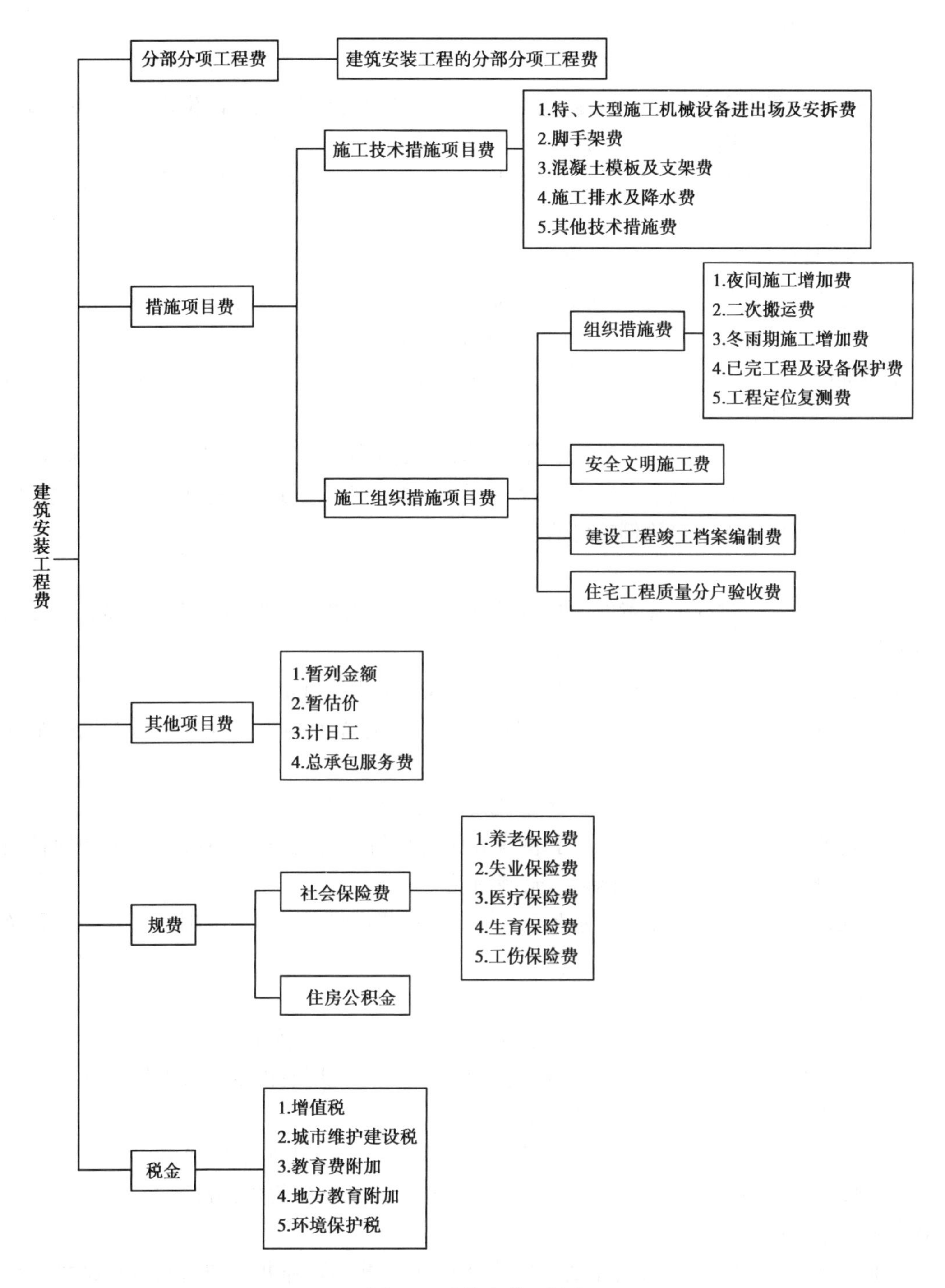

图6.1 建筑安装工程费

6.1.2 建筑安装工程费用项目内容

1) 分部分项工程费

分部分项工程费是指建筑安装工程的分部分项工程发生的人工费、材料费、施工机具使用费、企业管理费、利润和一般风险费。

(1)人工费

人工费是指按工资总额构成规定,支付给从事建筑安装工程施工的生产工人和附属生产单位工人的各项费用。

①计时工资或计件工资:是指按计时工资标准和工作时间或对已做工作按计件单价支付给个人的劳动报酬。

②奖金:是指对超额劳动和增收节支支付给个人的劳动报酬。

③津贴补贴:是指为了补偿职工特殊或额外的劳动消耗和因其他特殊原因支付给个人的津贴,以及为了保证职工工资水平不受物价影响支付给个人的物价补贴。

④加班加点工资:是指按规定支付的在法定节假日工作的加班工资和在法定日工作时间外延时工作的加点工资。

⑤特殊情况下支付的工资:是指根据国家法律、法规和政策规定,因病、工伤、产假、计划生育假、婚丧假、事假、探亲假、定期休假、停工学习、执行国家或社会义务等原因按计时工资标准或计件工资标准的一定比例支付的工资。

(2)材料费

材料费是指施工过程中耗费的原材料、辅助材料、构配件、零件、半成品或成品、工程设备的费用。

①材料原价:是指材料、工程设备的出厂价格或商家供应价格。

②运杂费:是指材料、工程设备自来源地运至工地仓库或指定堆放地点所发生的全部费用。

③运输损耗费:是指材料在运输装卸过程中不可避免的损耗。

④采购及保管费:是指为组织采购、供应和保管材料、工程设备的过程中所需要的各项费用,包括采购费、仓储费、工地保管费、仓储损耗。

工程设备是指构成或计划构成永久工程一部分的机电设备、金属结构设备、仪器装置及其他类似的设备和装置。

(3)施工机具使用费

施工机具使用费是指施工作业所发生的施工机械、仪器仪表使用费。

①施工机械使用费:是指施工机械作业所发生的施工使用费以及机械安拆费和场外运输费。施工机械台班单价由下述7项费用组成。

a.折旧费:是指施工机械在规定的耐用总台班内,陆续收回其原值的费用。

b.检修费:是指施工机械在规定的耐用总台班内,按规定的检修间隔进行必要的检修,以恢复其正常功能所需的费用。

c.维护费:是指施工机械在规定的耐用总台班内,按规定的维护间隔进行各级维护和临时故障排除所需的费用。保障机械正常运转所需替换设备与随机配备工具附具的摊销费用、机械运转及日常维护所需润滑与擦拭的材料费用及机械停滞期间的维护费用等。

d.安拆费及场外运费:安拆费是指中、小型施工机械在现场进行安装与拆卸所需的人工、材料、机械和试运转费用以及机械辅助设施的折旧、搭设、拆除等费用;场外运费是指中、小型施工机械整体或分体自停放地点运至施工现场或由一施工地点运至另一施工地点的运输、装卸、辅助材料、回程等费用。

e.人工费:是指机上司机(司炉)和其他操作人员的人工费。

f.燃料动力费:是指施工机械在运转作业中所耗用的燃料及水、电等费用。

g.其他费:是指施工机械按照国家规定应缴纳的车船税、保险费及检测费等。

②仪器仪表使用费:是指工程施工所需使用的仪器仪表的摊销及维修费用。

(4)企业管理费

企业管理费是指建筑安装企业组织施工生产和经营管理所需的费用。

①管理人员工资:是指按规定支付给管理人员的计时工资、奖金、津贴补贴、加班加点工资及特殊情况下支付的工资等。

②办公费:是指企业管理办公用的文具、纸张、账表、印刷、邮电、书报、办公软件、现场监控、会议、水电、烧水和集体取暖降温(包括现场临时宿舍取暖降温)等费用。

③差旅交通费:是指职工因公出差、调动工作的差旅费、住勤补助费,市内交通费和误餐补助费,职工探亲路费,劳动力招募费,职工退休、退职一次性路费,工伤人员就医路费,工地转移费以及管理部门使用的交通工具的油料、燃料等费用。

④固定资产使用费:是指管理和试验部门及附属生产单位使用的属于固定资产的房屋、设备、仪器等的折旧、大修、维修或租赁费。

⑤工具用具使用费:是指企业施工生产和管理使用的不属于固定资产的工具、器具、家具、交通工具和检验、试验、测绘、消防用具等的购置、维修和摊销费。

⑥劳动保险和职工福利费:是指由企业支付的职工退职金、按规定支付给离休干部的经费,集体福利费、夏季防暑降温、冬季取暖补贴、上下班交通补贴等。

⑦劳动保护费:是企业按规定发放的劳动保护用品的支出。如工作服、手套、防暑降温饮料以及在有碍身体健康的环境中施工的保健费用等。

⑧工会经费:是指企业按《中华人民共和国工会法》规定的全部职工工资总额比例计提的工会经费。

⑨职工教育经费:是指按职工工资总额的规定比例计提,企业为职工进行专业技术和职业技能培训,专业技术人员继续教育、职工职业技能鉴定、职业资格认定以及根据需要对职工进行各类文化教育所发生的费用。

⑩财产保险费:是指施工管理用财产、车辆等的保险费用。

⑪财务费:是指企业为施工生产筹集资金或提供预付款担保、履约担保、职工工资支付担保等所发生的各种费用。

⑫税金:是指企业按规定缴纳的房产税、车船使用税、土地使用税、印花税等。

⑬其他:包括技术转让费、技术开发费、投标费、业务招待费、广告费、公证费、法律顾问费、审计费、咨询费、保险费、建设工程综合(交易)服务费及配合工程质量检测取样送检或为送检单位在施工现场开展有关工作所发生的费用等。

(5)利润

利润是指施工企业完成所承包工程获得的盈利。

(6)风险费

风险费是指一般风险费和其他风险费。

①一般风险费：是指工程施工期间因停水、停电，材料设备供应，材料代用等不可预见的一般风险因素影响正常施工而又不便计算的损失费用。内容包括：一月内临时停水、停电在工作时间16小时以内的停工、窝工损失；建设单位供应材料设备不及时，造成的停工、窝工每月在8小时以内的损失；材料的理论质量与实际质量的差；材料代用。但不包括建筑材料中钢材的代用。

②其他风险费：是指一般风险费外，招标人根据《建设工程工程量清单计价规范》(GB 50500—2013)、《重庆市建设工程工程量清单计价规则》(CQJJGZ—2013)的有关规定，在招标文件中要求投标人承担的人工、材料、机械价格及工程量变化导致的风险费用。

2)措施项目费

措施项目费是指建筑安装工程施工前和施工过程中发生的技术、生活、安全、环境保护等费用，包括人工费、材料费、施工机具使用费、企业管理费、利润和一般风险费。措施项目费分为施工技术措施项目费与施工组织措施项目费。

(1)施工技术措施项目费

施工技术措施项目费一般包括下述5项。

①特、大型施工机械设备进出场及安拆费：进出场费是指特、大型施工机械整体或分体自停放地点运至施工现场或由一施工地点运至另一施工地点的运输、装卸、辅助材料、回程等费用；安拆费是指特、大型施工机械在现场进行安装与拆卸所需的人工、材料、机械和试运转费用以及机械辅助设施的折旧、搭设、拆除等费用。

②脚手架费：是指施工需要的各种脚手架搭、拆、运输费用以及脚手架购置费的摊销或租赁费用。

③混凝土模板及支架费：是指混凝土施工过程中需要的各种模板和支架等的支、拆、运输费用以及模板、支架的摊销或租赁费用。

④施工排水及降水费：是指为确保工程在正常条件下施工，采取各种排水、降水措施所发生的各种费用。

⑤其他技术措施费：是指除上述措施项目外，各专业工程根据工程特征所采用的措施项目费用。

(2)施工组织措施项目费

施工组织措施项目费一般包括下述4项。

①组织措施费。

a.夜间施工增加费：因夜间施工所发生的夜班补助费、夜间施工降效、夜间施工照明设备摊销及照明用电等费用。

b.二次搬运费：因施工场地条件限制而发生的材料、构配件、半成品等一次运输不能到达堆放地点，必须进行二次或多次搬运所发生的费用。

c.冬雨期施工增加费：在冬期或雨期施工需增加的临时设施、防滑、排除雨雪，人工及施工机械效率降低等费用。

d.已完工程及设备保护费：竣工验收前，对已完工程及设备采取的必要保护措施所发生的费用。

e.工程定位复测费:工程施工过程中进行全部施工测量放线、复测费用。

②安全文明施工费。

a.环境保护费:施工现场为达到环保部门要求所需要的各项费用。

b.文明施工费:施工现场文明施工所需要的各项费用。

c.安全施工费:施工现场安全施工所需要的各项费用。

d.临时设施费:施工企业为进行建设工程施工所必须搭设的生活和生产用的临时建筑物、构筑物和其他临时设施费用,包括临时设施的搭设、维修、拆除、清理和摊销费等。

③建设工程竣工档案编制费:是指施工企业根据建设工程档案管理的有关规定,在建设工程施工过程中收集、整理、制作、装订、归档具有保存价值的文字、图纸、图表、声像、电子文件等各种建设工程档案资料所发生的费用。

④住宅工程质量分户验收费:是指施工企业根据住宅工程质量分户验收规定,进行住宅工程分户验收工作发生的人工、材料、检测工具、档案资料等费用。

3)其他项目费

其他项目费是指由暂列金额、暂估价、计日工和总承包服务费组成的其他项目费用。包括人工费、材料费、施工机具使用费、企业管理费、利润和一般风险费。

①暂列金额:是指招标人在工程量清单中暂定并包括在工程合同价款中的一笔款项。用于施工合同签订时尚未确定或者不可预见的所需材料、工程设备、服务的采购,施工中可能发生的工程变更、合同约定调整因素出现时的工程价款调整以及发生的索赔、现场签证确认等的费用。

②暂估价:是指招标人在工程量清单中提供的用于支付必然发生但暂时不能确定价格的材料、工程设备的单价以及专业工程的金额。

③计日工:是指在施工过程中,承包人完成发包人提出的施工图纸以外的零星项目或工作,按合同约定计算所需的费用。

④总承包服务费:是指总承包人为配合协调发包人进行专业工程分包,同期施工时提供必要的简易架料、垂直吊运和水电接驳、竣工资料、汇总整理等服务所需的费用。

4)规费

规费是指根据国家法律、法规规定,由省级政府和省级有关权力部门规定必须缴纳或计取的费用。

(1)社会保险费

①养老保险费:是指企业按照规定标准为职工缴纳的基本养老保险费。

②工伤保险费:是指企业按照规定标准为职工缴纳的工伤保险费。

③医疗保险费:是指企业按照规定标准为职工缴纳的基本医疗保险费。

④生育保险费:是指企业按照规定标准为职工缴纳的生育保险费。

⑤失业保险费:是指企业按照规定标准为职工缴纳的失业保险费。

(2)住房公积金

住房公积金是指企业按规定标准为职工缴纳的住房公积金。

5)税金

税金是指国家税法规定的应计入建筑安装工程造价的增值税、城市维护建设、教育费附加、地方教育附加以及环境保护税。

任务6.2 建筑安装工程费用标准

6.2.1 企业管理费、组织措施费、利润、规费和风险费

①房屋建筑工程,仿古建筑工程,构筑物工程,市政工程,城市轨道交通的盾构工程、高架桥工程、地下工程、轨道工程,机械(爆破)土石方工程,围墙工程,房屋建筑修缮工程以定额人工费与定额施工机具使用费之和为费用计算基础。

②装饰工程、幕墙工程、园林绿化工程、通用安装工程、市政安装工程、城市轨道交通安装工程、房屋安装修缮工程、房屋单拆除工程、人工土石方工程以定额人工费为费用计算基础。

6.2.2 安全文明施工费

安全文明施工费按现行建设工程安全文明施工费管理的有关规定执行。

6.2.3 建设工程竣工档案编制费

建设工程竣工档案编制费按现行建设工程竣工档案编制费的有关规定执行。

①房屋建筑工程,仿古建筑工程,构筑物工程,市政工程,城市轨道交通的盾构工程、高架桥工程、地下工程、轨道工程,机械(爆破)土石方工程,围墙工程,房屋建筑修缮工程以定额人工费与定额施工机具使用费之和为费用计算基础。

②装饰工程、幕墙工程、园林绿化工程、通用安装工程、市政安装工程、城市轨道交通安装工程、房屋安装修缮工程、房屋单拆除工程、人工土石方工程以定额人工费为费用计算基础。

6.2.4 住宅工程质量分户验收费

住宅工程质量分户验收费按现行住宅工程质量分户验收费的有关规定执行。

6.2.5 总承包服务费

总承包服务费以分包工程的造价或人工费为计算基础。

6.2.6 采购及保管费

采购及保管费=(材料原价+运杂费)×(1+运输损耗率)×采购及保管费率

承包人采购材料、设备的采购及保管费率:材料2%,设备0.8%,预拌商品混凝土及商品湿拌砂浆、水稳层、沥青混凝土等半成品0.6 %,苗木0.5%。

发包人提供的预拌商品混凝土及商品湿拌砂浆、水稳层沥青混凝土等半成品不计取采购及保管费;发包人提供的其他材料到承包人指定地点,承包人计取采购及保管费的2/3。

6.2.7 计日工

①计日工中的人工、材料、机械单价按建设项目实施阶段市场价格确定;计费基价人工执行表6.1标准,材料、机械执行各专业计价定额单价;市场价格与计费基价之间的价差单调。

表6.1 计费基价人工费标准

序号	工种	人工单价/(元·工日$^{-1}$)
1	土石方综合工	100
2	建筑综合工	115
3	装饰综合工	125
4	机械综合工	120
5	安装综合工	125
6	市政综合工	115
7	园林综合工	120
8	绿化综合工	120
9	仿古综合工	130
10	轨道综合工	120

②综合单价按相应专业工程费用标准及计算程序计算,但不再计取一般风险费。

6.2.8 停、窝工费用

①承包人进入现场后,如因设计变更或由于发包人的责任造成的停工、窝工费用,由承包人提出资料,经发包人、监理方确认后由发包人承担。施工现场如有调剂工程,经发、承包人协商可以安排时,停、窝工费用应根据实际情况不收或少收。

②现场机械停置台班数量按停置期日历天数计算,台班费及管理费按机械台班费的50%计算,不再计取其他有关费用,但应计算税金。

③生产工人停工、窝工按相应专业综合工单价计算,综合费用按10%计算,除税金外不再计取其他费用;人工费市场价差单调。

④周转材料停置费按实计算。

6.2.9 现场生产和生活用水、电价差调整

①安装水、电表时，水、电用量按表计量。水、电费由发包人交款，承包人按合同约定水、电单价退还发包人；水、电费由承包人交款，承包人按合同约定水、电费调价方法和单价调整价差。

②未安装水、电表并由发包人交款时，水、电费按表6.2计算退还发包人。

表6.2 未安装水、电表计算标准

专业工程	计算基础	一般计税法		简易计税法	
		水费/%	电费/%	水费/%	电费/%
房屋建筑、仿古建筑、构筑物、房屋建筑修缮、围墙工程	定额人工费+定额施工机具使用费	0.91	1.04	1.03	1.22
市政、城市轨道交通工程		1.11	1.27	1.25	1.49
机械（爆破）土石方工程		0.45	0.52	0.51	0.61
装饰、幕墙、通用安装、市政安装、城市轨道安装、房屋安装修缮工程	定额人工费	1.04	1.74	1.18	2.04
园林、绿化工程		1.01	1.68	1.14	1.97
人工土石方工程		0.52	0.87	0.59	1.02

6.2.10 税金

增值税、城市维护建设税、教育费附加、地方教育附加以及环境保护税，按照国家和重庆市相关规定执行，税费标准见表6.3。

表6.3 税费计费标准

税目		计算基础	工程在市区/%	工程在县、城镇/%	不在市区及县、城镇/%
增值税	一般计税方法	税前造价	10		
	简易计税方法		3		
附加税	城市维护建设税	增值税税额	7	5	1
	教育费附加		3	3	3
	地方教育附加		2	2	2
环境保护税		按实计算			

任务 6.3　工程量清单计价程序

6.3.1　综合单价计算程序

综合单价是指完成一个规定清单项目所需的人工费、材料费、施工机具使用费和企业管理费、利润以及一定范围内的风险费用。

①房屋建筑工程、仿古建筑工程、构筑物工程、市政工程、城市轨道交通的盾构工程及地下工程和轨道工程、机械(爆破)土石方工程、房屋建筑修缮工程,综合单价计算程序见表 6.4 和表 6.5。

表 6.4　综合单价计算程序表(一)

序号	费用名称	一般计税法计算式
1	定额综合单价	1.1+…+1.6
1.1	定额人工费	
1.2	定额材料费	
1.3	定额施工机具使用费	
1.4	企业管理费	(1.1+1.3)×费率
1.5	利　润	(1.1+1.3)×费率
1.6	一般风险费	(1.1+1.3)×费率
2	人材机价差	2.1+2.2+2.3
2.1	人工费价差	合同价(信息价、市场价)-定额人工费
2.2	材料费价差	不含税合同价(信息价、市场价)-定额材料费
2.3	施工机具使用费价差	2.3.1+2.3.2
2.3.1	机上人工费价差	合同价(信息价、市场价)-定额机上人工费
2.3.2	燃料动力资价差	不含税合同价(信息价、市场价)-定额燃料动力费
3	其他风险费	
4	综合单价	1+2+3

表 6.5　综合单价计算程序表(二)

序号	费用名称	简易计税法计算式
1	定额综合单价	1.1+…+1.6
1.1	定额人工费	

续表

序号	费用名称	简易计税法计算式
1.2	定额材料费	
1.2.1	其中:定额其他材料费	
1.3	定额施工机具使用费	
1.4	企业管理费	(1.1+1.3)×费率
1.5	利润	(1.1+1.3)×费率
1.6	一般风险费	(1.1+1.3)×费率
2	人材机价差	2.1+2.2+2.3
2.1	人工费价差	合同价(信息价、市场价)-定额人工费
2.2	材料费价差	2.2.1+2.2.2
2.2.1	计价材料价差	含税合同价(信息价、市场价)-定额材料费
2.2.2	定额其他材料费进项税	1.2.1×材料进项税税率 16%
2.3	施工机具使用费价差	2.3.1+2.3.2+2.3.3
2.3.1	机上人工费价差	合同价(信息价、市场价)-定额机上人工费
2.3.2	燃料动力费价差	含税合同价(信息价、市场价)-定额燃料动力费
2.3.3	施工机具进项税	2.3.3.1+2.3.3.2
2.3.3.1	机械进项税	按施工机械台班定额进项税额计算
2.3.3.2	定额其他施工机具使用费进项税	定额其他施工机具使用费×施工机具进项税税率 16%
3	其他风险费	
4	综合单价	1+2+3

②装饰工程、通用安装工程、市政安装工程、园林绿化工程、城市轨道交通安装工程、人工土石方工程、房屋安装修缮工程、房屋单拆除工程,综合单价计算程序见表 6.6 和表 6.7。

表 6.6　综合单价计算程序表(三)

序号	费用名称	一般计税法计算式
1	定额综合单价	1.1+…+1.6
1.1	定额人工费	
1.2	定额材料费	
1.3	定额施工机具使用费	
1.4	企业管理费	1.1×费率

续表

序号	费用名称	一般计税法计算式
1.5	利　润	1.1×费率
1.6	一般风险费	1.1×费率
2	未计价材料	不含税合同价(信息价、市场价)
3	人材机价差	3.1+3.2+3.3
3.1	人工资价差	合同价(信息价、市场价)- 定额人工费
3.2	材料费价差	不含税合同价(信息价、市场价)-定额材料费
3.3	施工机具使用费价差	3.3.1+ 3.3.2
3.3.1	机上人工费价差	合同价(信息价、市场价)-定额机上人工费
3.3.2	燃料动力资价差	不含税合同价(信息价、市场价)-定额燃料动力费
4	其他风险费	
5	综合单价	1+2+3+4

表 6.7　综合单价计算程序表(四)

序号	费用名称	简易计税法计算式
1	定额综合单价	1.1+…+1.6
1.1	定额人工费	
1.2	定额材料费	
1.2.1	其中:定额其他材料费	
1.3	定额施工机具使用费	
1.4	企业管理费	1.1×费率
1.5	利　润	1.1×费率
1.6	一般风险费	1.1×费率
2	未计价材料	含税合同价(信息价、市场价)
3	人材机价差	3.1+3.2+3.3
3.1	人工费价差	合同价(信息价、市场价)-定额人工费
3.2	材料费价差	3.2.1+3.2.2
3.2.1	计价材料价差	含税合同价(信息价、市场价)-定额材料费
3.2.2	定额其他材料费进项税	1.2.1×材料进项税税率 16%
3.3	施工机具使用费价差	3.3.1+3.3.2+3.3.3
3.3.1	机上人工费价差	合同价(信息价、市场价)-定额机上人工费

续表

序号	费用名称	简易计税法计算式
3.3.2	燃料动力费价差	含税合同价(信息价、市场价)-定额燃料动力费
3.3.3	施工机具进项税	3.3.3.1+3.3.3.2+3.3.3.3
3.3.3.1	机械进项税	按施工机械台班定额进项税额计算
3.3.3.2	仪器仪表进项税	按仪器仪表台班定额进项税额计算
3.3.3.3	定额其他施工机具使用费进项税	定额其他施工机具使用费×施工机具进项税税率 16%
4	其他风险费	
5	综合单价	1+2+3+4

6.3.2 单位工程计价程序

单位工程计价程序表见表 6.8。

表 6.8 单位工程计价程序表

序号	项目名称	计算式	金额/元
1	分部分项工程费		
2	措施项目费	2.1+2.2	
2.1	技术措施项目费		
2.2	组织措施项目费		
其中	安全文明施工费		
3	其他项目费	3.1+3.2+3.3+3.4+3.5	
3.1	暂列金额		
3.2	暂估价		
3.3	计日工		
3.4	总承包服务费		
3.5	索赔及现场签证		
4	规费		
5	税金	5.1+5.2+5.3	
5.1	增值税	(1+2+3+4-甲供材料费)×税率	
5.2	附加税	5.1×税率	
5.3	环境保护税	按实计算	
6	合价	1+2+3+4+5	

6.3.3 工程量清单计价相关的标准

工程量清单计价应根据国家标准《建设工程工程量清单计价规范》(GB 50500—2013)、《房屋建筑与装饰工程工程量计算规范》(GB 50854—2013)、《仿古建筑工程工程量计算规范》(GB 50855—2013)、《通用安装工程工程量计算规范》(GB 50856—2013)、《市政工程工程量计算规范》(GB 50857—2013)、《园林绿化工程工程量计算规范》(GB 50858—2013)、《构筑物工程工程量计算规范》(GB 50860—2013)、《城市轨道交通工程工程量计算规范》(GB 50861—2013)、《爆破工程工程量计算规范》(GB 50862—2013)及《重庆市建设工程工程量清单计价规则》(CQJJGZ—2013)、《重庆市建设工程工程量计算规则》(CQJLGZ—2013)及本定额规定,编制工程量清单,进行清单计价、签订合同价款、办理工程结算。

项目 7

建筑安装工程费

学习目标

- **知识目标** (1)按照费用构成要素划分建筑安装工程费项目构成及计算。
  (2)按照工程造价形成划分建筑安装工程费项目构成及计算。
  (3)直接费计算、工料分析及价差调整。
  (4)间接费、利润、税金的计算。
- **能力目标** (1)能清楚了解直接工程费、措施费、建筑安装工程费用的构成。
  (2)能正确掌握直接费的计算及工料分析。
  (3)能进行正确的材料价差调整。
  (4)能正确掌握营改增后进项税的计算。
  (5)能正确计算建筑安装工程费用。

任务 7.1　我国建设项目投资及工程造价的构成

从投资人角度定义工程造价就是指的建设项目总投资。

建设项目总投资是为完成工程项目建设并达到使用要求或生产条件,在建设期内预计或实际投入的全部费用总和。生产性建设项目总投资包括建设投资、建设期利息和流动资金 3 部分;非生产性建设项目总投资包括建设投资和建设期利息两部分。其中建设投资和建设期利息之和对应于固定资产投资,固定资产投资与建设项目的工程造价在量上相等。工程造价基本构成包括用于购买工程项目所含各种设备的费用,用于建筑施工和安装施工所需支出的费用,用于委托工程勘察设计应支付的费用,用于购置土地所需的费用,也包括用于建设单位自身进行项目筹建和项目管理所花费的费用等。总之,工程造价是指在建设期预计或实际支出的建设费用。

工程造价中的主要构成部分是建设投资,建设投资是为完成工程项目建设,在建设期内投入且形成现金流出的全部费用。根据国家发展改革委和建设部发布的《建设项目经济评价方法与参数(第三版)》(发改投资(2006)1325 号)的规定,建设投资包括工程费用、工程建设其他费用和预备费3部分。工程费用是指建设期内直接用于工程建造、设备购置及其安装的建设投资,可以分为建筑安装工程费和设备及工器具购置费;工程建设其他费用是指建设期发生的与土地使用权取得、整个工程项目建设以及未来生产经营有关的构成建设投资但不包括在工程费用中的费用。预备费是在建设期内因各种不可预见因素的变化而预留的可能增加的费用,包括基本预备费和价差预备费。我国现行建设项目总投资的具体构成内容如图7.1所示。

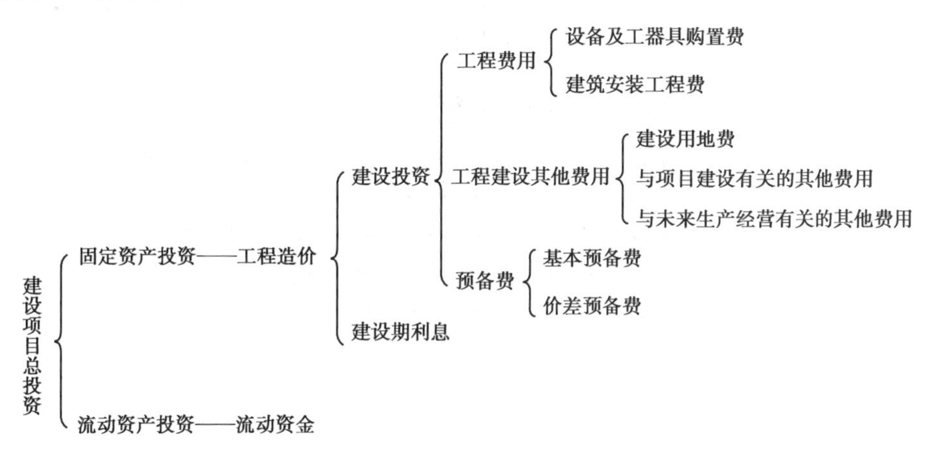

图7.1 建设项目总投资构成

任务7.2 建筑安装工程费用项目构成及计算

7.2.1 建筑安装工程费用内容

建筑安装工程费是指为完成工程项目建造、生产性设备及配套工程安装所需的费用。

1) 建筑工程费用内容

①各类房屋建筑工程和列入房屋建筑工程预算的供水、供暖、卫生、通风、煤气等设备费用及其装设、油饰工程的费用,列入建筑工程预算的各种管道、电力、电信和电缆导线敷设工程的费用。

②设备基础、支柱、工作台、烟囱、水塔、水池、灰塔等建筑工程以及各种炉窑的砌筑工程和金属结构工程的费用。

③为施工而进行的场地平整,工程和水文地质勘查,原有建筑物和障碍物的拆除以及施工临时用水、电、暖、气、路、通信和完工后的场地清理,环境绿化、美化等工作的费用。

④矿井开凿、井巷延伸、露天矿剥离,石油、天然气钻井,修建铁路、公路、桥梁、水库、堤坝、灌渠及防洪等工程的费用。

2) 安装工程费用内容

①生产、动力 、起重、运输、传动和医疗、实验等各种需要安装的机械设备的装配费用，与设备相连的工作台、梯子、栏杆等设施的工程费用，附属于被安装设备的管线敷设工程费用，以及被安装设备的绝缘、防腐、保温、油漆等工作的材料费和安装费。

②为测定安装工程质量，对单台设备进行单机试运转、对系统设备进行系统联动无负荷试运转工作的调试费。

7.2.2 按费用构成要素划分建筑安装工程费用及计算

根据住房和城乡建设部、财政部颁布的“关于印发《建筑安装工程费用项目组成》的通知”[（建标 2013）44 号文]，我国现行建筑安装工程费用项目按两种不同的方式划分，即按费用构成要素划分和按造价形成划分，其具体构成如图 7.2 所示。

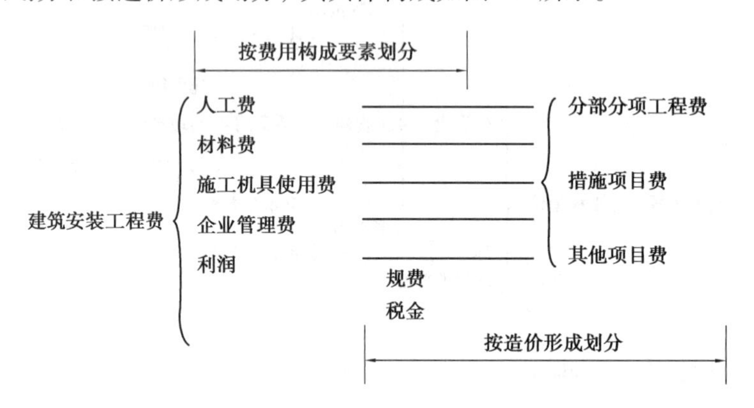

图 7.2 按造价形成划分

按费用构成要素划分建筑安装工程费用如图 7.3 所示。

1) 人工费

计算人工费的基本要素有两个，即人工工日消耗量和人工日工资单价。人工工日消耗量由分项工程所综合的各个工序劳动定额包括的基本用工、其他用工两部分组成。

人工费的基本计算公式为：

$$人工费 = \sum (工日消耗量 \times 日工资单价)$$

2) 材料费

①材料消耗量。包括材料净用量和材料不可避免的损耗量。

②材料单价。包括材料原价（或供应价格）、材料运杂费、运输损耗费、采购及保管费等。

$$材料费 = \sum (材料消耗量 \times 材料单价)$$

③工程设备。是指构成或计划构成永久工程一部分的机电设备、金属结构设备、仪器装置及其他类似的设备和装置。

3) 施工机具使用费

①施工机械使用费。构成施工机械使用费的基本要素是施工机械台班消耗量和机械台班单价。施工机械台班单价通常由折旧费、检修费、维护费、安拆费及场外运输费、人工费、

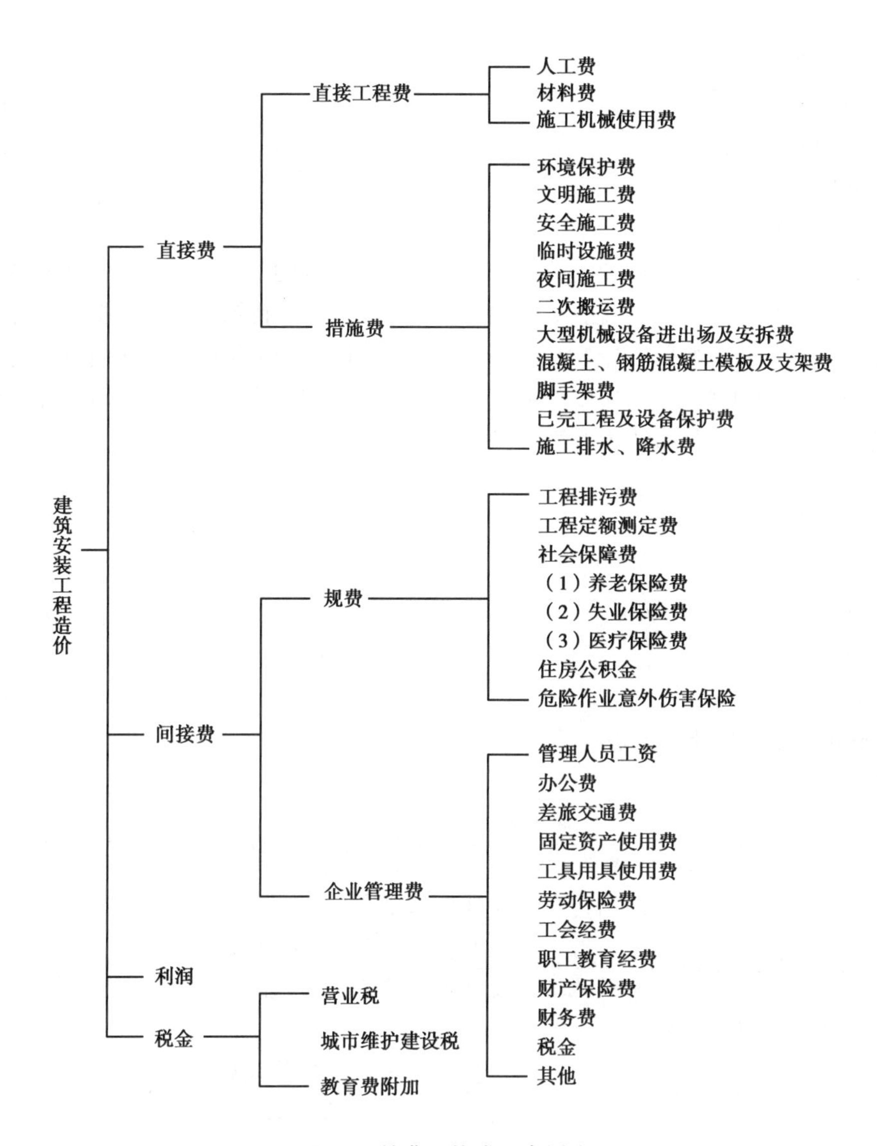

图 7.3　按费用构成要素划分

燃料动力费和其他费用组成。

$$\text{施工机械使用费} = \sum(\text{施工机械台班消耗量} \times \text{机械台班单价})$$

②仪器仪表使用费。

$$\text{施工机械使用费} = \sum(\text{仪器仪表台班消耗量} \times \text{仪器仪表台班单价})$$

仪器仪表台班单价通常由折旧费、维护费、校验费和动力费组成。

4）企业管理费

(1)企业管理费的内容

企业管理费是指施工单位组织施工生产和经营管理所需要的费用，内容包括：

①管理人员工资。

②办公费。

③差旅交通费。

④固定资产使用费。

⑤工具用具使用费。

⑥劳动保险和职工福利费。

⑦劳动保护费。

⑧检验试验费。对建筑以及材料、构件和建筑安装物进行一般鉴定、检查所发生的费用,包括自设试验室进行试验所耗用的材料等费用。不包括新结构、新材料的试验费,对构件做破坏性试验及其他特殊要求检验试验的费用和建设单位委托检测机构进行检测的费用,对此类检测发生的费用,由建设单位在工程建设其他费用中列支。但对施工企业提供的具有合格证明的材料进行检测不合格的,该检测费用由施工企业支付。

⑨工会经费。

⑩职工教育经费。

⑪财产保险费。

⑫财务费。

⑬税金。

⑭其他。

(2)企业管理费的计算方法

①以直接费为计算基础。

$$企业管理费费率(\%)=\frac{生产工人年平均管理费}{年有效施工天数\times人工单价}\times人工费占直接费比例(\%)$$

②以人工费和施工机具使用费合计为计算基础。

$$企业管理费费率(\%)=\frac{生产工人年平均管理费}{年有效施工天数\times(人工单价+每一台班施工机具使用费)}\times100\%$$

③以人工费为计算基础。

$$企业管理费费率(\%)=\frac{生产工人年平均管理费}{年有效施工天数\times人工单价}\times100\%$$

5)利润

利润是指施工单位从事建筑安装工程施工所获得的盈利,由施工企业根据企业自身需求并结合建筑市场实际自主确定。

6)规费

(1)规费的内容

规费是指按国家法律、法规规定,由省级政府和省级有关权力部门规定施工单位必须缴纳或计取的费用。

①社会保险费。

a.养老保险费。

b.失业保险费。

c.医疗保险费。

d.生育保险费。

e.工伤保险费。

②住房公积金。

③工程排污费。

(2)规费的计算

①社会保险费和住房公积金 = $\sum$(工程定额人工费 × 社会保险费和住房公积金费率)

②工程排污费。应按工程所在地环境保护等部门规定的标准缴纳,按实计取列入。

7)税金

(1)采用一般计税方法

$$增值税=税前造价\times 11\%$$

税前造价为人工费、材料费、施工机具使用费、企业管理费、利润和规费之和,各费用项目均以不包含增值税可抵扣进项税额的价格计算。

(2)采用简易计税方法

小规模、清包工、甲供工程、老项目等可采用简易计税方法。

$$增值税=税前造价\times 3\%$$

税前造价为人工费、材料费、施工机具使用费、企业管理费、利润和规费之和,各费用项目均以包含增值税可抵扣进项税额的价格计算。

7.2.3 按造价形成划分建筑安装工程费用项目构成和计算

按造价形成划分建筑安装工程费用项目构成如图 7.4 所示。

1)分部分项工程费

分部分项工程费是指各专业工程的分部分项工程应予列支的各项费用。

$$分部分项工程费 = \sum(分部分项工程量 \times 综合单价)$$

综合单价包括人工费、材料费、施工机具使用费、企业管理费和利润,以及一定范围的风险费用。

2)措施项目费

(1)措施项目费的构成

措施项目费是指为完成建设工程施工,发生于该工程施工准备和施工过程中的技术、生活、安全、环境保护等方面的费用。

①安全文明施工费。通常由环境保护费、文明施工费、安全施工费、临时设施费组成。

②夜间施工增加费。

③非夜间施工照明费。

④二次搬运费。

⑤冬雨期施工增加费。

⑥地上、地下设施和建筑物的临时保护设施费。

⑦已完工程及设备保护费。

⑧脚手架费。

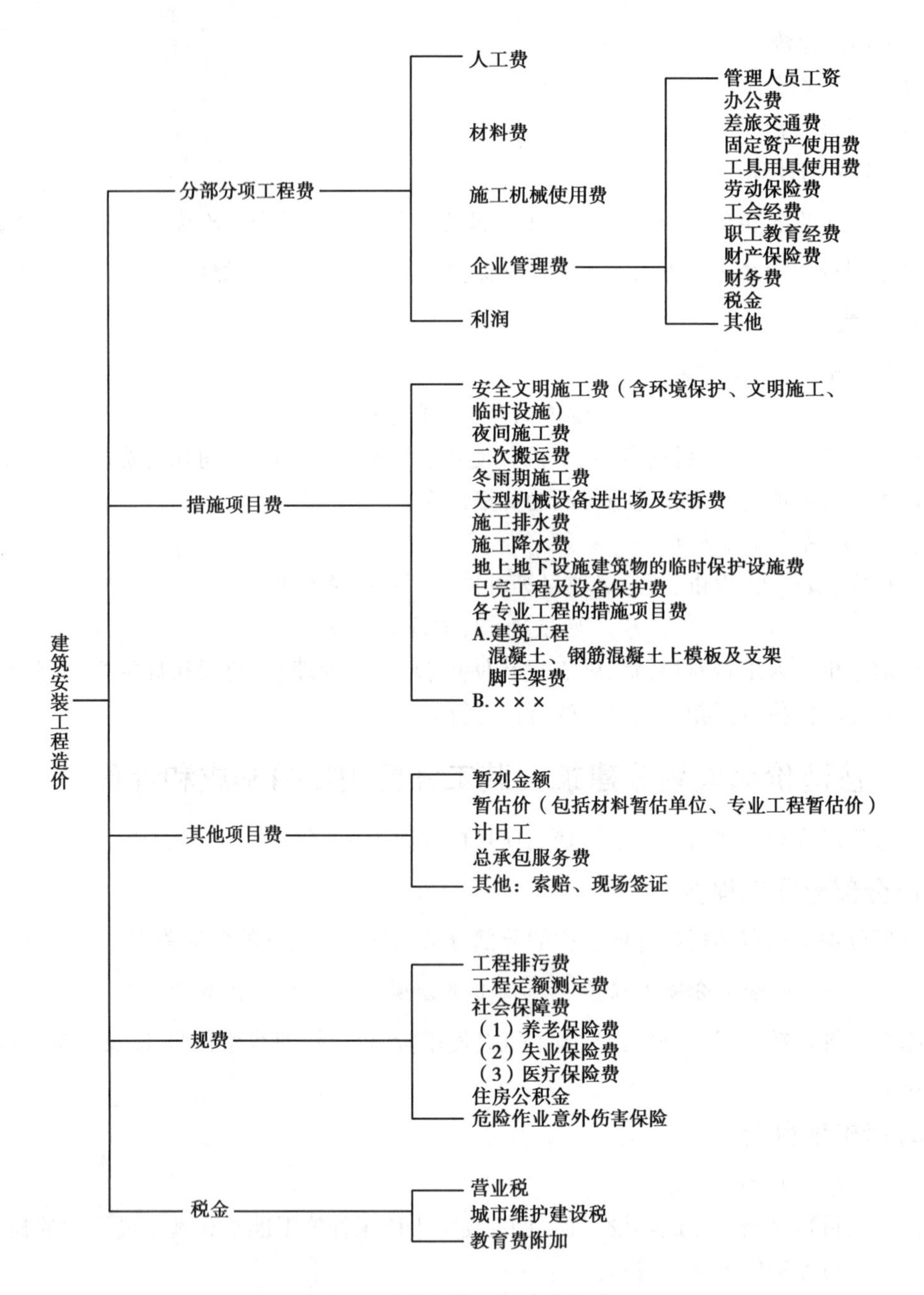

图 7.4　建筑安装工程造价构成

⑨混凝土模板及支架(撑)费。

⑩垂直运输费。

⑪超高施工增加费。

⑫大型机械设备进出场及安拆费。

⑬施工排水、降水费。

⑭其他。

(2)措施项目费的计算

措施项目费分为应予计量措施项目费和不宜计量措施项目费两类,如图7.5所示。

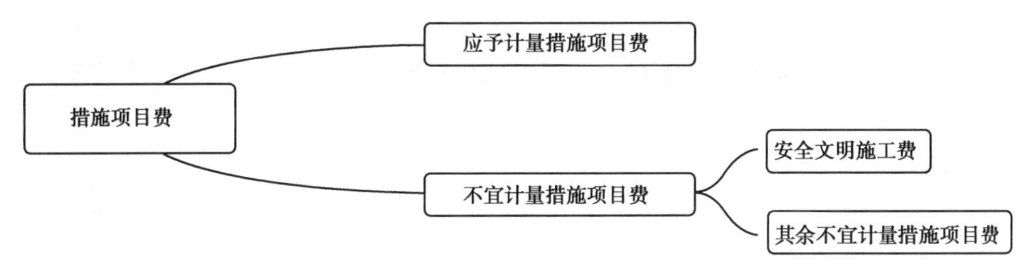

图7.5 措施项目划分

①应予计量措施项目费。

$$措施项目费 = \sum(措施项目工程量 \times 综合单价)$$

不同的措施项目其工程量的计算单位不同,具体见表7.1。

表7.1 措施项目计量单位

措施项目	计量单位
脚手架费	建筑面积或垂直投影面积以 m^2 计算
混凝土模板及支架(撑)费	模板与现浇混凝土构件的接触面积以 m^2 计算
垂直运输费	建筑面积以 m^2 为单位计算
	施工工期日历天数以天为单位计算
超高施工增加费	建筑物超高部分的建筑面积以 m^2 为单位计算
大型机械设备进出场及安拆费	机械设备的使用数量以台次为单位计算
施工排水、降水费	成本费用按设计图示尺寸以钻孔深度按m计算
	排水、降水费用按排、降水日历天数按昼夜计算

②不宜计量措施项目费:

a.安全文明施工费。

$$安全文明施工费=计算基数\times安全文明施工费费率(\%)$$

计算基数应为定额基价(定额分部分项工程费+定额中可以计量的措施项目费)、定额人工费或定额人工费与施工机具使用费之和。

b.其余不宜计量措施项目。

$$措施项目费=计算基数\times措施项目费费率(\%)$$

计算基数应为定额人工费或定额人工费与定额施工机具使用费之和。

3)其他项目费

①暂列金额。暂列金额用于施工合同签订时尚未确定或者不可预见的所需材料、工程设备、服务的采购,施工中可能发生的工程变更、合同约定调整因素出现时的工程价款调整以及发生的索赔、现场签证确认等的费用。暂列金额在施工过程中由建设单位掌握使用、扣除合同价款调整后如有余额,归建设单位。

②计日工。计日工是指在施工过程中,施工单位完成建设单位提出的工程合同范围以外的零星项目或工作所需的费用。计日工由建设单位和施工单位按施工过程中的签证计价。

③总承包服务费。总承包服务费由施工单位投标时自主报价,施工过程中按签约合同价执行。

4)规费和税金

规费和税金的构成和计算与按费用构成要素划分建筑安装工程费用项目组成部分是相同的。

任务 7.3　施工图预算的编制

7.3.1　施工图预算的概念及其编制内容

1)施工图预算的含义及作用

(1)施工图预算的含义

施工图预算是以施工图设计文件为依据,按照规定的程序、方法和依据,在工程施工前对工程项目的工程费用进行的预测和计算。施工图预算的成果文件称为施工图预算书,也简称为施工图预算,它是在施工图设计阶段对工程建设所需资金作出较精确计算的设计文件。

(2)施工图预算的作用

①施工图预算对投资方的作用。

a.施工图预算是设计阶段控制工程造价的重要环节,是控制施工图设计不突破设计概算的重要措施。

b.施工图预算是控制造价及资金合理使用的依据。

c.施工图预算是确定工程招标控制价的依据。

d.施工图预算可以作为确定合同价款、拨付工程进度款及办理工程结算的基础。

②施工图预算对施工企业的作用。

a.施工图预算是建筑施工企业投标报价的基础。

b.施工图预算是建筑工程预算包干的依据和签订施工合同的主要内容。

c.施工图预算是施工企业安排调配施工力量、组织材料供应的依据。

d.施工图预算是施工企业控制工程成本的依据。

e.施工图预算是进行“两算”对比的依据。

③施工图预算对其他方面的作用。

a.工程咨询单位。

b.工程项目管理、监督等中介服务企业。

c.工程造价管理部门。

2)施工图预算的编制内容

(1)施工图预算文件的组成(表7.2)

施工图预算由建设项目总预算、单项工程综合预算和单位工程预算组成。建设项目总预算由单项工程综合预算汇总而成,单项工程综合预算由组成本单项工程的各单位工程预算汇总而成,单位工程预算包括建筑工程预算和设备及安装工程预算。

表7.2 施工图预算文件的组成

项目	编制形式	工程预算文件
三级预算	建设项目总预算 单项工程综合预算 单位工程预算	封面、签署页及目录、编制说明、总预算表、综合预算表、单位工程预算表、附件
二级预算	建设项目总预算 单位工程预算	封面、签署页及目录、编制说明、总预算表、单位工程预算表、附件

(2)施工图预算内容(表7.3)

表7.3 施工图预算内容

项目	施工图预算的内容
建设项目总预算	建设投资、建设期利息、铺底流动资金
单项工程综合预算	建筑安装工程费、设备及工器具购置费
单位工程预算	单位建筑工程预算、单位设备及安装工程预算

7.3.2 施工图预算的编制

1)施工图预算的编制原则

①严格执行国家的建设方针和经济政策的原则。

②完整、准确地反映设计内容的原则。

③坚持结合拟建工程的实际,反映工程所在地当时价格水平的原则。

2)单位工程施工图预算的编制

(1)建筑安装工程费计算

单位工程施工图预算包括建筑工程费、安装工程费和设备及工器具购置费。单位工程施工图预算中的建筑安装工程费应根据施工图设计文件、预算定额(或综合单价)以及人工、材料及施工机械台班等价格资料进行计算。

建筑安装工程费计算如图7.6所示。

①工料单价法。工料单价法是指分部分项工程及措施费的单价为工料单价,将子项工程量乘以对应工料单价后的合计作为直接费,直接费汇总后,再根据规定的计算方法计取企业管理费、利润、规费和税金,将上述费用汇总后得到该单位工程的施工图预算造价。

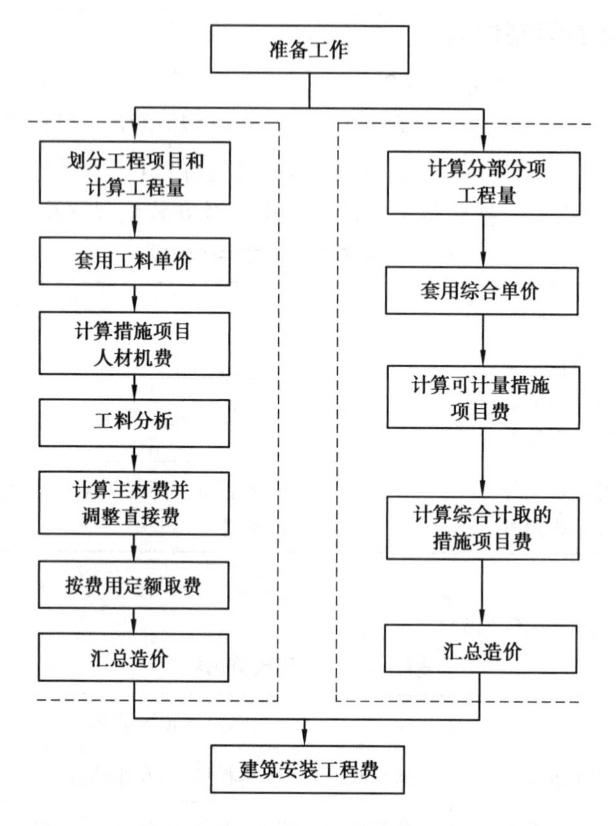

图 7.6　建筑安装工程费计算

工料单价法中的单价一般采用地区同一单位估价表中的各子目工料单价(定额基价)。

建筑安装工程预算造价 = $\sum$(子目工程量 × 子目工料单价) + 企业管理费 + 利润 + 规费 + 税金

工料单价法编制施工图预算的基本步骤包括:

A.准备工作。准备工作阶段应主要完成以下工作内容。

a.收集编制施工图预算的编制依据。其中主要包括现行建筑安装定额、取费标准、工程量计算规则、地区材料预算价格以及市场材料价格等各种资料。

b.熟悉施工图等基础资料。

c.了解施工组织设计和施工现场情况。

B.列项并计算工程量。分项子目的工程量应遵循一定的顺序逐项计算,避免漏算和重算。

a.根据工程内容和定额项目,列出需计算工程量的分部分项工程。

b.根据一定的计算顺序和计算规则,列出分部分项工程量的计算式。

c.根据施工图纸上的设计尺寸及有关数据,代入计算式进行数值计算。

d.对计算结果的计量单位进行调整,使之与定额中相应的分部分项工程的计量单位保持一致。

C.套用定额预算单价,计算人、材、机费。计算人、材、机费时需要注意以下几个问题:

a.分项工程的名称、规格、计量单位与预算单价或单位估价表中所列内容完全一致时,可以直接套用预算单价。

b.分项工程的主要材料品种与预算单价或单位估价表中规定材料不一致时,不可以直接套用预算单价,需要按实际使用材料价格换算预算单价。

c.分项工程施工工艺条件与预算单价或单位估价表不一致而造成人工、机械的数量增减时,一般调量不调价。

D 计算直接费。直接费为分部分项工程人材机费与措施项目人材机费之和。

a.可以计量的措施项目人材机费。

b.综合计取的措施项目人材机费。

E.编制工料分析表。

人工消耗量=某工种定额用工量×某分项工程量或措施项目工程量

材料消耗量=某种材料定额用量×某分项工程量或措施项目工程量

F.计算主材费并调整直接费。许多定额项目基价未包括主材费用,所以还应将主材费的价差加入直接费。主材费计算的依据是当时当地的市场价格。

G.按计价程序计取其他费用,并汇总造价。

H.复核。

I.填写封面、编制说明。

②全费用综合单价法。与工料单价法大体相同,直接采用包含全部费用和税金在内的综合单价进行计算,其目的是适应全过程全费用单价计价的需要。

全费用综合单价法编制施工图预算的基本步骤包括:

A.分部分项工程费的计算。

各子目的工程量(定额工程量计算规则)×各子目的综合单价(人材机管理规税)

B.综合单价的计算。

人、材、机费用根据相应预算定额子目的要素消耗量,以及报告编制期人材机的市场价格。

管理费、利润、规费、税金依据取费标准,并考虑实际情况、市场水平等因素。

编制建安工程预算时应同时编制综合单价分析表(消耗量为预算定额消耗量,单价为报告编制期的市场价)。

C.措施项目费的计算。

a.可以计量的措施项目人材机费。

b.综合计取的措施项目人材机费。

D.分部分项工程费与措施项目费之和即为建安工程施工图预算费用。

(2)设备及工器具购置费计算

设备购置费由设备原价和设备运杂费构成;未达到固定资产标准的工器具购置费一般以设备购置费为计算基数,并按照规定的费率计算。

(3)单位工程施工图预算书编制

单位工程施工图预算由建筑安装工程费和设备及工器具购置费组成。

单位工程施工图预算=建筑安装工程预算+设备及工器具购置费

单位工程施工图预算文件由单位建筑工程施工图预算表和单位设备及安装工程预算表

组成。

3) 单项工程综合预算的编制

单项工程综合预算造价由组成该单项工程的各个单位工程预算造价汇总而成。

单项工程施工图预算 = $\sum$ 单位建筑工程费用 + $\sum$ 单位设备及安装工程费用

4) 建设项目总预算的编制

三级预算：

总预算 = $\sum$ 单项工程施工图预算 + 工程建设其他费 + 预备费 + 建设期利息 + 铺底流动资金

二级预算：

总预算 = $\sum$ 单位建筑工程费用 + $\sum$ 单位设备及安装工程费用 + 工程建设其他费 + 预备费 + 建设期利息 + 铺底流动资金

建安工程费内容及构成

建筑安装工程费用 任务二

建安工程费内容及构成

建筑安装工程费用 任务四

附　录
某培训楼工程图纸

设计总说明

一、工程概况

本工程为框架结构，地上两层，基础为梁板式筏型基础。

二、抗震等级

本工程为1级抗震。

三、混凝土标号

基础垫层	C10
±0.000 以下	C30
±0.000 以上	C25

四、钢筋混凝土结构构造

1.混凝土保护层厚度。

板：15 mm；梁和柱：25 mm；基础底板：40 mm。

2.钢筋接头形式及要求。

$\phi \geq 18$ mm，采用机械连接；$\phi < 18$ mm，采用搭接形式构造。

3.未注明的分布钢筋为Φ8@200。

五、墙体加筋

砖墙与框架柱及构造柱连接处应设连接筋，须每隔500 mm高度配2根$\phi 6$拉接筋，并深入墙内1 000 mm。

门窗过梁表

<table>
<tr><td rowspan="2">名称</td><td colspan="3" rowspan="2">宽度
/mm</td><td colspan="3" rowspan="2">高度
/mm</td><td rowspan="2">离地高
/mm</td><td rowspan="2">材质</td><td colspan="3">数量</td><td colspan="3">过梁尺寸/mm</td></tr>
<tr><td>一层</td><td>二层</td><td>总数</td><td>高度</td><td>宽度</td><td>长度</td></tr>
<tr><td>M-1</td><td colspan="3">2 400</td><td colspan="3">2 700</td><td></td><td>镶板门</td><td>1</td><td></td><td>1</td><td>240</td><td rowspan="8">同墙厚</td><td rowspan="8">洞口宽度
+500</td></tr>
<tr><td>M-2</td><td colspan="3">900</td><td colspan="3">2 400</td><td></td><td>胶合板门</td><td>2</td><td>2</td><td>4</td><td>120</td></tr>
<tr><td>M-3</td><td colspan="3">900</td><td colspan="3">2 100</td><td></td><td>胶合板门</td><td>1</td><td>1</td><td>2</td><td>120</td></tr>
<tr><td>C-1</td><td colspan="3">1 500</td><td colspan="3">1 800</td><td>900</td><td>塑钢窗</td><td>4</td><td>4</td><td>8</td><td>180</td></tr>
<tr><td>C-1</td><td colspan="3">1 800</td><td colspan="3">1 800</td><td>900</td><td>塑钢窗</td><td>1</td><td>1</td><td>1</td><td>180</td></tr>
<tr><td rowspan="3">MC-1</td><td rowspan="2">总宽</td><td colspan="2">其中</td><td rowspan="2">总高</td><td colspan="2">其中</td><td></td><td>塑钢</td><td rowspan="3"></td><td rowspan="3">1</td><td rowspan="3">1</td><td rowspan="3">240</td></tr>
<tr><td>窗宽</td><td>门宽</td><td>窗高</td><td>门高</td><td></td><td>门连窗</td></tr>
<tr><td>2 400</td><td>1 500</td><td>900</td><td>2 700</td><td>1 800</td><td>2 700</td><td>900</td><td></td></tr>
</table>

装修做法

<table>
<tr><td rowspan="4">一层</td><td colspan="2">接待室</td><td>地 25A</td><td></td><td>裙 10A1</td><td>内墙 5A</td><td>棚 26(吊顶高 3000)</td></tr>
<tr><td colspan="2">图形培训室</td><td>地 9</td><td>踢 10A</td><td></td><td>内墙 5A</td><td>棚 2B</td></tr>
<tr><td colspan="2">钢筋培训室</td><td>地 9</td><td>踢 10A</td><td></td><td>内墙 5A</td><td>棚 2B</td></tr>
<tr><td colspan="2">楼梯间</td><td>地 3A</td><td>踢 2A</td><td></td><td>内墙 5A</td><td>楼梯底板做法:棚 2B</td></tr>
<tr><td rowspan="6">二层</td><td colspan="2">会客厅</td><td>楼 8D</td><td>踢 10A</td><td></td><td>内墙 5A</td><td>棚 2B</td></tr>
<tr><td colspan="2">清单培训室</td><td>楼 2D</td><td>踢 2A</td><td></td><td>内墙 5A</td><td>棚 2B</td></tr>
<tr><td colspan="2">预算培训室</td><td>楼 2D</td><td>踢 2A</td><td></td><td>内墙 5A</td><td>棚 2B</td></tr>
<tr><td colspan="2">楼梯间</td><td></td><td></td><td></td><td>内墙 5A</td><td>棚 2B</td></tr>
<tr><td rowspan="2">阳台</td><td>内装修</td><td>楼 8D</td><td></td><td></td><td>阳台栏板
1:2水浆底耐擦洗白色涂料面</td><td>阳台板底
棚 2B</td></tr>
<tr><td>外装修</td><td colspan="5">阳台栏板外装修为:1.1:2水泥砂浆底;2.绿色仿石涂料面层</td></tr>
<tr><td rowspan="3">三层</td><td rowspan="2">挑檐</td><td>内装修</td><td>见图纸剖面图</td><td>外侧上翻 200
内侧上翻 250</td><td></td><td>挑檐栏板
1:2水泥砂浆</td><td>挑檐板底
棚 2B</td></tr>
<tr><td>外装修</td><td colspan="5">挑檐栏板外装修为:1.1:2水泥砂浆底;2.绿色仿石涂料面层</td></tr>
<tr><td colspan="2">不上人屋面</td><td>见图纸剖面图</td><td>防水上翻 250</td><td></td><td>女儿墙内装修为:外墙 5A</td><td></td></tr>
</table>

续表

外墙装修	外墙裙:高 900 mm,外墙 27A1,贴彩釉面砖(红色)
	外墙面:外墙 27A1,贴彩釉面砖(白色)
台阶	面层:1∶2水泥砂浆;台阶层:100 厚 C15 混凝土垫层;垫层:素土
散水	面层:散水面层一次抹光;垫层:80 厚混凝土 C10 垫层;伸缩缝:沥青砂浆嵌缝

广联达培训楼工程做法表(图集选用 88J1-1)

编号	装修名称	用料及分层做法
地 25A	硬实木复合地板地面	1.9.5 mm 厚硬实木复合地板,榫槽、榫舌及尾部满涂胶液后粘铺(专用胶与地板配套生产)
		2.35 mm 厚 C15 细石混凝土随打随抹平
		3.1.5 mm 厚聚氨酯涂膜防潮层(材料或按工程设计)
		4.50 mm 厚 C15 细石混凝土随打随抹平
		5.150 mm 厚 3∶7灰土
		6.素土夯实,压实系数 0.90
地 9-1	铺地砖地面	1.10 mm 厚铺地砖,稀水泥浆(或彩色水泥浆)擦缝
		2.6 mm 厚建筑胶水泥砂浆黏结层
		3.20 mm 厚 1∶3水泥砂浆找平
		4.素水泥结合层一道
		5.50 mm 厚 C10 混凝土
		6.150 mm 厚 3∶7灰土
		7.素土夯实,压实系数 0.90
地 3A	水泥地面	1.20 mm 厚 1∶2.5 水泥砂浆抹面压实赶光
		2.素水泥一道(内掺建筑胶)
		3.50 mm 厚 C10 混凝土
		4.150 mm 厚 3∶7灰土
		5.素土夯实,压实系数 0.90
楼 8D-1	铺地砖楼面	1.10 mm 厚铺地砖,稀释水泥(或彩色水泥浆)擦缝
		2.6 mm 厚建筑胶水泥砂浆黏结层
		3.素水泥浆一道(内掺建筑胶)
		4.35 mm 厚 C15 细石混凝土找平层
		5.素水泥浆一道(内掺建筑胶)
		6.钢筋混凝土楼板
楼 2D	水泥楼面	1.20 mm 厚 1∶2.5 水泥砂浆抹面压实赶光
		2.素水泥浆一道(内掺建筑胶)
		3.钢筋混凝土叠合层(或现浇钢筋混凝土楼板)
踢 10A-2	大理石板踢脚	1.10 mm 厚大理石板,正、背面及四周边满涂防污剂,稀水泥浆(或彩色水泥浆)擦缝
		2.12 mm 厚 1∶2水泥砂浆(内掺建筑胶)黏结层
		3.5 mm 厚 1∶3水泥砂打底扫毛或划出纹道

续表

编号	装修名称	用料及分层做法
踢 2A	水泥踢脚	1.8 mm 厚 1∶2.5 水泥砂浆罩面压实赶光
		2.素水泥浆一道
		3.10 mm 厚 1∶3水泥砂浆打底扫毛或划出纹道
裙 10A1	胶合板墙裙	1.油漆饰面
		2.3 mm 厚胶合板,建筑胶黏剂黏贴
		3.5 mm 厚胶合板衬板背面满涂建筑胶黏剂,用胀管螺栓与墙体固定
		4.刷高聚物改性沥青涂膜防潮层(2.5 mm 厚)
		5.墙缝原浆抹平(用于砖墙)
内墙 5A-1	水泥砂浆墙面	1.喷(刷、辊)面浆饰面(水性耐擦洗涂料)
		2.5 mm 厚 1∶2.5 水泥砂浆找平
		3.9 mm 厚 1∶3水泥砂浆打底扫毛或划出纹道
外墙 5A	水泥砂浆墙面	1.6 mm 厚 1∶2.5 水泥砂浆罩面
		2.12 mm 厚 1∶3水泥砂浆打底扫毛或划出纹道
棚 26	纸面石膏板吊顶	1.饰面(水性耐擦洗涂料)
		2.满刮 2 mm 厚面层耐水腻子找平
		3.满刮氯偏乳液(或乳化光油)防潮涂料两道,横纵向各一道(防水石膏板无次道工序)
		4.9.5 mm 厚纸面石膏板,用自攻螺丝与龙骨固定,中距≤200 mm
		5.U 形轻钢龙骨横撑 CB50×20(或 CB60×27)中距 1 200 mm
		6.U 形轻钢次龙骨 CB50×20(或 CB60×27)中距 429 mm,龙骨吸顶吊件用膨胀栓与钢筋混凝土板固定
棚 2B-1	板底刮腻子喷涂棚顶	1.喷(刷、辊)面浆饰面(水性耐擦洗涂料)
		2.满刮 2 mm 厚面层耐水腻子找平
		3.板底满刮 3 mm 厚底基防裂腻子分遍找平
		4.素水泥浆一道甩毛(内掺建筑胶)
外墙 27A1	贴彩釉面砖	1.1∶1水泥(或水泥掺色)砂浆(细沙)勾缝
		2.贴 6~10 mm 厚彩釉面砖
		3.6 mm 厚 1∶0.2∶2.5 水泥石膏砂浆(掺建筑胶)
		4.12 mm 厚 1∶3水泥砂浆打底扫毛或划出纹道

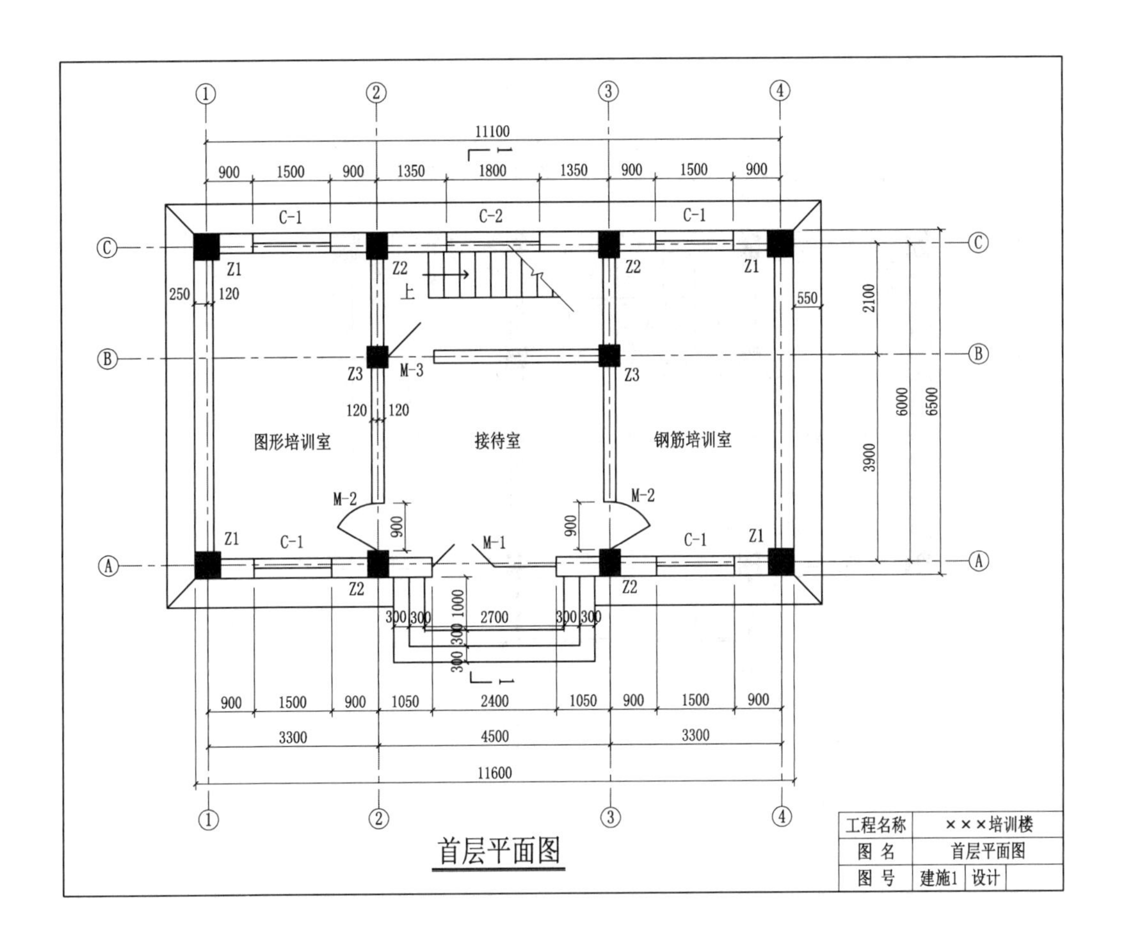

11100
900
1500
900
1350
1800
1350
900
1500
900
C-1
C-2
C-1
Z1
Z2
Z2
Z1
上
250
120
550
2100
6000
6500
3900
Z3
M-3
Z3
120
120
图形培训室
接待室
钢筋培训室
M-2
M-2
900
900
M-1
C-1
C-1
Z1
Z1
Z2
Z2
300
300
1000
2700
300
300
300
300
900
1500
900
1050
2400
1050
900
1500
900
3300
4500
3300
11600
1—1
工程名称
×××培训楼
图 名
首层平面图
图 号
建施1
设计
首层平面图

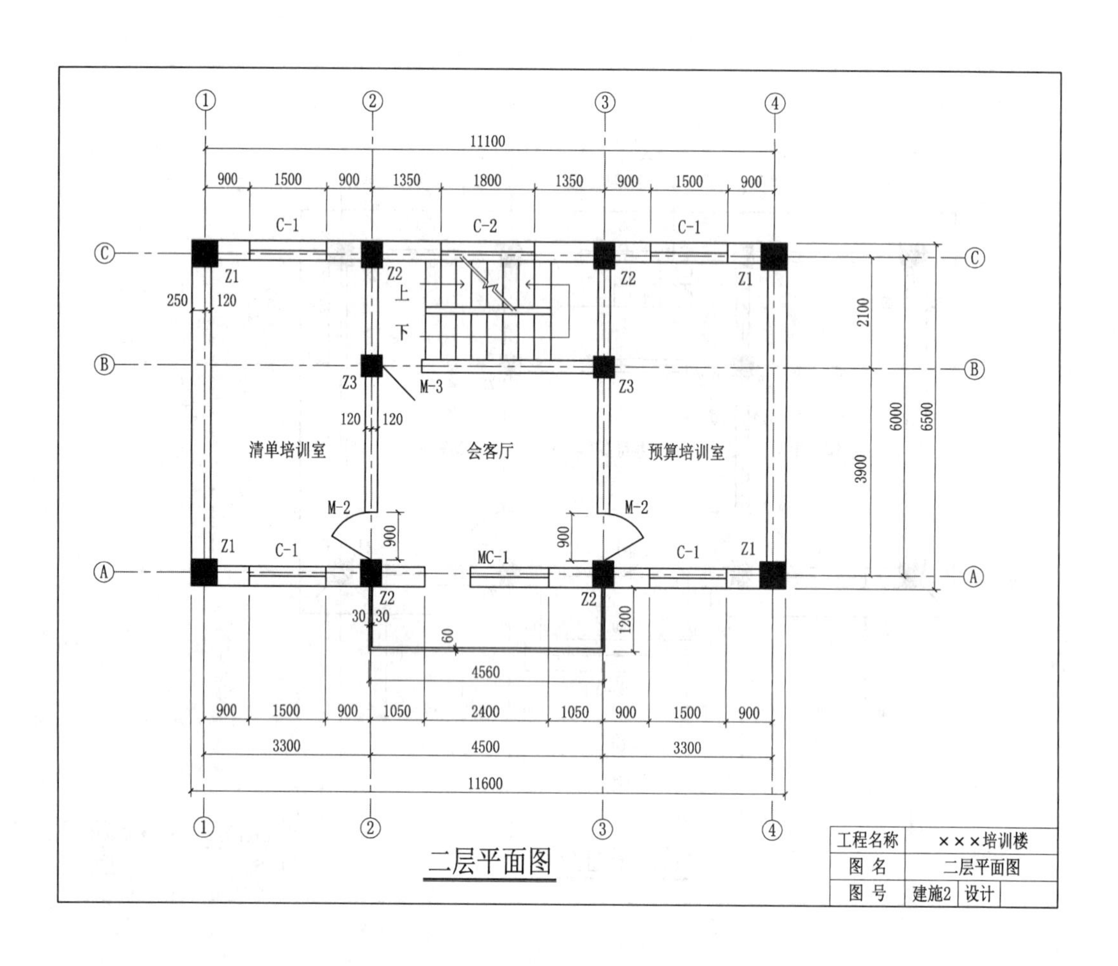

①
②
③
④
11100
900
1500
900
1350
1800
1350
900
1500
900
C-1
C-2
C-1
Ⓒ
Ⓑ
Ⓐ
Z1
Z2
Z2
Z1
250
120
上
下
2100
Z3
M-3
Z3
6000
6500
120
120
清单培训室
会客厅
预算培训室
3900
M-2
M-2
900
900
Z1
C-1
MC-1
C-1
Z1
Z2
Z2
30
30
60
1200
4560
900
1500
900
1050
2400
1050
900
1500
900
3300
4500
3300
11600
工程名称
×××培训楼
图 名
二层平面图
图 号
建施2
设计

二层平面图

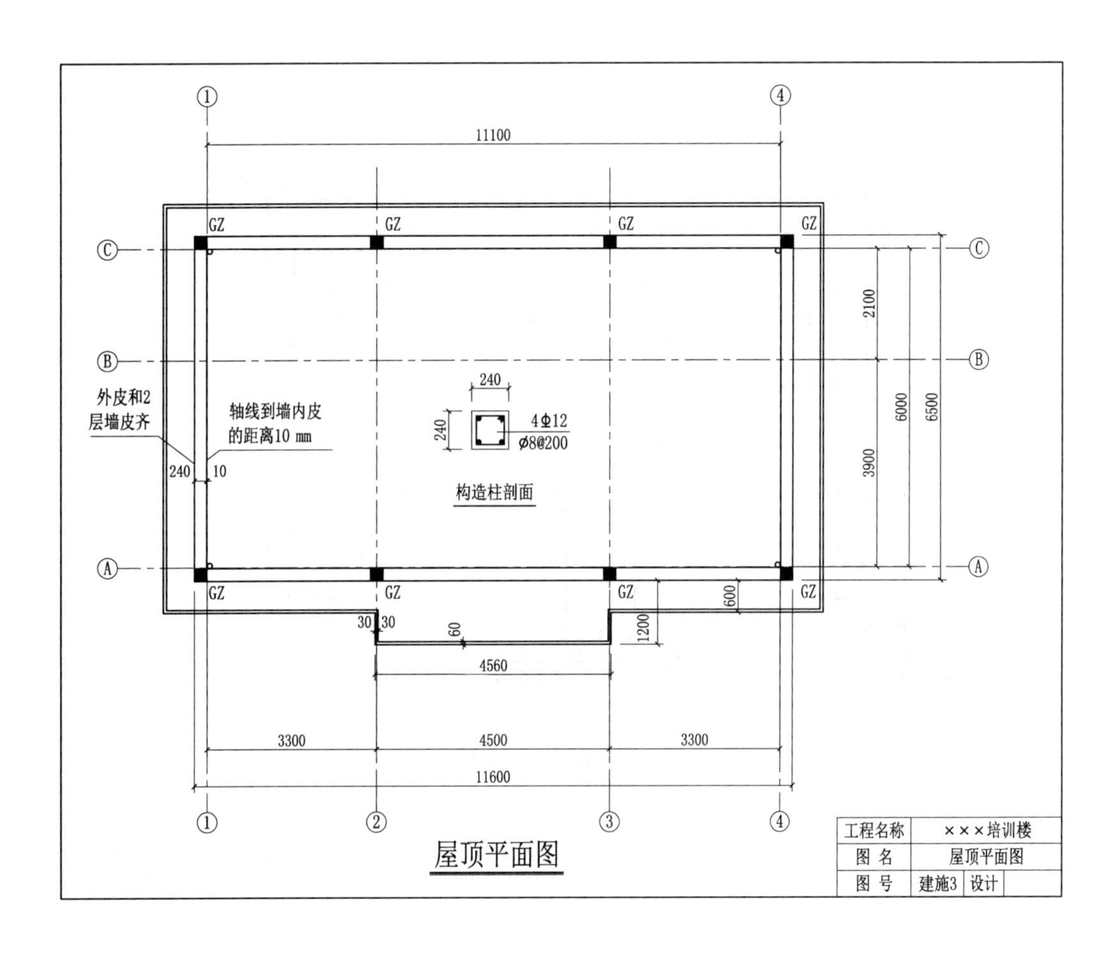

①
④
11100
GZ
GZ
GZ
GZ
Ⓒ
Ⓑ
Ⓐ
2100
3900
6000
6500
240
240
4Φ12
Φ8@200
构造柱剖面
外皮和2
层墙皮齐
轴线到墙内皮
的距离10 mm
240
10
GZ
GZ
GZ
GZ
600
30
30
60
1200
4560
3300
4500
3300
11600
①
②
③
④
屋顶平面图
工程名称
×××培训楼
图 名
屋顶平面图
图 号
建施3
设计

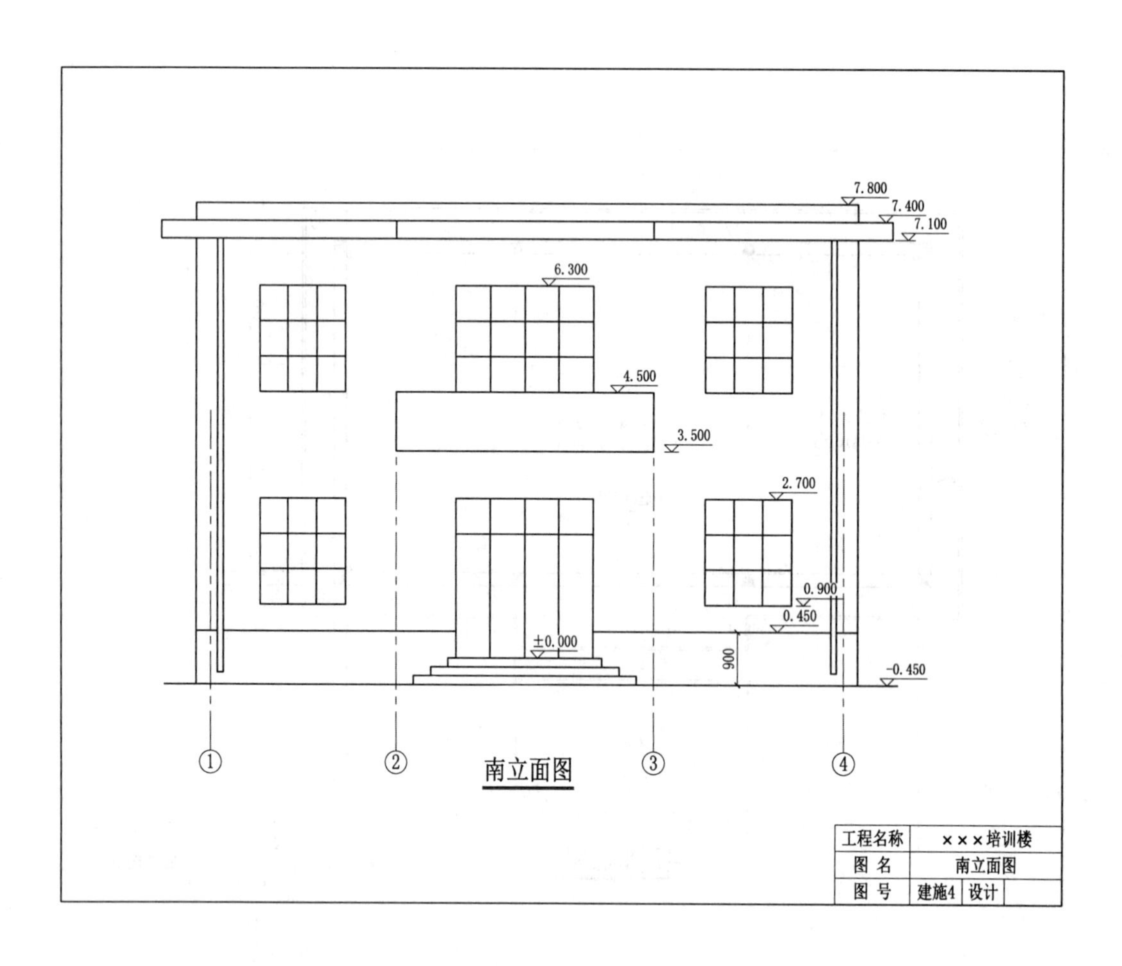
7.800
7.400
7.100
6.300
4.500
3.500
2.700
0.900
0.450
±0.000
900
-0.450
①
②
③
④
南立面图
工程名称
×××培训楼
图 名
南立面图
图 号
建施4
设计

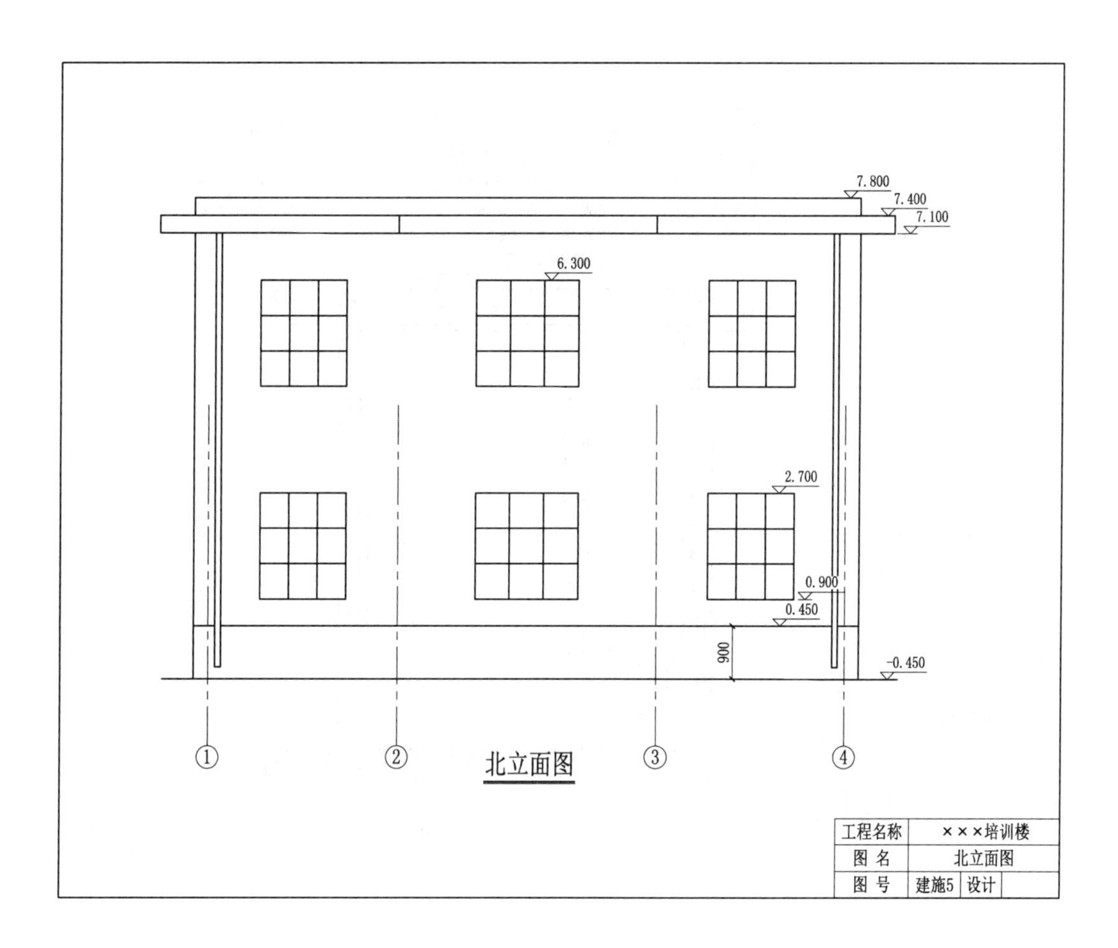
7.800
7.400
7.100
6.300
2.700
0.900
0.450
900
-0.450
①
②
③
④
北立面图
工程名称
×××培训楼
图 名
北立面图
图 号
建施5
设计

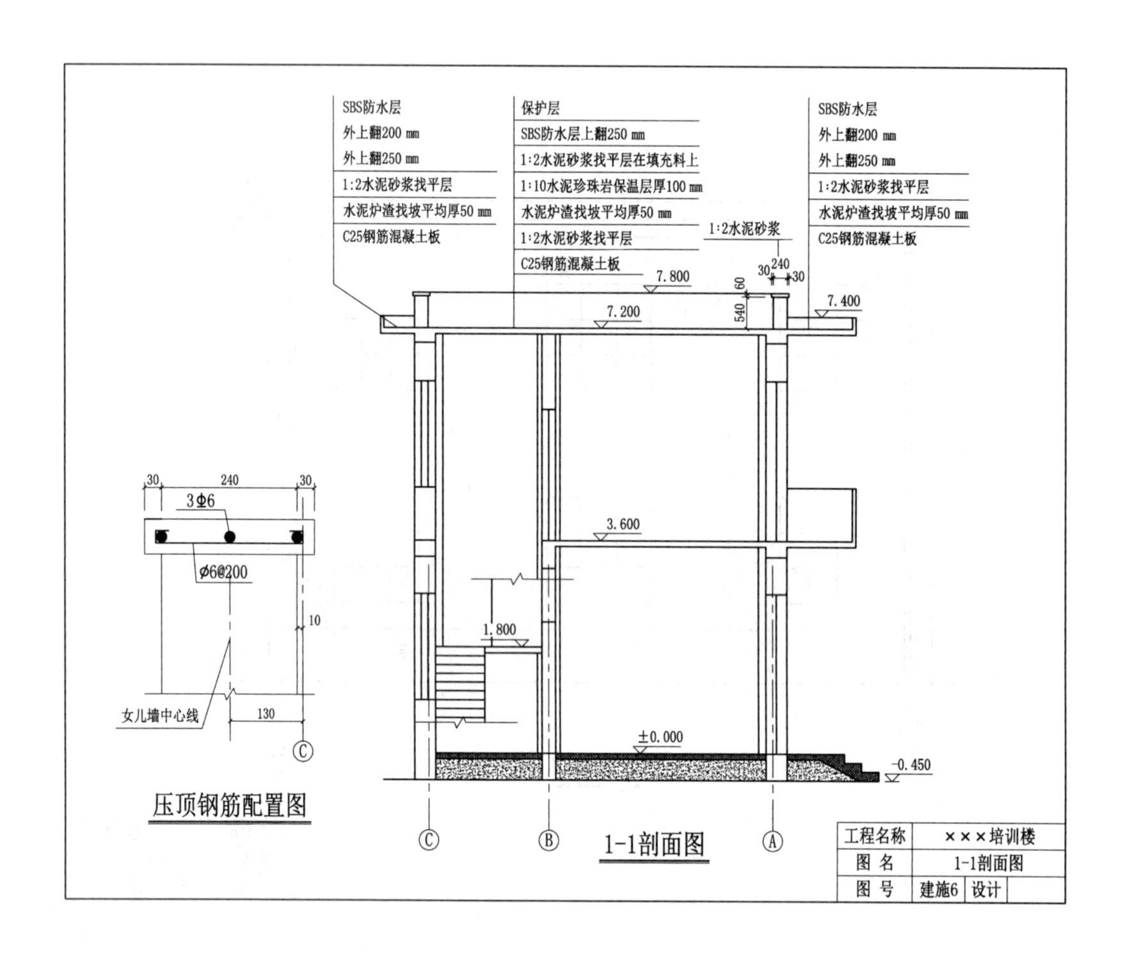
SBS防水层
外上翻200 mm
外上翻250 mm
1:2水泥砂浆找平层
水泥炉渣找坡平均厚50 mm
C25钢筋混凝土板
保护层
SBS防水层上翻250 mm
1:2水泥砂浆找平层在填充料上
1:10水泥珍珠岩保温层厚100 mm
水泥炉渣找坡平均厚50 mm
1:2水泥砂浆找平层
C25钢筋混凝土板
1:2水泥砂浆
SBS防水层
外上翻200 mm
外上翻250 mm
1:2水泥砂浆找平层
水泥炉渣找坡平均厚50 mm
C25钢筋混凝土板
30 240 30
60
540
7.800
7.200
7.400
3.600
1.800
±0.000
-0.450
30 240 30
3Φ6
Φ6@200
10
女儿墙中心线
130
Ⓒ
压顶钢筋配置图
Ⓒ Ⓑ Ⓐ
1-1剖面图
工程名称 ×××培训楼
图 名 1-1剖面图
图 号 建施6 设计

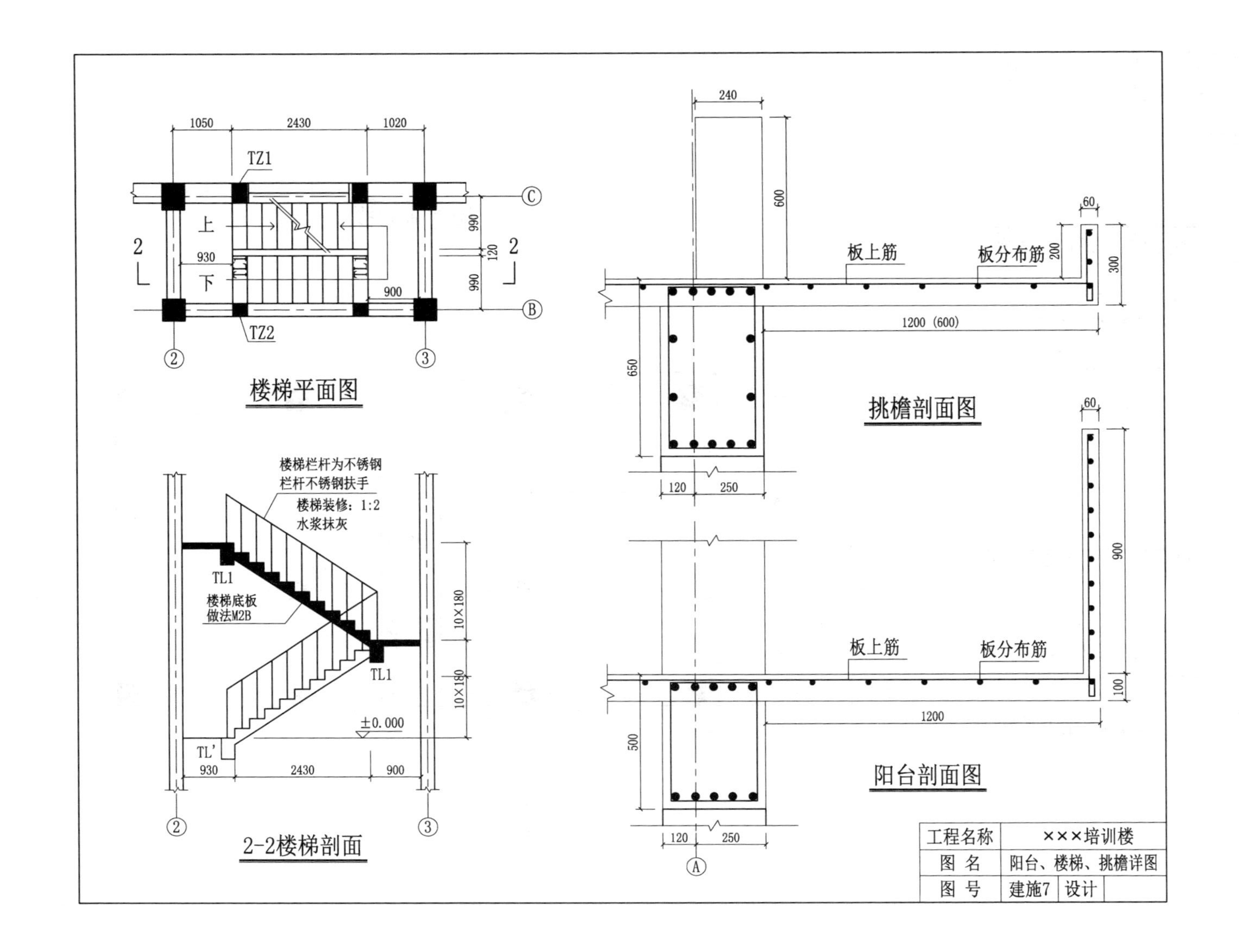
楼梯平面图
TZ1
TZ2
上
下
2-2楼梯剖面
楼梯栏杆为不锈钢
栏杆不锈钢扶手
楼梯装修：1:2
水浆抹灰
TL1
楼梯底板
做法M2B
TL'
±0.000
10×180
挑檐剖面图
板上筋
板分布筋
1200（600）
阳台剖面图
工程名称
×××培训楼
图名
阳台、楼梯、挑檐详图
图号
建施7
设计

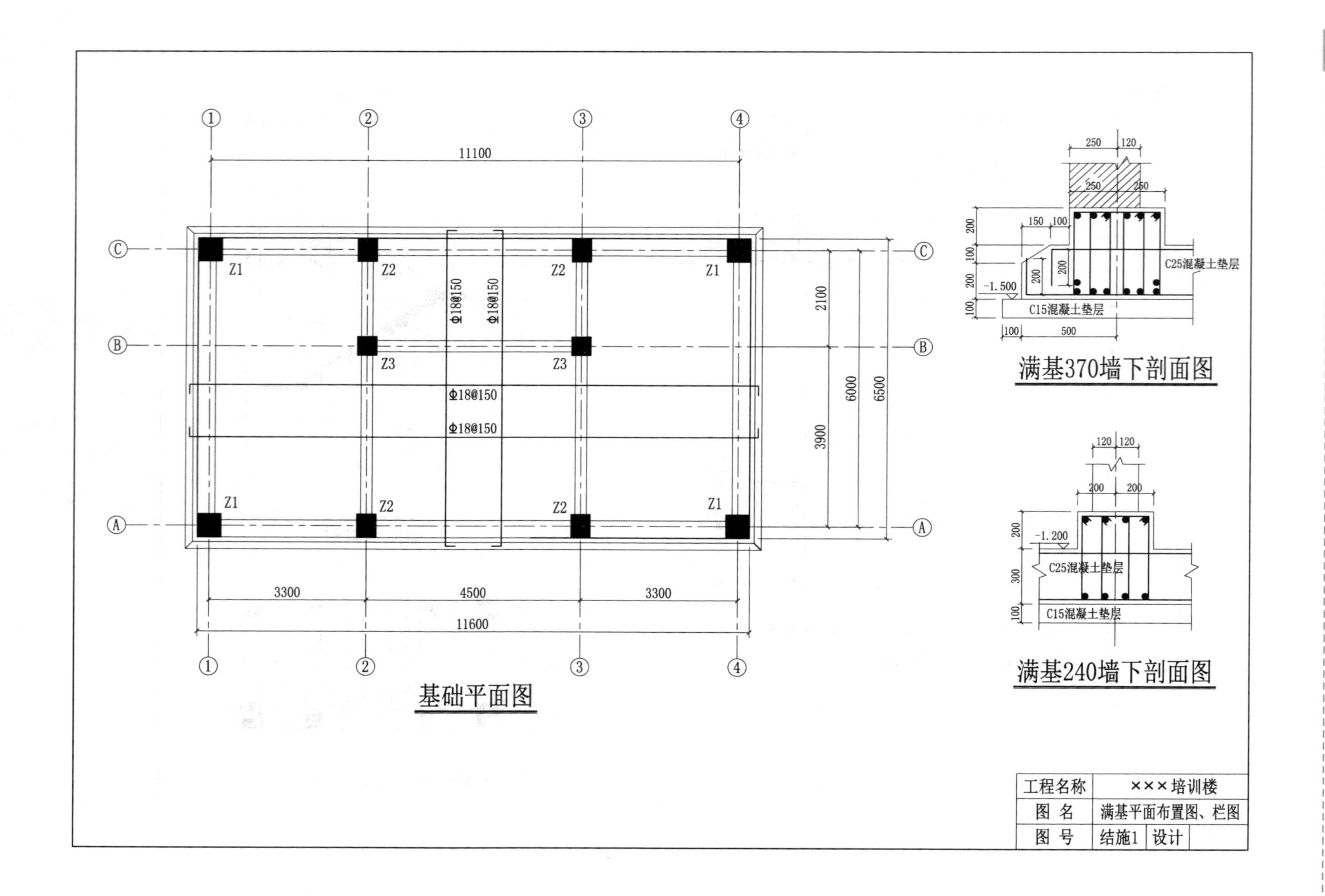
基础平面图
满基370墙下剖面图
满基240墙下剖面图
C25混凝土垫层
C15混凝土垫层
-1.500
-1.200
Φ18@150
Z1
Z2
Z3
11100
11600
3300
4500
2100
3900
6000
6500
工程名称
×××培训楼
图 名
满基平面布置图、栏图
图 号
结施1
设计

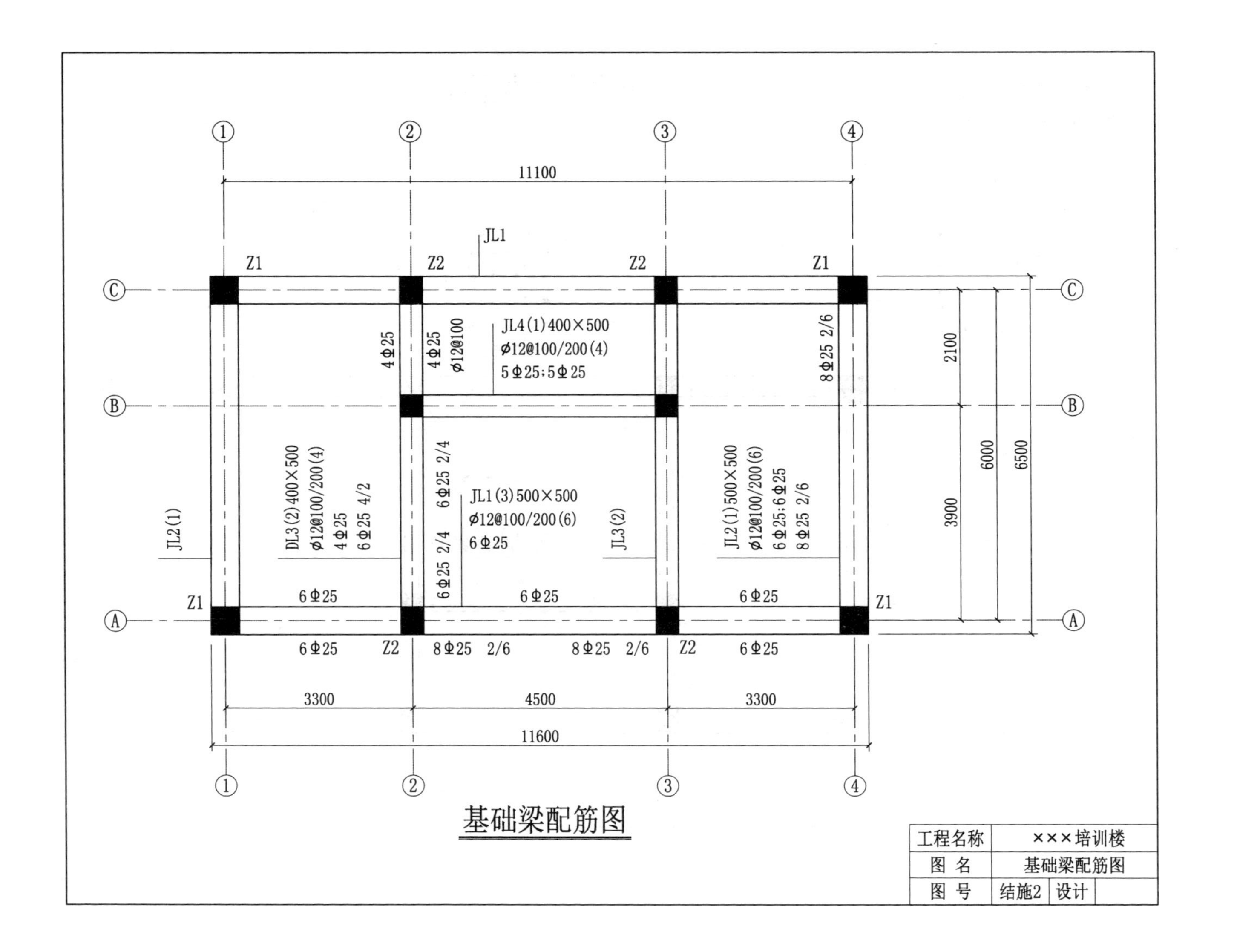
11100
JL1
Z1
Z2
Z2
Z1
JL4(1)400×500
ϕ12@100/200(4)
5Φ25;5Φ25
4Φ25
4Φ25
ϕ12@100
8Φ25 2/6
2100
6000
6500
3900
DL3(2)400×500
ϕ12@100/200(4)
4Φ25
6Φ25 4/2
JL2(1)
6Φ25 2/4
6Φ25 2/4
JL1(3)500×500
ϕ12@100/200(6)
6Φ25
JL3(2)
JL2(1)500×500
ϕ12@100/200(6)
6Φ25;6Φ25
8Φ25 2/6
Z1
6Φ25
6Φ25
6Φ25
Z1
6Φ25
Z2
8Φ25 2/6
8Φ25 2/6
Z2
6Φ25
3300
4500
3300
11600
基础梁配筋图
工程名称 ×××培训楼
图 名 基础梁配筋图
图 号 结施2 设计

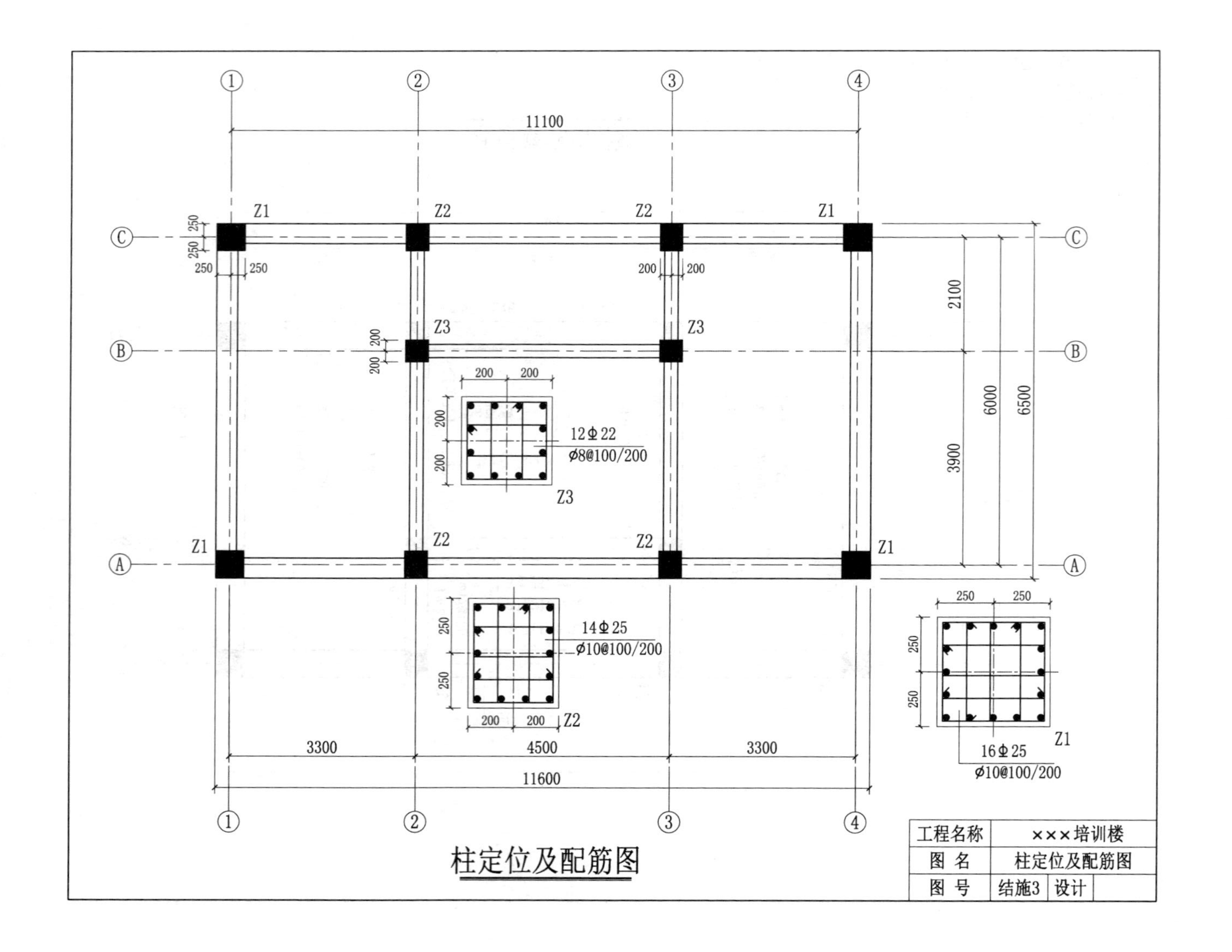
11100
Z1
Z2
Z2
Z1
Z3
Z3
12Φ22
Φ8@100/200
Z3
Z1
Z2
Z2
Z1
14Φ25
Φ10@100/200
Z2
16Φ25
Φ10@100/200
Z1
2100
3900
6000
6500
3300
4500
3300
11600
250
200
柱定位及配筋图
工程名称
×××培训楼
图 名
柱定位及配筋图
图 号
结施3
设计

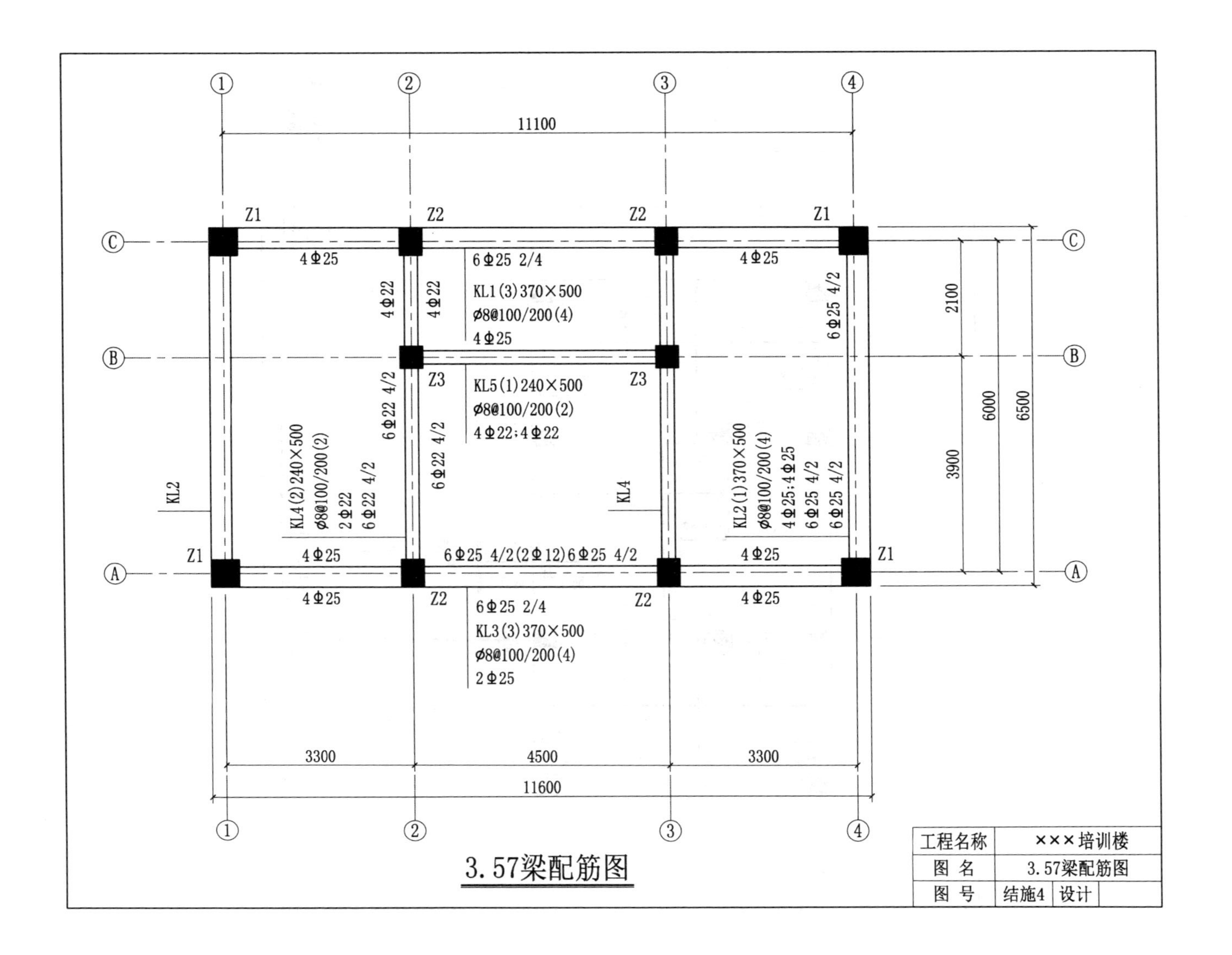
11100
Z1
Z2
Z2
Z1
4Φ25
6Φ25 2/4
KL1(3)370×500
ø8@100/200(4)
4Φ25
4Φ25
4Φ22
4Φ22
6Φ25 4/2
2100
Z3
Z3
KL5(1)240×500
ø8@100/200(2)
4Φ22;4Φ22
6Φ22 4/2
6Φ22 4/2
KL4(2)240×500
ø8@100/200(2)
2Φ22
6Φ22 4/2
KL2
KL4
KL2(1)370×500
ø8@100/200(4)
4Φ25;4Φ25
6Φ25 4/2
6Φ25 4/2
6000
6500
3900
Z1
4Φ25
6Φ25 4/2(2Φ12)6Φ25 4/2
4Φ25
Z1
4Φ25
Z2
6Φ25 2/4
KL3(3)370×500
ø8@100/200(4)
2Φ25
Z2
4Φ25
3300
4500
3300
11600
工程名称
×××培训楼
图 名
3.57梁配筋图
图 号
结施4
设计
3.57梁配筋图

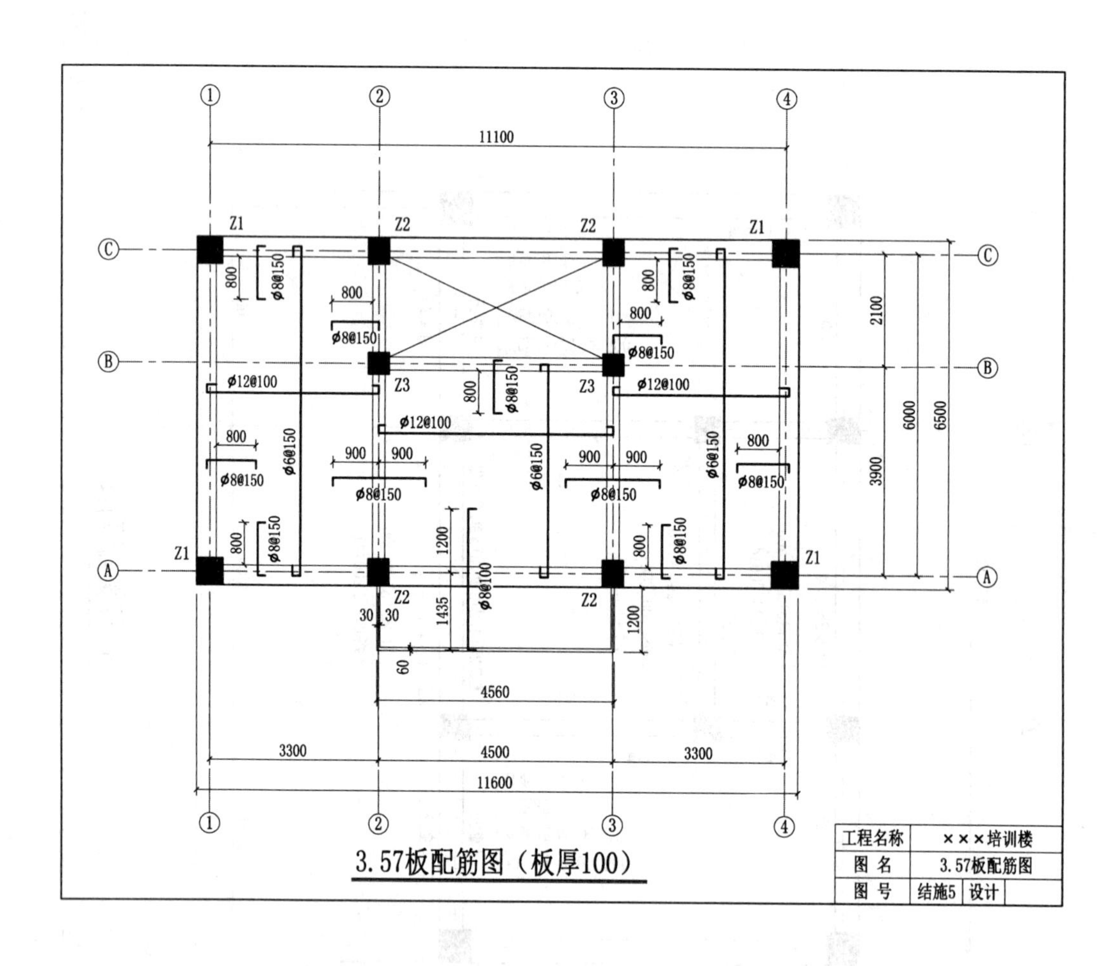

3.57板配筋图（板厚100）

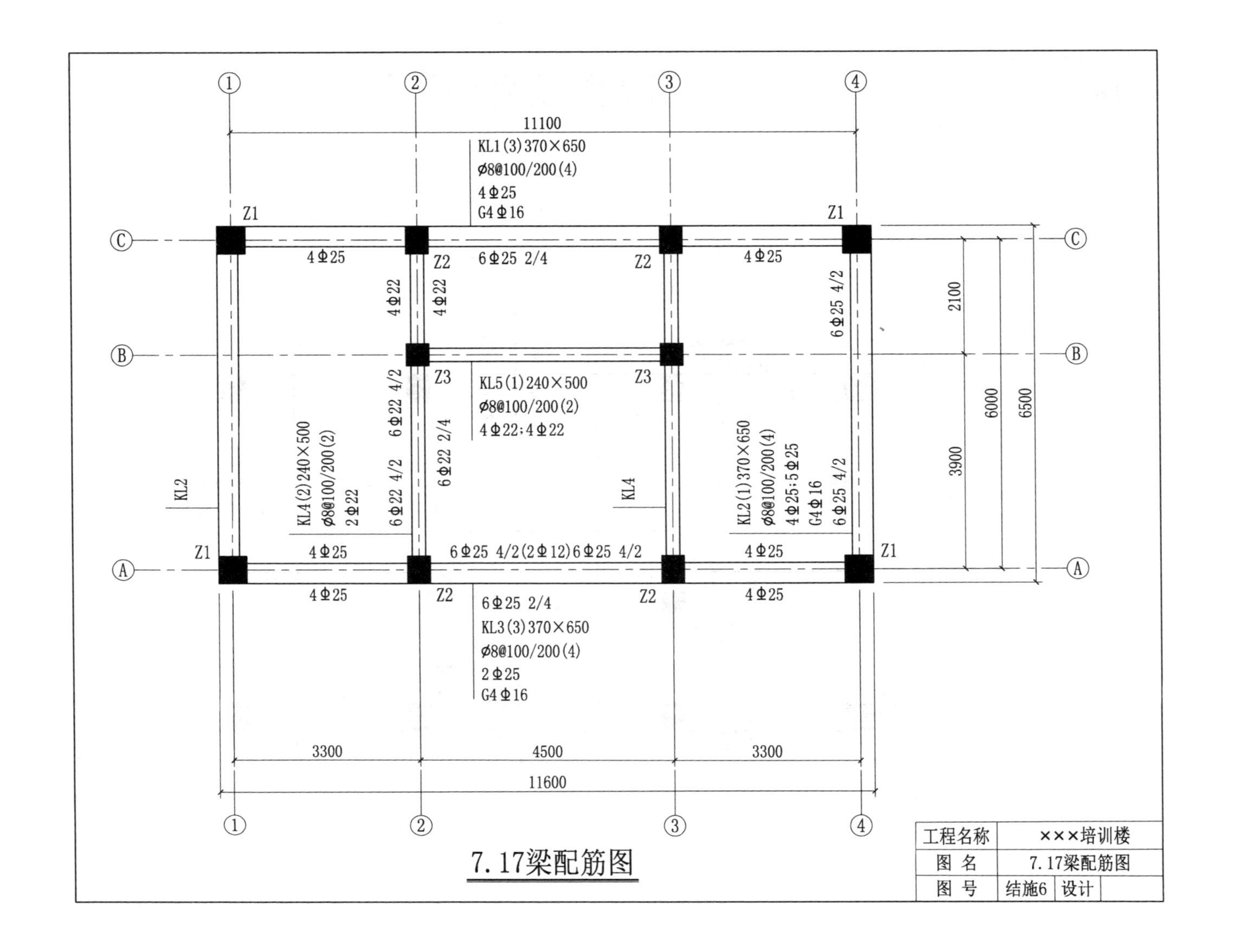

11100
KL1(3)370×650
ø8@100/200(4)
4Φ25
G4Φ16
Z1
Z2
Z3
4Φ25
6Φ25 2/4
4Φ22
6Φ25 4/2
KL5(1)240×500
ø8@100/200(2)
4Φ22;4Φ22
KL4(2)240×500
ø8@100/200(2)
2Φ22
6Φ22 4/2
6Φ22 2/4
KL2
KL4
KL2(1)370×650
ø8@100/200(4)
4Φ25;5Φ25
G4Φ16
6Φ25 4/2(2Φ12)6Φ25 4/2
KL3(3)370×650
ø8@100/200(4)
2Φ25
G4Φ16
2100
3900
6000
6500
3300
4500
11600
工程名称
×××培训楼
图 名
7.17梁配筋图
图 号
结施6
设计

7.17梁配筋图

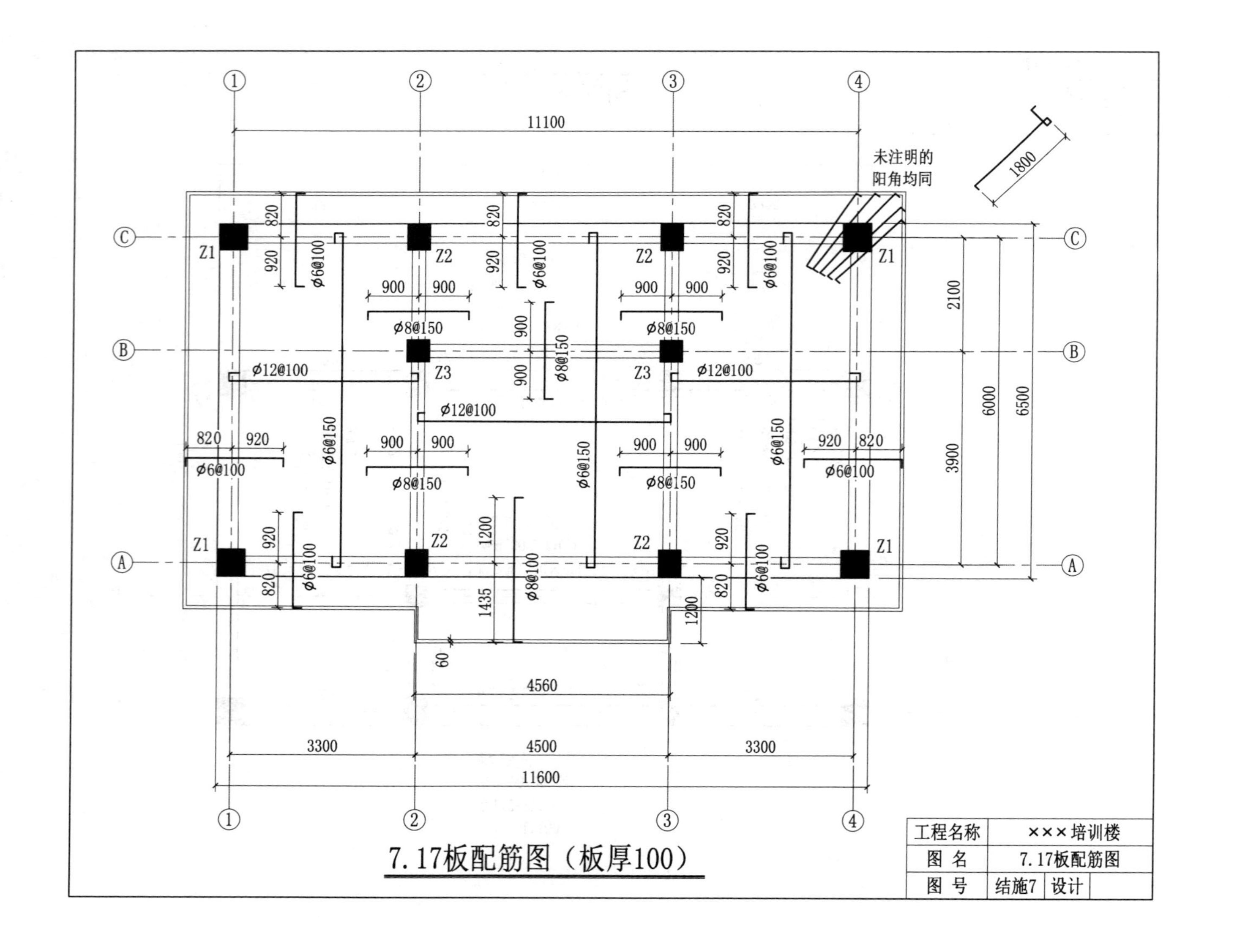

7.17板配筋图（板厚100）

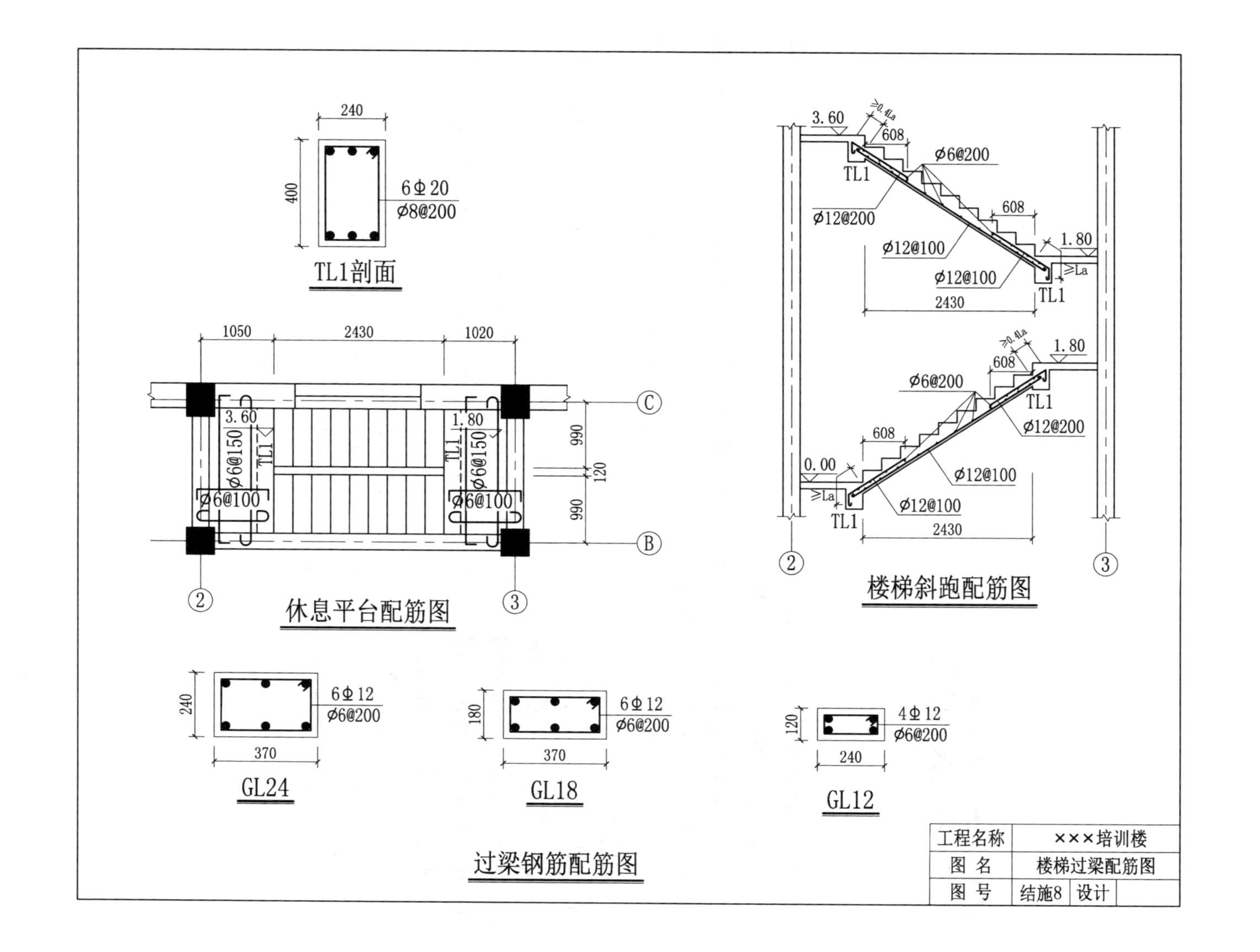
240
400
6Φ20
φ8@200
TL1剖面
1050
2430
1020
3.60
1.80
TL1
φ6@150
φ6@100
990
120
休息平台配筋图
3.60
≥0.4La
608
φ6@200
φ12@200
φ12@100
1.80
≥La
2430
0.00
楼梯斜跑配筋图
6Φ12
φ6@200
370
GL24
180
GL18
4Φ12
120
GL12
过梁钢筋配筋图
工程名称 ×××培训楼
图 名 楼梯过梁配筋图
图 号 结施8 设计

参考文献

[1] 中华人民共和国住房和城乡建设部.建设工程工程量清单计价规范:GB 50500—2013[S].北京:中国计划出版社,2013.

[2] 中国建筑标准设计研究院.混凝土结构施工图平面整体表示方法制图规则和构造详图:16G101—1,2,3[S].北京:中国计划出版社,2016.

[3] 重庆市城乡建设委员会.重庆市建设工程费用定额:CQFYDE—2018[S].重庆:重庆大学出版社,2018.

[4] 重庆市城乡建设委员会.重庆市房屋建筑与装饰工程计价定额:CQJZZSDE—2018[S].重庆:重庆大学出版社,2018.

[5] 吴学伟.工程造价确定与控制[M].重庆:重庆大学出版社,2015.

[6] 中国建筑工业出版社.建筑工程施工质量验收规范:修订版[M]. 北京:中国建筑工业出版社,中国计划出版社,2003.

[7] 王朝霞.建筑工程计价[M].北京:中国电力出版社,2019.

[8] 尹贻林.建筑工程计量与计价[M].天津:天津大学出版社,2015.

[9] 徐蓉.工程造价管理 [M].上海:同济大学出版社,2010.